轻松掌握3D打印系列丛书

3D打印技术及应用实例

王广春 编 著

机械工业出版社

本书详细介绍了目前3D打印技术中各种典型工艺方法的基本原理、主要特点、材料及设备等，包括叠层实体制造工艺、熔融沉积成型工艺、光固化成型工艺、选择性激光烧结工艺、三维喷涂粘结工艺、PolyJet 3D打印工艺、粉末选区激光熔化工艺、电子束熔化成型工艺及生物3D打印工艺等；给出了3D打印技术在制造业、文创领域及医疗与生物工程领域的应用及其实例。

本书可作为高等院校机械类、材料加工类、临床与再生医学类与美术类本专科生及研究生的教材和参考书，同时也可供相关工程技术人员学习使用。

图书在版编目（CIP）数据

3D打印技术及应用实例 / 王广春编著. —2版. —北京：机械工业出版社，2016.11（2022.7重印）

（轻松掌握3D打印系列丛书）

ISBN 978-7-111-55210-9

Ⅰ. ①3… Ⅱ. ①王… Ⅲ. ①立体印刷—印刷术—基本知识 Ⅳ. ①TS853

中国版本图书馆CIP数据核字（2016）第255001号

机械工业出版社（北京市百万庄大街22号 邮政编码100037）

策划编辑：周国萍　　责任编辑：周国萍

责任校对：潘　蕊　杜雨霏　　封面设计：路恩中

责任印制：李　昂

北京雁林吉兆印刷有限公司印刷

2022年7月第2版第5次印刷

169mm×239mm · 12.75印张 · 236千字

标准书号：ISBN 978-7-111-55210-9

定价：59.00元

前　言

2015年8月，国务院总理李克强主持国务院专题讲座，讨论加快发展先进制造与3D打印等问题。当今技术革命对经济发展、推动经济升级起着极为关键的作用，我们国家正在倡导大众创业、万众创新，3D打印展现了全民创新的通途。3D打印技术正成为我国日益关注的战略性产业核心技术。

3D打印（三维打印）技术是增材制造技术（Additive Manufacturing，AM）及此前快速成型技术（Rapid Prototyping & Manufacturing，RP&M）的俗称，是指通过材料逐层增加的方式将数字模型制造成三维实体物件的过程。与传统的去除式加工及变形加工方式相比，逐层加工的3D打印技术具有制造过程直接而无须工模具、不受结构复杂程度限制而为设计创新提供更自由的空间、材料利用率高、制造过程节能环保等诸多突出优势，满足了工业领域单件小批量制品、医学领域定制化的植入体、文化创意展示品、个性化日用品及其他众多领域物品制作日益发展的需求。

20世纪80年代后期出现并迅速发展起来的快速成型或称自由成形技术，因其在新产品开发中具有显著效益而被誉为对制造业的贡献可与20世纪60年代出现的数控技术相媲美。目前的3D打印工艺方法中，仍以传统的快速成型诸多工艺方法为主。近年来，基于粉末材料的喷射成型与金属粉末高能束流熔覆成型工艺技术取得突破，促进了3D打印技术的发展，也进一步拓展了3D打印技术的应用范围，使传统的快速成型技术以制作模型和原型为主拓展到航空航天、汽车等领域的产品的直接制造，以3D打印技术为代表的新工业革命已初见端倪。

本书主要介绍了目前取得广泛应用的各种3D打印工艺的基本原理、主要特点、工艺过程、相应的设备及所需材料，包括传统3D打印工艺、个人桌面级3D打印工艺、金属3D打印工艺及生物3D打印工艺等；介绍了3D打印技术在工业制造、文化创意、医学及组织工程等领域的应用。

本书由山东大学王广春编著。在编写过程中，研究生王玉宝和林瑶参与了应用实例的整理和PPT制作。

3D打印技术涉及众多学科，发展日新月异，限于作者水平，书中不妥之处在所难免，请读者批评指正。

作　者

目　录

第1章 绪 论

1.1 3D打印技术及发展历程

3D打印技术，是通过材料逐层增加的方式来制作三维实体的一类制造工艺的总称。实际上是早期的快速成型技术发展之后，因其中的一些工艺方法的成型过程类似于打印机的喷头喷射，为了便于对这类技术的理解并与当下流行的“3D”概念相契合而出现的一种俗称。由于该类技术是采用三维数模直接驱动，同时层内材料的分布与层间材料的堆积从原理上以及一些工艺方法的建造方式上都可以进行离散化控制，因此该项技术又被称为数字化成型与制造。与传统的利用刀具机加工去除材料方式相比，基于离散、堆积原理的3D打印技术在产品制造过程中具有高度的柔性，能够轻而易举地“打印”出内部镂空以及其他采用刀具无法加工的复杂或特殊结构。与铸造、锻压、注塑等材料凝固及塑性变形工艺相比，3D打印技术不需要特定的模具及较长的工艺流程，产品制造过程快速、便捷，对于小批量尤其是单件产品的制造，具有显著的时间和成本优势。3D打印技术颠覆了设计者在以往的产品外观和结构设计中受限于加工工艺可行性的思维模式，也弥补了传统的加工制造生产方式在多品种、小批量、快改型生产模式下的不足。

3D打印技术的产生来源于20世纪80年代末消费者对制造业产品快速更新的市场需求，20世纪90年代中后期医学领域的应用提高了3D打印技术的精度和质量，21世纪初金属制品3D打印技术的逐渐成熟及其在医疗与航空航天领域的应用，突破了3D打印技术多年来在高性能产品方面的局限。近年来，在文创领域的应用以及政府与传媒的热推，使得3D打印技术广为人知；在生物工程领域的应用，尤其是成功“打印”出人体组织与器官，引起了人们对3D打印技术的无限遐想。

3D打印技术这种采用材料堆积方式制造三维实体的思想可以追溯到100多年前的地形地貌图的制作。早在1892年，J. E. Blanther在其美国专利中曾建议用叠层的方法来制作地图模型。该方法指出将地形图的轮廓线压印在一系列的蜡片上并沿轮廓线切割蜡片，然后堆叠系列蜡片产生三维地貌图。1977年，W. K. Swainson在他的美国专利中提出，通过选择性的激光照射光敏聚合物来直接制造塑料模型。1988年，美国3D Systems公司制造出首台商品化3D打印设备——SLA—250光固化快速成型机。随后几年间，美国Helisys公司和Stratasys公司分别推出纸材粘结成型叠层实体制造设备和丝材熔融沉积成型设备；德国EOS公司和美国DTM公司推出粉末激光烧结设备。这四种3D打印工艺技术（当时被称为快速原型与制造）在20世纪80年代末与90年代初相继推出，在随后的10年间受到工业界广泛的重视并迅速发展。

在上述经典的四种3D打印技术稳步发展之际，其他基于离散、堆积原理的成型方法的研究也一直比较活跃。其中由麻省理工学院Jason Grau等研发的三维打印喷涂粘结工艺发展较为迅速，其成型过程类似于喷墨打印机的工作原理，以喷头作为成型源，所不同的是喷头喷出来的不是传统喷墨打印机的墨水，而是粘结剂，喷出的粘结剂将粉层粘结成型。该工艺方法后来被美国的ZCorp公司商品化，推出了ZPrinter系列设备。与此前的四种3D打印工艺方法相比，三维喷涂粘结工艺由于不需要激光器从而使建造过程相对简单且成本较低，尤其是该方法能够打印出彩色模型，引起人们的广泛关注，也将3D打印技术的应用由原来集中在制造业领域而推广到建筑、文创等对彩色模型有需求的领域，使3D打印技术走近了人们的日常生活。后来，基于类似的三维打印原理，以色列Objet公司采用PolyJet技术，推出采用喷头直接喷射成型材料的系列3D打印设备。上述三维喷涂粘结成型与三维喷射成型被统一称为三维打印工艺，成为继四种典型3D打印工艺之后的第五种得到广泛认可和应用的3D打印技术。

2000年以来，上述五种典型的3D打印工艺方法经历了不同的发展和变迁。

1）光固化成型工艺继续发挥其模型精细的优势，随着不同特性的光敏材料的推出，也逐渐提高和拓展了光固化模型的性能和应用范围。同时，通过控制光子的发射，该工艺方法还可以实现微米级结构的微光固化成型。

2）粉末激光烧结工艺，因为粉料来源较多，粉状材料制备相对容易，其应用领域也在逐渐发展。通过树脂砂烧结直接成型铸造用砂型，通过PS粉或蜡粉烧结直接成型熔模铸造消失型，通过陶瓷粉烧结直接成型陶瓷壳等方法在铸造领域的应用发挥了独特的优势。同时，该工艺方法的一个突出发展方向是采用金属粉烧结成型金属制品。

3）丝材熔融沉积成型工艺，因为不使用激光器而采用热熔挤出头，成型源的成本大幅降低，丝材熔化、凝固为物理过程，其环境友好，且可以小型化到办公室桌面，因此在发展其工业级设备的同时，随着3D打印技术逐渐广为人知且各行各业以及个体爱好者对3D打印技术需求的增长，基于熔丝成型的个人桌面级3D打印机成为开发和应用的热点。

4）叠层实体制造工艺方法推出时一般选用纸材，因其模型应用范围较窄而逐渐受到冷落，目前由以色列Solido公司最先推出的塑料薄膜粘结成型小型打印机仍在应用和发展中。而三维打印成型工艺早期的代表商，美国的ZCorp公司和以色列的Objet公司分别被3D打印技术著名制造商美国的3D Systems公司和Stratasys公司收购，继续进行开发。

与此同时，经过多年关于材料—组织结构—性能及成型工艺参数的研究与应用积累，金属制品的3D打印技术也得到了质的飞跃。基于铺粉的粉末激光烧结熔化成型和基于送粉的激光熔覆成型分别在医疗领域和航空航天领域得到了标志性的应用，提高了3D打印技术的显示度。在上述各种3D打印工艺技术发展的同时，结合生物工程材料的开发，3D打印技术在医学植入体及可降解支架的制造方面也取得了成功应用，满足了医学与生物工程领域的个性化制作等需求。尤其是近年来，借助开发的生物打印机及活体细胞的培养，已经“打印”出来了皮肤、血管、耳朵等活体组织与器官，为3D打印技术造福于人类自身打开了一幅美好的远景。可以预见，3D打印技术在未来必将会改变制造业的现有形态，必将会广泛走入我们的日常生活，必然会促进人类思维方式的转变，必将引领社会经济及人文发展的潮流。

1.2 3D打印基本原理及特点

3D打印的原理其实并不复杂，其运作原理和传统喷墨打印机的工作原理基本相同。传统喷墨打印机是将计算机屏幕上的一份文件或图形，通过打印命令将这份文件或图形传送给打印机，喷墨打印机即刻将这份文件或图形打印到纸张上。而3D打印是在三维数模驱动下，通过类似于打印机喷头的装置将成型材料喷射出来或者对材料层喷射粘结剂等方式进行层间堆积建造，逐层累积，“打印”出来与三维数模形状尺寸一致的实体。3D打印机与传统喷墨打印机最大的区别在于，它使用的“墨水”是模型建造的原材料或者是对层间材料粘结成型的粘结剂等。3D打印基本原理如图1-1所示。

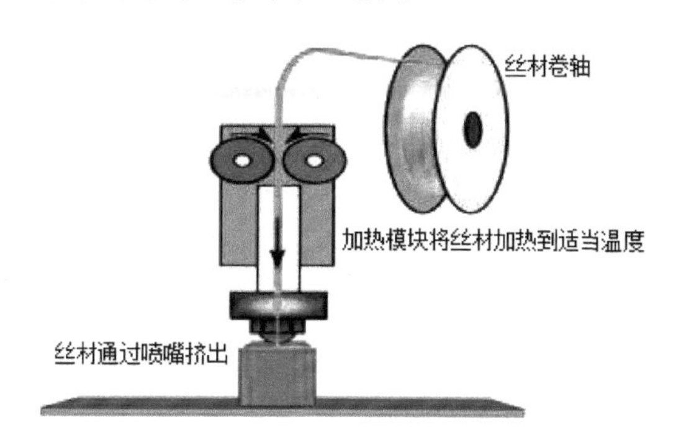

图1-1 3D打印基本原理

传统的零件加工工艺多为切削加工方法，是一种减材制造，材料利用率较低，有些大型零件其利用率甚至不足10%。材料成型工艺近似于等材制造，可显著提高材料的利用率和生产效率，但是需要特定的工装模具，对于复杂或大型零件，要求的工艺流程长、装备吨位大。而3D打印技术彻底摆脱了传统的“去除”加工法—— 部分去除大于工件的毛坯上的材料来得到工件，而采用全新的“增长”加工法—— 用一层层的小毛坯逐步叠加成大工件，将复杂的三维加工分解成简单的二维加工的组合。因此，3D打印不必采用传统的加工机床和工模具，只需传统加工方法10%～30%的工时和20%～35%的成本，就能直接制造出产品样品或模具，材料利用率极高，流程短。其特点主要如下：

（1）自由成型制造　无须使用工模具而直接制作原型或制件，可大大缩短新产品的试制周期并节省工模具费用；同时成型不受形状复杂程度的限制，能够制作任意复杂形状与结构、不同材料复合的原型或制件。

（2）制造过程快速　从CAD数模到原型或制件，一般仅需要数小时或十几小时，速度比传统成型加工方法快得多。随着个人桌面级3D打印机的发展及成本的逐渐降低，许多产品尤其是日用品，可以在家里进行制造，省去了传统获取产品的从设计构思、零件制造、装配、配送、仓储、销售到最终的客户手里的诸多复杂的环节。从产品构思到最终3D打印技术也更加便于远程制造服务，用户的需求可以得到最快的响应。

（3）添加式和数字化驱动成型方式　无论哪种3D打印工艺，其材料都是通过逐点、逐层以添加的方式累积成型的。这种通过材料添加来制造产品的加工方式是3D打印技术区别于传统的机械加工方式的显著特征。

（4）突出的经济效益　在多品种、小批量、快改型的现代制造模式下，3D打印技术无须工模具而直接在数字模型驱动下采用特定材料堆积出来，可显著缩短产品的开发与试制周期，节省工模具成本的同时也带来了显著的时间效益。

（5）广泛的应用领域　除了制造原型外，该项技术特别适合于新产品的开发、单件及小批量零件制造、不规则或复杂形状零件制造、模具设计与制造、产品设计的外观评估和装配检验、快速反求与复制，也适合于难加工材料的制造等。这项技术不仅在制造业具有广泛的应用，而且在材料科学与工程、医学与生物工程、文化艺术以及建筑工程等领域也有广阔的应用前景。

1.3　3D打印工艺过程

无论哪种3D打印工艺方法，其打印过程都可分为前处理、打印及后处理三个阶段。前处理主要进行模型设计和打印数据准备及与打印工艺方法相对应的数据处理；打印过程一般都是设备根据设定的制作参数自动进行的；后处理阶段主要包括清洗、去除支撑、打磨及改性处理等。具体细分的话，整个打印过程可划分为七个步骤。

1）计算机辅助设计：用CAD等软件建造一个三维模型。

2）转成STL数据格式：从CAD软件中输出转换成STL数据格式。

3）转到3D打印设备上或经过STL数据处理软件进行切片等处理后再转到3D打印设备上，由计算机控制三维打印机工作。

4）设置3D打印机打印参数和打印前准备：对于怎样为新的打印工作做准备，每一台机器都有它独特的需求。这不仅包括填充聚合物、粘合剂和打印机所需要的其他材料，而且也需要安装一个托盘作为基础，或者需要使用一种能够建立水溶性支撑结构的材料。

5）建造：让每台机器都做它自己的工作，建造过程几乎是自动的。

6）移出：将打印好的产品从机器里取出来。这时要采取相应的保护措施以避免对人身造成伤害，例如戴上手套来防止高温的表面或者有毒的化学物质的伤害。

7）后期加工：一般3D打印机打印出的产品需要做一些后期处理，包括刷去所有的残留粉末，或是冲洗产品以除去水溶性的支撑结构等。由于一些材料需要时间硬化，刚打印出的产品在这个环节是十分脆弱的，因此后处理操作时需倍加小心以确保刚打印出来的产品不被损坏。

1.4 3D打印材料与设备

1.4.1 3D打印材料

材料作为产品制造的物质，不但决定着产品的外在品质与内在性能，也决定着产品的加工方式。自20世纪70年代人们把信息、材料和能源誉为当代文明的三大支柱以来，材料研究一直得到高度重视和迅猛发展。随后，新材料、信息技术与生物技术又被并列为新技术革命的重要标志。在机械制造业，新材料更是有利促进了传统制造业的改造和先进制造技术的涌现。

基于材料堆积方式的3D打印技术改变了传统制造的去除材料的加工方法，材料是在数字化模型离散化基础上通过累积式的建造方式堆积成型。因此，3D打印技术对材料在形态和性态方面都有了不同的要求。在早期的3D打印工艺方法研究中，材料研发根据工艺装备研发和建造技术的需要而发展，同时，每一种3D打印工艺的推出和成熟都与材料研究及开发密切相关。一种新的3D打印材料的出现往往会使3D打印工艺及设备结构、成型件品质和成型效益发生巨大的进步。用于3D打印的材料根据实体建造原理、技术和方法的不同分为薄层材料、液态材料、粉状材料、丝材等。不同的制造方法对应的成型材料的性状是不同的，不同的成型制造方法对成型材料性能的要求也是不同的。在3D打印技术发展初期，一般都是设备制造商在从事所需求的材料的研究。随着3D打印技术的发展和推广，许多材料专业公司也加入到3D打印材料的研发中，3D打印材料正向高性能、系列化的方向发展。

根据目前较为常用的3D打印材料种类来看，根据材料的性状分类比较清晰，分为液态材料、薄层材料、粉末材料、丝状材料等，分类见表1-1。

表1-1　3D打印材料的种类

材料形态	液　态	粉　末		箔　材	丝　材	其　他
		非金属	金　属			
材料类别	光固化树脂	蜡粉 覆膜陶瓷粉 聚合物粉末 陶瓷粉 石膏粉 树脂砂	钢粉 覆膜钢粉	覆膜纸 覆膜塑料 覆膜陶瓷箔 覆膜金属箔	蜡丝 聚合物丝	建筑材料 食品材料 生物材料

3D打印材料及其性能不仅影响着制件的性能及精度，而且也影响着与制造工艺相关联的建造过程。3D打印工艺对材料性能的总体要求有如下几个方面。

1）适应逐层累加方式的增材制造建造模式。

2）在各种3D打印的建造方式下能快速实现层内建造及层间连接。

3）制作的制件具有一定的尺寸精度、表面质量和尺寸稳定性。

4）确保制件具有一定的力学性能及性能稳定性或组织性能及可降解性。

5）无毒，无污染。

1.4.2　3D打印设备

3D打印设备的研究与开发是3D打印技术的重要部分，各种3D打印设备可以说是相应的3D打印工艺方法以及相关材料等研究成果的集中体现。3D打印设备系统的先进程度是衡量其技术发展水平的标志。随着1988年3D Systems公司推出第一台光固化成型商品化设备SLA—250以来，世界范围内相继推出了和3D打印工艺方法对应的多种商品化设备和实验室阶段的设备。

和前面3D打印技术发展历程中介绍的各种3D打印工艺方法相对应，目前已商品化的设备有光固化成型设备、叠层实体制造设备、熔融沉积制造设备、选择性激光烧结成型设备、金属粉末激光熔化成型设备、三维喷涂粘结设备等。上述这些比较成熟的商品化设备系统的销售量早期均以50%左右的速度在逐年递增，标志着以快速成型技术为主的3D打印工艺自出现以来就受到了广泛认可和迅速应用。

近期，基于喷射成型方式的3D打印工艺设备以及个人桌面级3D打印机受到制造业企业、服务机构及个体爱好者的普遍青睐；同时，合金粉末高能束流熔化成型设备在航空航天大型结构件及医疗植入体制造中取得了成功应用，3D打印设备伴随着相应的3D打印技术再次被推向繁荣发展的时期。

1.5 3D打印技术发展现状及对世界的影响

1.5.1 3D打印技术国内外发展现状

1. 3D打印技术国内发展现状

3D打印技术属于新一代绿色高端制造业，与智能机器人、人工智能并称为实现数字化制造的三大关键技术，这项技术及其产业发展是全球正在兴起新一轮数字化制造浪潮的重要基础。加快3D打印产业发展，有利于国家在全球科技创新和产业竞争中占领高地，进一步推动我国由“工业大国”向“工业强国”转变，促进创新型国家建设，加快创造性人才培养。

国内3D打印行业已经有30余年发展历史，但是早期的发展都被称为学院派，因为大部分都是在理论阶段，近年随着国外在3D打印技术的突破以及在某些领域的应用，也让国内的学院派走向实践道路，同时国内很多商家看好这个领域，一定程度上推动了国内3D打印行业的发展。随着“个人制造”的兴起，在个人消费领域，预计3D打印行业仍会保持相对较高的增速。这将有助于拉动个人使用的桌面级3D打印设备的需求，同时也会促进上游打印材料（主要以光敏树脂和塑料为主）的消费。在工业消费领域，由于3D打印金属材料的不断发展，以及金属本身在工业制造中的广泛应用，预计以激光金属烧结为主要成型技术的3D打印设备，将会在未来工业领域的应用中获得相对较快的发展。中短期内，这一领域的应用仍会集中在产品设计和工具制造环节。产业链上的专业分工会进一步深化。现阶段，主要的3D打印企业一般以材料供应、设备制造和打印服务的综合形式存在。这是由产业发展初期技术推广和市场规模的限制所致。长期来看，产业链的各环节会产生专业化的分离；专业材料供应商和打印企业会出现产品设计服务独立或向下游消费企业转移。3D打印有望转化为一个真正意义上的工具平台。

中国产业调研网发布的2015年版中国3D打印市场专题研究分析与发展趋势预测报告认为，3D打印行业近一两年在国内以飞快速度进入人们的视线，其广泛的应用令人对其未来的市场空间产生无限联想，甚至被誉为是引领第三次工业革命的新兴产业。

2. 3D打印技术国外发展现状

欧美发达国家也纷纷制定了发展和推动3D打印技术的国家战略和规划，3D打印技术已受到政府、研究机构、企业和媒体的广泛关注。2012年3月，美国白宫宣布了振兴美国制造业的新举措，将投资10亿美元改革美国制造体系。其中，白宫提出实现该项计划的三大背景技术包括了3D打印，强调了通过改善3D打印材料、装备及标准，实现创新设计的小批量、低成本数字化制造。2012年8月，美国3D打印创新研究所成立，联合了宾夕法尼亚州西部、俄亥俄州东部和弗吉尼亚州西部的14所大学、40余家企业、11家非营利机构和专业协会。

英国政府自2011年开始持续增大对3D打印技术的研发经费。以前仅有拉夫堡大学一个3D打印研究中心，现在诺丁汉大学、谢菲尔德大学、埃克塞特大学和曼彻斯特大学等相继建立了3D打印研究中心。英国工程与物理科学研究委员会中设有3D打印研究中心，参与机构包括拉夫堡大学、伯明翰大学、英国国家物理实验室、波音公司以及德国EOS公司等15家知名大学、研究机构及企业。

除了英美外，其他一些发达国家也积极采取措施，以推动3D打印技术的发展。德国建立了直接制造研究中心，主要研究和推动3D打印技术在航空航天领域中结构轻量化方面的应用；法国3D打印协会致力于3D打印技术标准的研究；在政府资助下，西班牙启动了一项发展3D打印的专项，研究内容包括3D打印共性技术、材料、技术交流及商业模式等四方面内容；澳大利亚政府于2012年2月宣布支持一项航空航天领域革命性的项目“微型发动机3D打印技术”，该项目使用3D打印技术制造航空航天领域微型发动机零部件；日本政府也很重视3D打印技术的发展，通过优惠政策和大量资金鼓励产、学、研、用紧密结合，有力促进3D打印技术在航空航天等领域的应用。

1.5.2 3D打印技术对世界的影响

3D打印技术有望改变我们生活中的几乎每一个行业并助推下一次工业革命，3D打印技术将会对企业、消费者和全球经济产生如下十个方面的重大影响。

1. 大规模减少制造业对环境的破坏

传统的制造方式往往是浪费和破坏环境的。而在许多方面，3D打印将会减少浪费和碳排放。

（1）减少材料浪费　3D打印只使用构成产品的材料，极大地提高了原材料的利用率。

（2）使产品的使用寿命更长　随着3D打印机的普及，产品部件损坏后使用者可以再打印一个新的，所以整个产品没有被扔掉，也减轻了产品生产商技术服务的压力。

（3）减少了产品运输量　在传统经济中，很多产品往往要经过长途跋涉才能到达消费者手中。

2. 创建新的艺术媒介

目前，选择用手工方式来进行艺术创作的人越来越少，而3D打印机的出现则为人们带来了一种新的现代艺术形式。3D打印技术在文化创意等艺术领域的应用既包含了个性化的定制和制造，也包含像珠宝首饰这种艺术品的生产和制造，还有古代艺术的再现等高端艺术品的衍生品，其应用领域的市场前景十分巨大。例如，阿姆斯特丹的梵高博物馆已经与富士胶片合作制作了几个凡·高画作的3D打印副本。

3. 教育创新

几个月前，Maker Bot在众筹网站上公布了“Maker Bot学院”计划，希望能募集3D打印机送给在美国的每所学校。Maker Bot公司CEO Bre Pettis在公告中说：“它可以整个改变我们的孩子看待在美国创新和制造的模式。”该公司最近还宣布了一项计划，把高校变成Maker Bot创新中心。首个Maker Bot创新中心位于纽约州立大学，该中心配备了30台3D打印机以及一些三维扫描仪，以帮助培训工程师、建筑师和艺术家等。

4. 在零重力空间进行3D打印

3D打印机可以帮助太空中的宇航员打印零部件、工具和其他小物件，也可以帮助国际空间站进行所需的零件制造。Made In Space公司是由一群航天领域退役人员和3D打印爱好者组成的，他们已经与美国宇航局（NASA）马歇尔太空飞行中心建立了合作关系，准备向太空发射第一台3D打印机，这台打印机具备在零重力条件下制造零件的能力。NASA希望3D打印技术能使太空任务更加自给自足。

5. 革命性的大规模生产

大规模生产是3D打印面临的最大挑战，但随着大型3D打印机的使用和3D打印技术的迅速发展，能够快速制造零件的大型3D打印机将彻底打乱传统制造业的格局。

（1）食物　凡是液体或粉末形式的食物都可以3D打印，所以很自然，3D打印的食物将会很重要。

（2）军事　军队使用的机械设备往往是高度定制化，而且容易更换的。现在已经能够3D打印枪支，所以3D打印技术进入这个行业只是时间问题。

（3）电子　小尺寸、形状规则和材料简单使得这个行业天然地适合3D打印制造。

（4）玩具　家用3D打印机和开源设计将改变孩子们创造和游戏的方式。

（5）汽车　汽车行业已经开始使用这项技术，据报道，福特公司利用3D打印验证零部件。高端和更小的汽车企业将首先受益。

6. 改变医学和保健

生物3D打印是3D打印发展最快的领域之一。该技术采用喷墨式打印机制造活体组织。Organovo是这一领域领先的公司之一，据报道，他们计划在2016年推出商业化的3D打印肝组织产品。同时他们还与美国国家眼科研究所和国家科学推进转化中心合作开发打印眼组织。

卫理会人体研究所（Human Methodist Research Institute）的研究人员表示，他们开发了一种更有效制造细胞的方法，即所谓的细胞块打印。这种方法可以使制造的细胞100%存活，而不是常见的50%～80%的存活率。

7. *改变家庭*

人类喜欢让自己的家变得更加便利。如今家用3D打印机正变得更小、更便宜。人们可以用它打印定制珠宝、家居用品、玩具、工具等。当家用电器出现问题时，人们也可以打印出零部件更换，而不是下订单等它们运过来。据研究公司Strategy Analytic称，全球家用3D打印市场容量到2030年将达到700亿美元。

8. *影响不发达地区*

发展中国家市场往往是与全球供应链断裂的，即使是最基础的产品，而3D打印拥有使其重新加入经济循环的能力。这方面最好的例子是位于奥斯汀的创业公司re:3D，去年5月它在Kick starter上发起了一个成功的产品推介活动，该公司针对发展中国家开发了一款价格经济的工业级3D打印机Gigabot。该设备已经在拉丁美洲进行推广，特别是与智利政府的一项计划Start Up Chile合作，Gigabot将被用于许多在智利的项目，如3D设计实习、生产服装、用可回收材料进行打印试验。

一些公益机构使用3D打印技术帮助发展中国家有需要的人。例如，许多发展中国家对于义肢的需求都很多，但这些产品往往技术复杂、价格昂贵。一位加拿大教授借助3D打印机发明了一种义肢，具备正常人手约80%的功能，现在一家NGO（非政府组织）正在将其发送给乌干达的残疾人。

9. *对全球经济的影响*

3D打印业将对全球经济产生深远的影响。麦肯锡全球研究院最近发布的一份报告中提到，3D打印将对全球经济产生颠覆性影响。该公司预测，它会大幅减少新产品的开发周期。越来越多的公司将更加关注客户的反馈和真正实现以客户为中心的产品设计和技术开发。3D打印技术也减少了新产品进入市场的成本，预计未来小型、微型企业将更具活力。

10. *知识产权威胁*

现在很容易找到3D打印设计或模型图样，当3D打印技术变得更加主流之后，免费设计会引来大量的知识产权问题。大多数设计是非专利的，因此它们可以被任何人复制。而一项花费了昂贵的成本设计出来的物体，也可以进行反向工程或复制，以更便宜的价格出售。

现在，有些公司开始追踪一些模型共享网站用户，认为他们侵犯版权或违反知识产权法。其实，大多数设计师都会对原有的设计进行更改和优化，使它们更好，或者进行本地化，以更好地满足不同地区的人群的需求。

1.6　3D打印技术面临的挑战

和所有新技术一样，3D打印技术也有着自己的缺点，这些缺点会成为3D打印技术发展道路上的绊脚石，从而影响其成长的速度。 3D打印也许真的可能给世界带来一些改变，但如果想成为市场的主流，就要克服如下种种担忧和可能产生的负面影响。

1. 材料的限制

仔细观察你周围的一些物品和设备，你就会发现3D打印的第一个绊脚石，那就是所需材料的限制。虽然高端工业印刷可以实现塑料、某些金属或者陶瓷打印，但目前无法实现打印的材料都是比较昂贵和稀缺的。

另外，现在的打印机也还没有达到成熟的水平，无法支持我们在日常生活中所接触到的各种各样的材料。

研究者们在多材料打印上已经取得了一定的进展，但除非这些进展达到成熟并有效，否则材料依然会是3D打印的一大障碍。

2. 机器的限制

众所周知，3D打印要成为主流技术（作为一种消耗大的技术），它对机器的要求也是不低的，其复杂性也可想而知。

目前的3D打印技术在重建物体的几何形状和机能上已经获得了一定的水平，几乎任何静态的形状都可以被打印出来，但是那些运动的物体和它们的清晰度就难以实现了。

这个困难对于制造商来说也许是可以解决的，但是3D打印技术想要进入普通家庭，每个人都能随意打印想要的东西，那么机器的限制就必须得到解决才行。

3. 知识产权的忧虑

在过去的几十年里，音乐、电影和电视产业中对知识产权的关注变得越来越多。3D打印技术毫无疑问也会涉及这一问题，因为现实中的很多东西都会得到更加广泛的传播。

人们可以随意复制任何东西，并且数量不限。如何制定3D打印的法律法规来保护知识产权，也是我们面临的问题之一。

4. 道德的挑战

道德是底线。什么样的东西会违反道德规律，我们是很难界定的，如果有人打印出生物器官或者活体组织，是否有违道德？我们又该如何处理呢？如果无法尽快找到解决方法，相信我们在不久的将来会遇到极大的道德挑战。

3D打印技术需要承担的花费是高昂的，对于普通大众来说更是如此。如果想要普及到大众，降价是必需的，但又会与成本形成冲突。如何解决这个问题，是制造商需要考虑的重要问题。

每一种新技术诞生初期都会面临着这些类似的障碍，但一旦找到合理的解决方案，3D打印技术的发展将会更加迅速，就如同任何新技术一样，不断地更新才能达到最终的完善。

第 2 章　几种常见的3D打印工艺

3D打印技术，是一种以数字模型文件为基础，运用箔材、粉末状金属及塑料等可粘合材料或液态树脂可光固化材料等，通过逐层打印的方式来构造物体的技术。3D打印设备出现在20世纪80年代末期，早期的3D打印设备主要面向工业品或其模型的制造，它与普通打印机的工作原理基本相同，打印机内装有液体或粉末等“打印材料”，与计算机连接后，通过计算机控制把“打印材料”一层层叠加起来，最终把计算机上的蓝图变成实物。如今这一在制造业领域推出的技术在其他多个领域也得到了应用，用它来制造服装、建筑模型、医疗模型、巧克力甜品等。

本章主要介绍早期因制造业新产品开发需求而发展起来的几种常见的3D打印工艺，包括叠层实体制造工艺、熔融沉积成型工艺、光固化成型工艺、选择性激光烧结工艺以及三维打印工艺（3DP，分为三维喷涂粘结工艺和PolyJet 3D打印工艺）。

2.1　叠层实体制造工艺

2.1.1　叠层实体制造工艺的原理及特点

1. 叠层实体制造工艺原理

叠层实体制造（Laminated Object Manufacturing，LOM）工艺使用箔材，通过激光扫描或切刀运动直接切割箔材，继而进行逐层堆积而成型制品。相比其他3D打印工艺，叠层实体制造工艺多采用纸材，具有原材料成本低廉，建造过程较为简单快捷，工艺过程容易实现等优点，因此成为早期推出并迅速得到较快发展的3D打印工艺方法之一。

采用激光切割的叠层实体制造工艺的基本原理如图2-1所示。根据三维CAD模型每个截面的轮廓线，在计算机控制下，发出控制激光切割系统的指令，使切割头做*X*和*Y*方向的移动。供料机构将底面涂有热溶胶的箔材（如涂覆纸、涂覆陶瓷箔等）送至工作台的上方。激光切割系统按照计算机提取的横截面轮廓用二氧化碳激光束对箔材沿轮廓线将工作台上的纸割出轮廓线，并将纸的无轮廓区切割成小碎片。然后由热压机构将一层层纸压紧并粘合在一起。升降台支撑正在成型的工件，并在每层成型之后，降低一个纸厚，以便送进、粘合和切割新的一层纸，形成由许多小废料块包围的三维原型零件。然后将三维原型零件取出，将多余的废料小块剔除，最终获得三维产品。

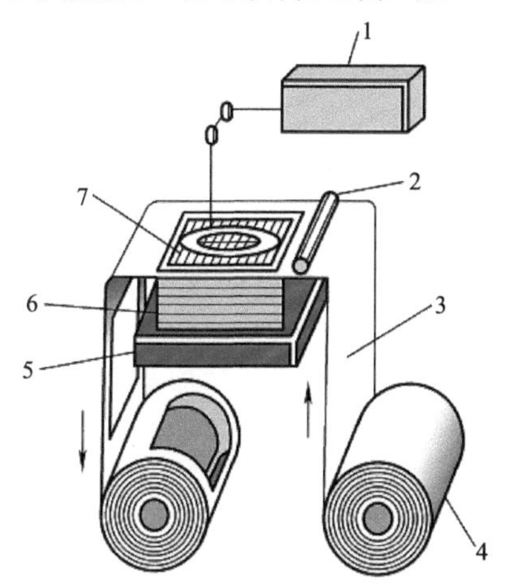

图2-1　叠层实体制造工艺的原理

1—激光器　2—压滚　3—纸材　4—材料送进滚筒　5—升降台　6—叠层　7—当前叠层轮廓线

叠层实体制造工艺中激光束或切刀只需按照分层信息提供的截面轮廓线逐层切割而无须对整个截面进行扫描，且不需考虑支撑。

2. **叠层实体制造工艺特点**

与其他3D打印工艺相比，叠层实体制造工艺具有制作效率高、速度快、成本低等优点。具体优点如下：

1）成型速度较快，由于只需要使用激光束沿物体的轮廓进行切割，无须扫描整个断面，所以成型速度很快，常用于加工内部结构简单的大型零件。

2）原型精度高，翘曲变形小。

3）原型能承受高达200℃的温度，有较高的硬度和较好的力学性能。

4）无须设计和制作支撑结构。

5）可进行切削加工。

6）废料易剥离，无须后固化处理。

7）可制作尺寸大的原型。

8）原材料价格便宜，原型制作成本低。

但是，叠层实体制造工艺也有不足之处：

1）原型层间的抗拉强度不够好。

2）纸质原型易吸湿膨胀，成型后需尽快进行表面防潮处理。

3）原型表面有台阶纹理，成型后需进行表面打磨，因此难以直接构建形状精细、多曲面的零件。

2.1.2 叠层实体制造工艺用纸材

用于3D打印工艺中的箔材有纸材、塑料薄膜以及金属箔等。在目前实用化的叠层实体制造3D打印工艺中，美国Helisys公司推出的3D打印机采用的是纸材，而以色列Solido公司推出的SD300系列设备使用的是塑料薄膜。同时，金属箔作为叠层材料进行3D打印的工艺方法也在研究进行中。塑料薄膜材料成型建造过程中，层间的粘结是由打印设备喷洒粘结剂实现的，成型材料制备及其要求涉及三个方面的问题，即薄层材料、粘结剂和涂布工艺。目前的成型材料中的薄层材料多为纸材，而粘结剂一般为热熔胶。纸材料的选取、热熔胶的配置及涂布工艺均要从保证最终成型零件的质量出发，同时要考虑成本。对于纸材的性能，要求厚度均匀、具有足够的抗拉强度，粘结剂要有较好的湿润性、涂挂性和粘结性等。下面就纸的性能、热熔胶的要求及涂布工艺进行简要的介绍。

1. 纸的性能

对于粘结成型材料的纸材，有以下要求：

1）抗湿性，保证纸原料（卷轴纸）不会因时间长而吸水，从而保证热压过程中不会因水分的损失而产生变形及粘接不牢。纸的施胶度可用来表示纸张抗水能力的大小。

2）良好的浸润性，保证良好的涂胶性能。

3）抗拉强度好，保证在加工过程中不被拉断。

4）收缩率小，保证热压过程中不会因部分水分损失而导致变形，可用纸的伸缩率参数计量。

5）剥离性能好。因剥离时破坏发生在纸张内，要求纸的垂直方向抗拉强度不是很大。

6）易打磨，表面光滑。

7）稳定性好，成型零件可长时间保存。

2. 热熔胶

粘结成型工艺中的成型材料多为涂有热熔胶的纸材，层与层之间的粘结是靠热熔胶保证的。热熔胶的种类很多，其中EVA型热熔胶的需求量最大，占热熔胶消费总量的80%左右。当然，在热熔胶中还要添加某些特殊的组分。叠层实体制造工艺用纸材对热熔胶的基本要求为：

1）良好的热熔冷固性（约70～100℃开始熔化，室温下固化）。

2）在反复“熔融－固化”条件下，具有较好的物理化学稳定性。

3）熔融状态下与纸具有较好的涂挂性和涂匀性。

4）与纸具有足够的粘结强度。

5）良好的废料分离性能。

3. 涂布工艺

涂布工艺有涂布形状和涂布厚度两个方面。涂布形状指的是采用均匀式涂布还是非均匀涂布，非均匀涂布又有多种形状。均匀式涂布采用狭缝式刮板进行涂布，非均匀涂布有条纹式和颗粒式。一般来讲，非均匀涂布可以减小应力集中，但涂布设备比较贵。涂布厚度指的是在纸材上涂多厚的胶。选择涂布厚度的原则是在保证可靠粘结的情况下，尽可能涂得薄，以减少变形、溢胶和错移。

2.1.3　叠层实体制造工艺的应用实例

叠层实体制造工艺适合制作大中型原型件，翘曲变形较小，成型时间较短，激光器使用寿命长，制成件有良好的抗压缩力学性能，适合于产品设计的概念建模和功能性测试零件。由于制成的零件具有木质属性，特别适合直接制作砂型铸造用木模。图2-2所示为叠层实体制造工艺制作的用于装配检验的气缸盖LOM模型。

a）模型正面

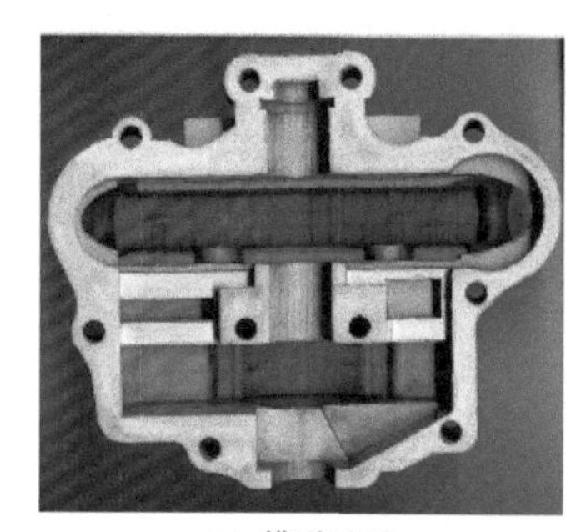

b）模型反面

图2-2　用于装配检验的气缸盖LOM模型

某机床操作手柄为铸铁件，人工方式制作砂型铸造用的木模十分费时困难，且精度也得不到保证。直接由CAD模型高精度地快速制作砂型铸造用的木模，克服了人工制作的局限和困难，极大地缩短了产品的生产周期并提高了产品的精度和质量。图2-3所示为铸铁手柄的CAD模型和LOM原型。

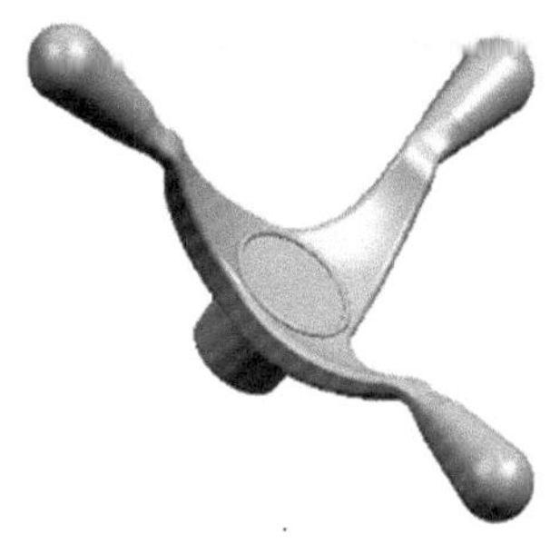

a）CAD模型

b）LOM原型

图2-3　铸铁手柄的CAD模型和LOM原型

2.2 熔融沉积成型工艺

2.2.1 熔融沉积成型工艺的原理及特点

1. 熔融沉积成型工艺原理

熔融沉积成型（Fused Deposition Modeling，FDM）工艺是目前应用最广泛的一种3D打印工艺，很多消费级3D打印机都是采用该种工艺，因为它实现起来相对容易，设备及模型制作成本相对较低。

FDM加热头把热熔性材料（ABS、尼龙、蜡等）加热到临界状态，使其呈现半流体状态，然后加热头会在软件控制下沿CAD确定的二维几何轨迹运动，同时喷头将半流动状态的材料挤压出来，材料瞬时凝固形成有轮廓形状的薄层。

这个过程与二维打印机的打印过程很相似，只不过从打印头出来的不是油墨，而是ABS树脂等材料的熔融物。同时由于3D打印机的打印头或底座能够在垂直方向移动，所以它能让材料逐层进行快速累积，并且每层都是CAD模型确定的轨迹打印出确定的形状，所以最终能够打印出设计好的三维物体。FDM工艺原理如图2-4所示。

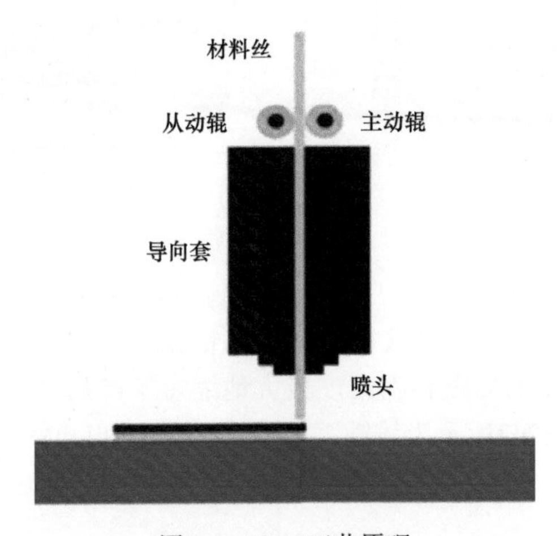

图2-4　FDM工艺原理

快速成型机的加热喷头受计算机控制，根据水平分层数据做*X-Y*平面运动。丝材由送丝机构送至喷头，经过加热、熔化，从喷头挤出粘结到工作台面，然后快速冷却并凝固。每一层截面完成后，工作台下降一层的高度，再继续进行下一层的造型。如此重复，直至完成整个实体的造型。每层的厚度根据喷头挤丝的直径大小及喷头移动速度等确定。

熔融沉积成型工艺在原型制作时需要同时制作支撑，为了节省材料成本和提高沉积效率，新型FDM设备采用了双喷头，如图2-5所示。一个喷头用于沉积模型材料，一个喷头用于沉积支撑材料。一般来说，模型材料丝精细且成本较高，沉积的效率也较低。而支撑材料丝较粗且成本较低，沉积的效率也较高。双喷头的优点除了沉积过程中具有较高的沉积效率和降低模型制作成本以外，还可以灵活地选择具有特殊性能的支撑材料，以便于后处理过程中支撑材料的去除，如水溶材料、低于模型材料熔点的热熔材料等。

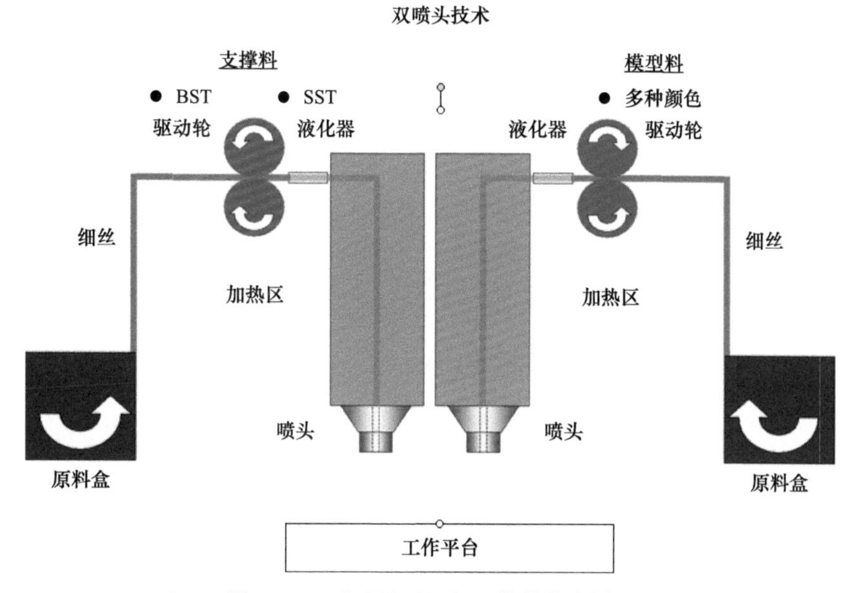

图2-5　双喷头熔融沉积工艺的基本原理

2. 熔融沉积成型工艺特点

FDM技术的优点包括成本低、成型材料范围较广、环境污染较小、设备及材料体积较小、原料利用率高、后处理相对简单等；缺点包括成型时间较长、精度低、需要支撑材料等。

FDM工艺具有的优点如下：

1）成本低。FDM技术不采用激光器，设备运营维护成本较低，而其成型材料也多为ABS、PC等常用工程塑料，成本同样较低，因此目前桌面级3D打印机多采用FDM技术路径。

2）成型材料范围较广。通过上述分析我们知道，ABS、PLA、PC、PP 等热塑性材料均可作为FDM技术的成型材料，这些都是常见的工程塑料，易于取得，且成本较低。

3）环境污染较小。在整个过程中只涉及热塑材料的熔融和凝固，且在较为封闭的3D打印室内进行，且不涉及高温、高压，没有有毒有害物质排放，因此环境友好程度较高。

4）设备、材料体积较小。采用FDM路径的3D打印机设备体积较小，而耗材也是成卷的丝材，便于搬运，适合于办公室、家庭等环境。

5）原料利用率高。对没有使用或者使用过程中废弃的成型材料和支撑材料可以进行回收，加工再利用，可有效提高原料的利用效率。

6）后处理相对简单。目前采用的支撑材料多为水溶性材料，剥离较为简单，而其他技术路径后处理往往还需要进行固化处理，需要其他辅助设备，FDM则不需要。

FDM工艺存在的缺点如下：

1）成型时间较长。由于喷头运动是机械运动，成型过程中速度受到一定的限制，因此一般成型时间较长，不适于制造大型部件。

2）需要支撑材料。在成型过程中需要加入支撑材料，打印完成后要进行剥离，对于一些复杂构件来说，剥离存在一定的困难。

3）丝材均质性及其热稳定性不足，有时会导致打印精度不高。

2.2.2 熔融沉积成型材料与支撑材料

FDM技术路径涉及的材料主要包括成型材料和支撑材料。一般的热塑性材料做适当改性后都可用于熔融沉积成型。同一种材料可以做出不同的颜色，用于制造彩色零件。该工艺也可以堆积复合材料零件，如把低熔点的蜡或塑料熔融丝与高熔点的金属粉末、陶瓷粉末、玻璃纤维、碳纤维等混合作为多相成型材料。到目前为止，单一成型材料一般为ABS、PLA、石蜡、尼龙、PC和PPSF等。支撑材料有两种类型：一种是剥离性支撑，需要手动剥离零件表面的支撑；另一种是水溶性支撑，它可以分解于碱性水溶液。

熔融沉积成型设备中的热熔喷头是该工艺应用中的关键部件。除了热熔喷头以外，成型材料的相关特性（如材料的黏度、熔融温度、粘结性以及收缩率等）也是FDM工艺应用过程中的关键，其主要特性有：

（1）材料的黏度　材料的黏度低，流动性好，阻力就小，有助于材料顺利挤出。材料的流动性差，需要很大的送丝压力才能挤出，会增加喷头的启停响应时间，从而影响成型精度。

（2）材料的熔融温度　熔融温度低可以使材料在较低温度下挤出，有利于提高喷头和整个机械系统的寿命。减少材料在挤出前后的温差，能够减少热应力，从而提高原型的精度。

（3）粘结性　FDM原型的层与层之间往往是零件强度最薄弱的地方，粘结性好坏决定了零件成型以后的强度。粘结性过低，有时在成型过程中因热应力会造成层与层之间的开裂。

（4）收缩率　由于挤出时，喷头内部需要保持一定的压力才能将材料顺利挤出，挤出后材料丝一般会发生一定程度的膨胀。如果材料收缩率对压力比较敏感，会造成喷头挤出的材料丝直径与喷嘴的名义直径相差太大，影响材料的成型精度。FDM成型材料的收缩率对温度不能太敏感，否则会产生零件翘曲、开裂。

由以上材料特性对FDM工艺实施的影响来看，FDM工艺对成型材料的要求是熔融温度低、黏度低、粘结性好、收缩率小。

FDM工艺对支撑材料的要求是能够承受一定的高温、与成型材料不浸润、具有水溶性或者酸溶性、具有较低的熔融温度、流动性要特别好等。具体介绍如下：

（1）能承受一定的高温　由于支撑材料要与成型材料在支撑面上接触，所以支撑材料必须能够承受成型材料的高温，在此温度下不产生分解与融化。由于FDM工艺挤出的丝比较细，在空气中能够比较快速的冷却，所以支撑材料能承受100℃以下的温度即可。

（2）与成型材料不浸润，便于后处理　支撑材料是加工中采取的辅助手段，在加工完毕后必须去除，所以支撑材料与成型材料的亲和性不应太好。

（3）具有水溶性或者酸溶性　由于FDM工艺的一大优点是可以成型任意复杂程度的零件，经常用于成型具有很复杂的内腔、孔等零件，为了便于后处理，最好是支撑材料在某种液体里可以溶解。这种液体必须不能产生污染或有难闻气味。由于现在FDM使用的成型材料一般是ABS工程塑料，该材料一般可以溶解在有机溶剂中，所以不能使用有机溶剂。目前已开发出水溶性支撑材料。

（4）具有较低的熔融温度　具有较低的熔融温度可以使材料在较低的温度挤出，提高喷头的使用寿命。

（5）流动性要好　由于支撑材料的成型精度要求不高，为了提高机器的扫描速度，要求支撑材料具有很好的流动性，相对而言，黏性可以差一些。

2.2.3　熔融沉积成型应用实例

根据国际3D打印巨头，同时也是FDM发明者的Stratasys公司资料显示，FDM应用领域包括概念建模、功能性原型制作、制造加工、最终用途零件制造、修整等方面，涉及汽车、医疗、建筑、娱乐、电子、教育等领域。随着技术的进步，FDM的应用还在不断拓展。

1. 概念建模

概念建模的应用主要涉及建筑模型、人体工程学研究、市场营销和设计方面等。

（1）建筑建模　计算机模拟在工程设计和建筑领域已经应用了很长一段时间。建筑可视化的传统做法是使用木材或泡沫板制作建筑的等比例模型，使建筑师可以看到建筑在实际空间中如何矗立，以及是否存在任何可以改正的问题。而3D打印结合了计算机模拟的精确性和等比例模型的真实性，能够有效降低设计成本和开发时间，同时通过等比例的模型可以对建筑进行改良，增加安全性和合理性。图2-6所示为熔融沉积成型制作的建筑模型。

图2-6　熔融沉积成型制作的建筑模型

（2）人体工程学设计　正确的人体工程学设计对预防受伤以及加强工作效率必不可少。3D打印的模型允许在开发流程期间就对人体工程学性能进行精确测试。通过3D打印技术，设计人员可以创作出逼真的模型，再现产品每个单独部件的物理特性。在多次测试周期期间可以对材料进行修改，从而实现在将产品全面投入生产前对其人体工程学方面进行优化。图2-7所示为熔融沉积成型制作的符合人体工程学的键盘。

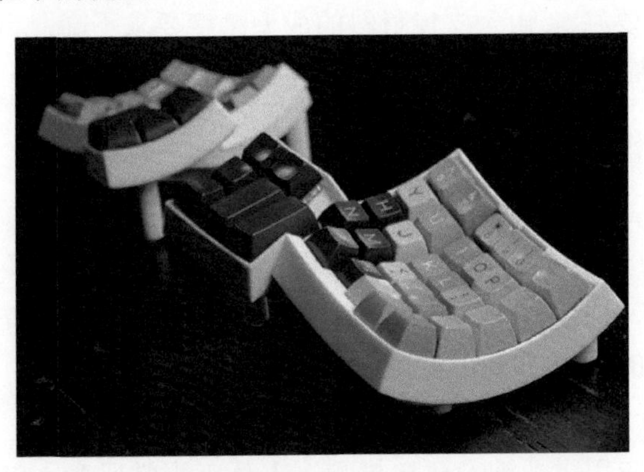

图2-7　熔融沉积成型制作的符合人体工程学的键盘

（3）市场营销和设计　利用FDM技术构建的模型可以进行打磨、上漆，甚至镀铬，从而达到与新产品最终外观一致的目的。FDM使用生产级的热塑塑料，因此模型可以获得与最终产品一致的耐用性和使用感受。图2-8所示为熔融沉积成型制作的奥斯卡小金人。

图2-8　熔融沉积成型制作的奥斯卡小金人

2. 功能性原型制作

在产品设计初期，可以利用FDM技术快速获得产品原型，而通过FDM技术获得的原型本身具有耐高温、耐化学腐蚀等性能，能够通过原型进行各种性能测试，以改进最终的产品设计参数，大大缩短了产品从设计到生产的时间。图2-9所示为熔融沉积成型制作的一些产品原型。

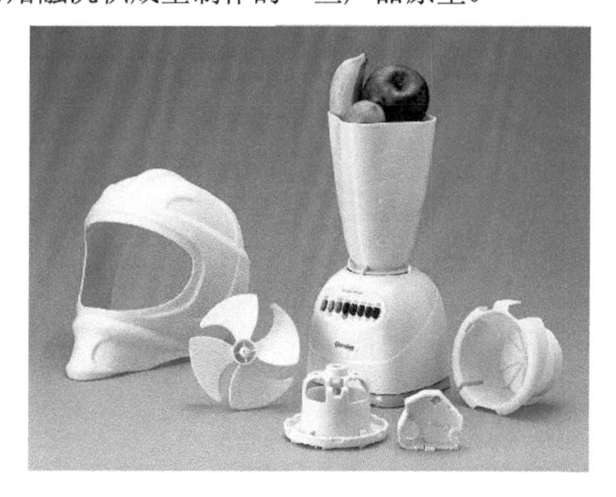

图2-9　熔融沉积成型制作的产品原型

3. 制造加工

由于FDM技术可以采用高性能的生产级别材料，可以在很短的时间内制造标准工具，并可进行小批量生产，通过小批量生产可以使用与最终产品相同的流程和材料来创建原型，并在等待最终模具从车间发往各地的同时，即可将新产品上市。

Mizuno是世界上最大的综合性体育用品制造公司，通常公司计划开发一套新的高尔夫球杆需要13个月的时间。FDM技术的应用大大缩短了这个过程，设计出的新高尔夫球头用FDM制作后，可以迅速地得到反馈意见并进行修改，大大加快了造型阶段的设计验证，一旦设计定型，FDM最后制造出的ABS原型就可以作为加工基准在CNC机床上进行钢制母模的加工。新的高尔夫球杆整个开发周期在7个月内就全部完成，缩短了40%的时间。目前，FDM快速原型技术已成为Mizuno在产品开发过程中起决定性作用的组成部分。图2-10所示为Mizuno利用FDM技术开发的新的高尔夫球杆。

图2-10 Mizuno利用FDM技术开发的新产品

2.3 光固化成型工艺

光固化成型工艺，也常被称为立体光刻成型，英文名称为Stereo Lithography，简称SL，有时也被简称为SLA（Stereo Lithography Apparatus）。该工艺由Charles W. Hull于1984年获得美国专利，是最早发展起来的3D打印技术。自从1988年美国3D Systems公司最早推出SLA-250商品化3D打印设备以来，SLA已成为目前世界上研究最深入、技术最成熟、应用最广泛的一种3D打印工艺方法。它以光敏树脂为原料，通过计算机控制紫外激光使其逐层凝固成型。这种工艺方法能简捷、全自动地制造出表面质量和尺寸精度较高、几何形状较复杂的原型。

2.3.1 光固化成型工艺的基本原理及特点

1. 光固化成型工艺的基本原理

光固化成型工艺的成型过程如图2-11示。液槽中盛满液态光敏树脂，氦—镉激光器或氩离子激光器发出的紫外激光束在控制系统的控制下按零件的各分层截面信息在光敏树脂表面进行逐点扫描，使被扫描区域的树脂薄层产生光聚合反应而固化，形成零件的一个薄层。一层固化完毕后，工作台下移一个层厚的距离，以使在原先固化好的树脂表面再敷上一层新的液态树脂，刮板将黏度较大的树脂液面刮平，然后进行下一层的扫描加工，新固化的一层牢固地粘结在前一层上，如此重复直至整个零件制造完毕，得到一个三维实体原型。

当实体原型完成后，首先将实体取出，并将多余的树脂排净。然后去掉支撑，进行清洗后再将实体原型放在紫外激光下整体后固化。

因为树脂材料的高黏性，在每层固化之后，液面很难在短时间内迅速流平，这将会影响实体的精度。采用刮板刮切后，所需数量的树脂便会被十分均匀地涂敷在上一叠层上，这样经过激光固化后可以得到较好的精度，使产品表面更加光滑和平整。

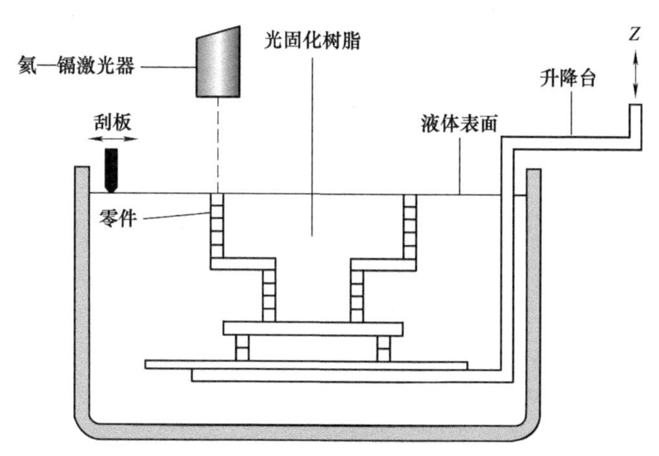

图2-11　光固化成型工艺原理

2. **光固化成型工艺的特点**

光固化成型在当前应用较多的几种3D打印工艺方法中，由于具有制作原型表面质量好、尺寸精度高以及能够制造比较精细的结构特征而应用最为广泛，其具体的优点如下：

1）成型过程自动化程度高，SLA系统非常稳定，加工开始后，成型过程可以完全自动化，直至原型制作完成。

2）尺寸精度高，SLA原型的尺寸精度可以达到±0.1mm。

3）优良的表面质量，虽然在每层固化时侧面及曲面可能出现台阶，但上表面仍可得到玻璃状的效果。

4）可以制作结构十分复杂、尺寸比较精细的模型，尤其是对于内部结构十分复杂、一般切削刀具难以进入的模型，能轻松地一次成型。

5）可以直接制作面向熔模精密铸造的具有中空结构的消失型。

6）制作的原型可以一定程度地替代塑料件。

当然，和其他几种3D打印工艺方法相比，该方法也存在着许多缺点。主要有：

1）成型过程中伴随着物理和化学变化，制件较易弯曲，需要支撑，否则会引起制件变形。

2）液态树脂固化后的性能尚不如常用的工业塑料，一般较脆，易断裂。

3）设备运转及维护成本较高，由于液态树脂材料和激光器的价格较高，并且为了使光学元件处于理想的工作状态，需要进行定期的调整和保持严格的空间环境，其费用也比较高。

4）使用的材料较少，目前可用的材料主要为感光性的液态树脂材料，并且在大多数情况下，不能进行抗力和热量的测试。

5）液态树脂有一定的气味和毒性，并且需要避光保护，以防止提前发生聚合反应，选择时有局限性。

6）有时需要二次固化，在很多情况下，经成型系统光固化后的原型树脂并未完全被激光固化，为提高模型的使用性能和尺寸稳定性，通常需要二次固化。

2.3.2 光固化材料

用于光固化成型的材料为液态光固化树脂，或称液态光敏树脂。随着光固化成型技术的不断发展，具有独特性能（如收缩率小甚至无收缩、变形小、不用二次固化、强度高等）的光固化树脂也不断被开发出来。

光固化成型材料根据工艺和原型使用要求，具有黏度低、流平快、固化速度快、固化收缩小、溶胀小、毒性小等性能特点。

目前光固化成型的建造方式分为传统的SLA液态光敏树脂光固化以及近年来推出的基于喷射技术的光固化。传统的光固化建造方式使用的光固化材料采用SL系列、ACCURA系列及RenShape系列、SOMOS系列等。基于喷射技术推出的光固化材料主要为VisiJet系列。

（1）Vantico公司的SL系列　Vantico公司针对SLA成型工艺提供了SL系列光固化树脂材料，其中SL5195环氧树脂具有较低的黏性，较好的强度、精度并能得到光滑的表面效果，适合于可视化模型、装配检验模型以及功能模型的制造，熔模铸造模型制造以及快速模具的母模制造等。SL5510材料是一种多用途、精确的、尺寸稳定、高产的材料，可以满足多种生产要求，并由SL5510制定了原型精度的工业标准，适合于较高湿度条件下的应用，如复杂型腔实体的流体研究等。SL7510制作的原型具有较好的侧面质量，成型效率高，适于熔模铸造、硅胶模的母模以及功能模型等。SL7540制作的原型的性能类似于聚丙烯，具有较高的耐久性，侧壁质量好，可以较好地制作精细结构，较适合于功能模型的断裂试验等。SL7560的性能类似于ABS材料。SL5530HT是一种在高温条件下仍具有较好抗力的一种特殊材料，可以超过200℃，适合于零件的检测、热流体流动可视化、照明器材检测、热熔工具以及飞行器高温成型等方面。SLY-C9300可以实现有选择性的区域着色，可生成无菌原型，适用于医学领域以及原型内部可视化的应用场合。

（2）3D Systems公司的ACCURA系列　ACCUGEN型号的材料光固化后的原型具有精度、强度和耐湿性等综合最优性能。ACCUDUR材料的构建速度快且原型的稳定性好。SI10材料固化后的原型强度和耐湿性好，原型的精度和质量好。SI20材料光固化后呈持久的白色，具有较好的强度和耐湿性以及较快的构建速度，适用于较精密的原型、硅橡胶真空注型的母模等。SI40系列材料光固化后的原型具有耐高温性能，高温下性能较好。SI45HC材料固化速度快，作为功能模型具有较好的耐热耐湿性，用于SLA250光固化成型系统。BLUESTONE树脂材料固化的原型具有较高的刚度和耐热性，适合于空气动力学试验、照明设备等方面的应用及用于真空注型或热成型模具的母模等。

（3）3D Systems公司的RenShape系列 3D Systems公司研制的RenShape7800树脂主要面向成型精确及耐久性要求较高的光固化快速原型，在潮湿环境中尺寸稳定性和强度持久性较好，黏度较低，易于层间涂覆及后处理时粘附的表层液态树脂的流干，适用于高质量的熔模铸造的母模、概念模型、功能模型及一般用途的制件等。RenShape7810树脂与RenShape7800树脂的用途类似，制作的模型性能类似于ABS，用于制作尺寸稳定性较好的高精度高强度模型，适用于真空注型模具的母模、概念模型、功能模型及一般用途的制件等。RenShape7820树脂固化后的模型颜色为黑色，适用于制作消费品包装、电子产品外壳及玩具等。RenShape7840树脂固化后的模型呈象牙白色，性能类似PP塑料，具有较好的延展性及柔韧性，适用于尺寸较大的概念模型。RenShape7870树脂制作的模型强度与耐久性都较好，透明性优异，适于高质量的熔模铸造的母模、大尺寸物理性能与力学性能都较好的透明模型或制件的制作等。

此外，还有DSM公司的SOMOS系列树脂及3D Systems公司ProJet机型使用的VisitJet系列树脂。VisiJet SL材料系列包括坚硬、柔软、黑色、透明、耐高温、耐冲击、牙科以及首饰等特性及专用材料。

2.3.3 光固化成型工艺的应用

在当前应用较多的几种快速成型工艺方法中，光固化成型由于具有成型过程自动化程度高、制作原型表面质量好、尺寸精度高以及能够实现比较精细的尺寸成型等特点，使之得到最为广泛的应用。在概念设计的交流、单件小批量精密铸造、产品模型、快速工模具及直接面向产品的模具等诸多方面广泛应用于航空、汽车、电器、消费品以及医疗等行业。

1. 航空航天领域

在航空航天领域，SLA模型可直接用于风洞试验，进行可制造性、可装配性检验。航空航天零件往往是在有限空间内运行的复杂系统，在采用光固化成型技术以后，不但可以基于SLA原型进行装配干涉检查，还可以进行可制造性讨论评估，确定最佳的合理制造工艺。通过快速熔模铸造、快速翻砂铸造等辅助技术进行特殊复杂零件（如涡轮、叶片、叶轮等）的单件、小批量生产，并进行发动机等部件的试制和试验，如图2-12a所示为SLA技术制作的叶轮模型。

航空领域中发动机上许多零件都是经过精密铸造来制造的，对于高精度的木模制作，传统工艺成本极高且制作时间也很长。采用SLA工艺，可以直接由CAD数字模型制作熔模铸造的母模，时间和成本可以得到显著的降低。数小时之内，就可以由CAD数字模型得到成本较低、结构又十分复杂的用于熔模铸造的SLA 快速原型母模。图2-12b给出了基于SLA技术采用精密熔模铸造方法制造的某发动机的关键零件。

利用光固化成型技术可以制作出多种弹体外壳，装上传感器后便可直接进行风洞试验。通过这样的方法节省了制作复杂曲面模的成本和时间，从而可以更快地从多种设计方案中筛选出最优的整流方案，在整个开发过程中大大缩短了验证周期和开发成本。此外，利用光固化成型技术制作的导弹全尺寸模型，在模型表面进行相应喷涂后，可清晰展示导弹外观、结构和战斗原理，其展示和讲解效果远远超出了单纯的计算机图样模拟方式，可在未正式量产之前对其可制造性和可装配性进行检验，图2-12c为SLA制作的导弹模型。

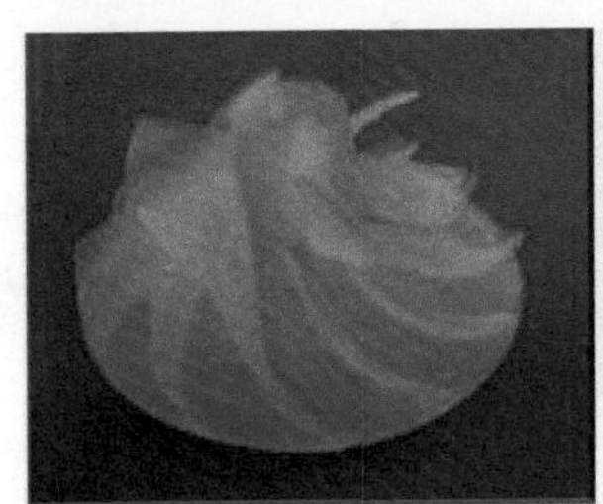

a）叶轮模型

b）发动机关键零件

c）导弹模型

图2-12　SLA在航空航天领域的应用实例

2．汽车领域

光固化快速成型技术除了在航空航天领域有较为重要的应用之外，在其他制造领域的应用也非常重要且广泛，如在汽车领域、模具制造、电器和铸造领域等。

现代汽车生产的特点就是产品的多型号、短周期。为了满足不同的生产需求，就需要不断地改型。虽然现代计算机模拟技术不断完善，可以完成各种动力、强度、刚度分析，但研究开发中仍需要做成实物以验证其外观形象、工装可安装性和可拆卸性。对于形状、结构十分复杂的零件，可以用光固化成型技术制作零件原型，以验证设计人员的设计思想，并利用零件原型做功能性和装配性检验。图2-13所示为光固化成型制作的某型号汽车概念模型，图2-14所示为光固化成型制作的用于装配检验的零件模型。

图2-13　光固化成型制作的某型号汽车概念模型

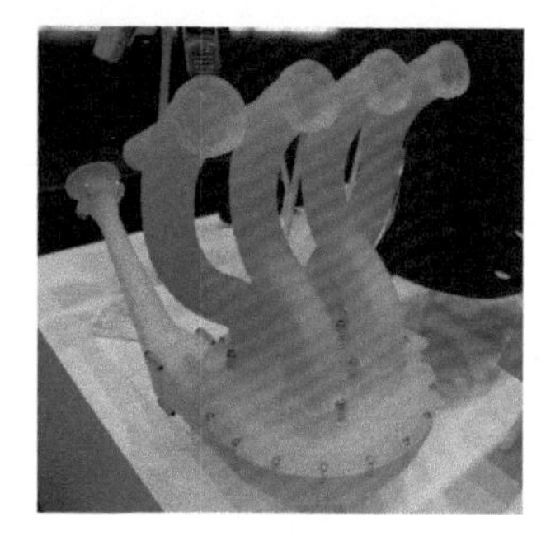

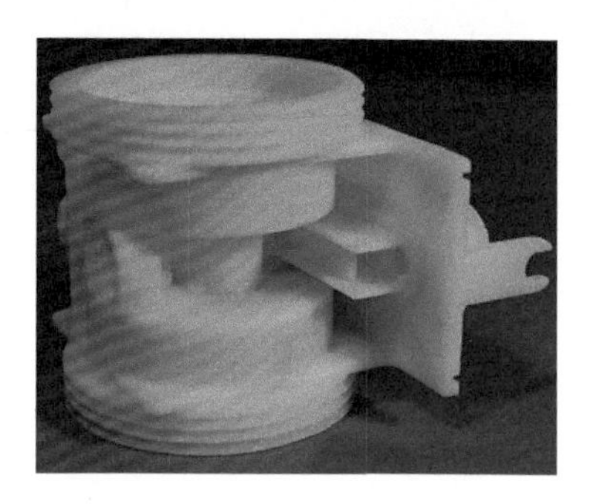

图2-14　光固化成型制作的用于装配检验的零件模型

在铸造生产中，模板、芯盒、压蜡型、压铸模等的制造往往是采用机加工，有时还需要钳工进行修整，费时耗资，而且精度不高。特别是对于一些形状复杂的铸件（例如飞机发动机的叶片、船用螺旋桨、汽车、拖拉机的缸体、缸盖等），模具的制造更是一个巨大的难题。虽然一些大型企业的铸造厂也备有一些数控机床、仿型铣等高级设备，但除了设备价格昂贵外，模具加工的周期也很长，而且由于没有很好的软件系统支持，机床的编程也很困难。快速成型技术的出现，为铸造的铸模生产提供了速度更快、精度更高、结构更复杂的保障。图2-15所示为SLA技术制作的用来生产氧化铝基陶瓷芯的模具，该氧化铝陶瓷芯是在铸造生产燃气涡轮叶片时用作熔模的，其结构十分复杂，包含制作涡轮叶片内部冷却通道的结构，精度要求高，且对表面质量的要求也非常高。制作时，当浇注到模具内的液体凝固后，经过加热分解便可去除SLA模具，得到氧化铝基陶瓷芯。

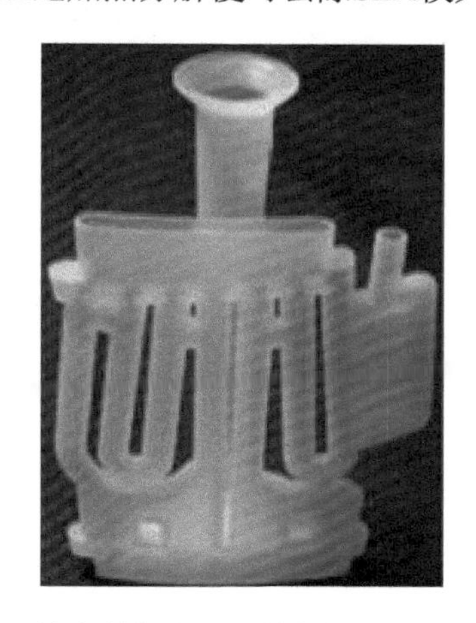

图2-15　SLA技术制作的用于制作氧化铝基陶瓷芯的模具

3．艺术创作领域

光固化成型由于具有制作原型表面质量好，尺寸精度高以及能够制造比较精细的结构特征等优势，已广泛应用于艺术品创作过程中。目前多用于艺术创作、文物复制、数字雕塑，制作创意工艺品、动漫小人，以及创意文化产品的模型制作等。图2-16所示为利用光固化成型工艺创作的艺术品雕塑。

图2-16　利用光固化成型工艺创作的艺术品雕塑

4．生物医学领域

光固化快速成型技术为不能制作或难以用传统方法制作的人体器官模型提供了一种新的方法，基于CT图像的光固化成型技术是应用于假体制作、复杂外科手术的规划、口腔颌面修复的有效方法。目前在生命科学研究的前沿领域出现的一门新的交叉学科——组织工程是光固化成型技术非常有前景的一个应用领域。基于SLA技术可以制作具有生物活性的人工骨支架，该支架具有很好的力学性能和与细胞的生物相容性，且有利于成骨细胞的黏附和生长。图2-17所示为用SLA技术制作的组织工程支架，在该支架中植入老鼠的预成骨细胞，细胞的植入和黏附效果都很好。

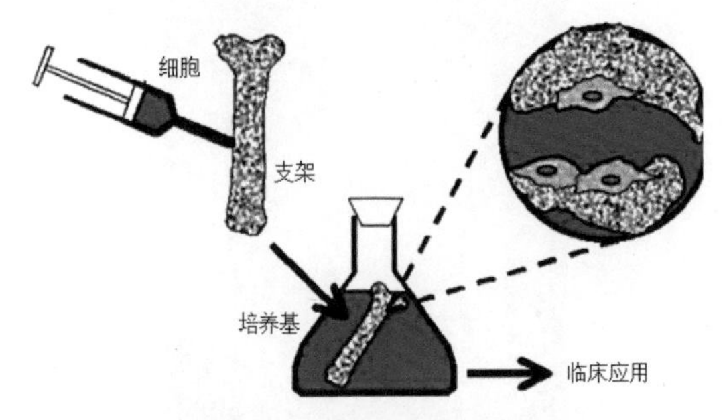

图2-17　SLA技术制作的用于医学实验的骨组织工程支架

5．微细制造领域

近年来，MEMS（Micro Electro-Mechanical Systems）和微电子领域的快速发展，使得微机械结构的制造成为具有极大研究价值和经济价值的热点。微光固化成型μ-SL（Micro Stereolithography）便是在传统的SLA技术方法基础上，面向微机械结构制造需求而提出的一种新型的成型技术。目前提出并实现的

μ-SL技术主要包括基于单光子吸收效应的μ-SL技术和基于双光子吸收效应的μ-SL技术，可将传统的SLA技术成型精度提高到亚微米级，开拓了3D打印技术在微机械制造方面的应用。

图2-18所示为采用微光固化技术制作的三维微结构实例。图中，a为微矩阵结构，共110层，每层层厚为5μm；b为微型柱组成的阵列，每根微型柱直径为30μm，高1000μm；c为螺旋微结构阵列，整体螺旋直径为100μm，螺旋线轴径为25μm；d为亚微米级微结构，直径为0.6μm。

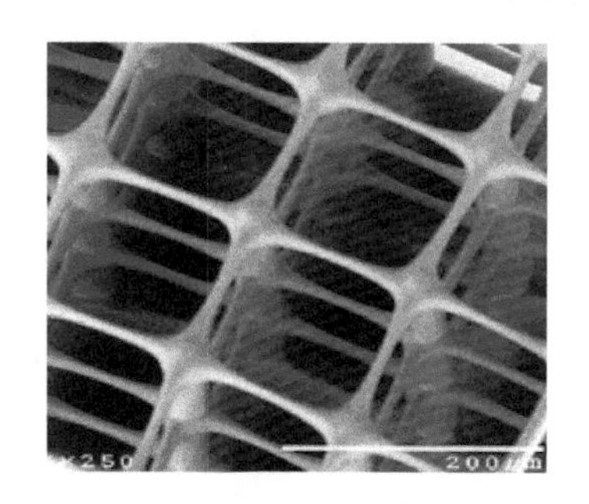

a）微矩阵结构

b）微型柱组成的阵列

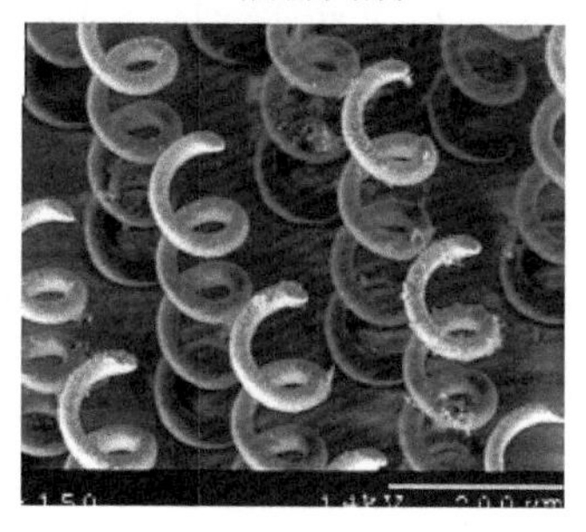

c）螺旋微结构阵列

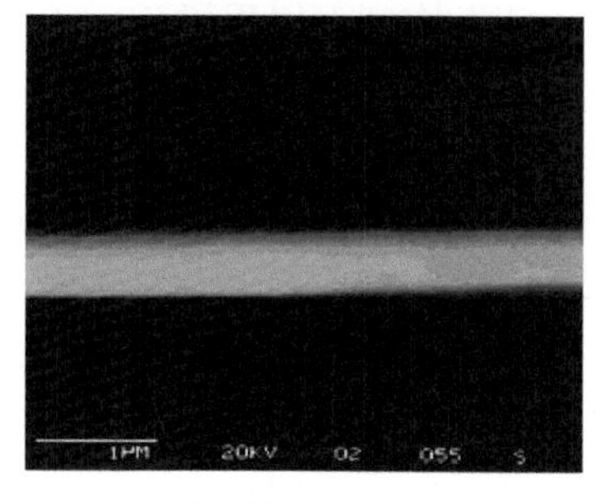

d）亚微米级微结构

图2-18　采用微光固化技术制作的三维微结构

2.4　选择性激光烧结工艺

2.4.1　选择性激光烧结工艺的基本原理及特点

1. 选择性激光烧结基本原理

选择性激光烧结（Selective Laser Sintering，SLS）工艺是由德克萨斯大学的Carl Deckard和同事们在1989年发明的，其基本理念与光固化成型技术（SLA）类似，是采用激光逐层照射聚合物或者金属粉末，使粉末熔融粘合，从而堆叠为三维物体。其基本原理如图2-19所示。

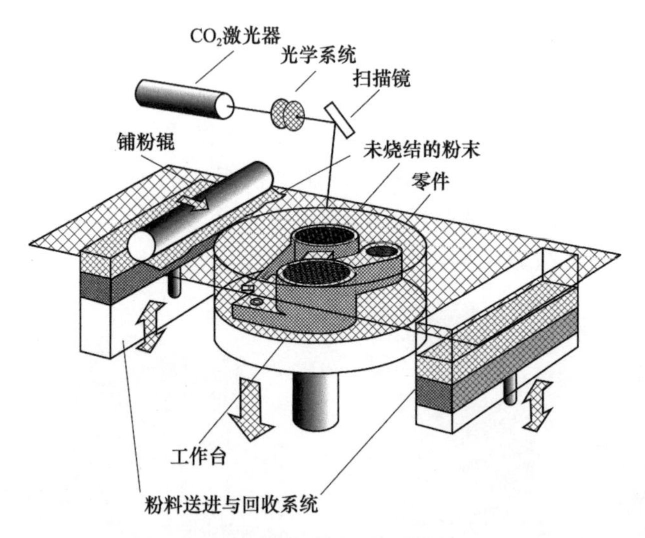

图2-19　选择性激光烧结工艺的基本原理

SLS工艺是利用粉末材料（金属粉末或非金属粉末）在激光照射下烧结的原理，在计算机控制下层层堆积成型。使用粉末材料是该项技术的主要优点之一，因为理论上任何可熔的粉末都可以用来制造模型，这样的模型可以用作真实的原型制件。

粉末激光烧结加工过程是采用铺粉辊将一层粉末材料平铺在已成型零件的上表面，并加热至恰好低于该粉末烧结点的某一温度，控制系统控制激光束按照该层的截面轮廓在粉层上扫描，使粉末的温度升至熔化点，进行烧结并与下面已成型的部分实现粘结。当一层截面烧结完后，工作台下降一个层的厚度，铺料辊又在上面铺上一层均匀密实的粉末，进行新一层截面的烧结，直至完成整个模型。在成型过程中，未经烧结的粉末对模型的空腔和悬臂部分起着支撑作用。SLS使用的激光器是CO_2激光器，使用的原料有蜡、聚碳酸酯、尼龙、纤细尼龙、合成尼龙、金属以及一些发展中的物料。

当实体构建完成并在原型部分充分冷却后，粉末块上升至初始的位置，将其取出并放置到后处理工作台上，用刷子刷去表面粉末，露出加工件，其余残留的粉末可用压缩空气除去。

2. **选择性激光烧结工艺特点**

（1）SLS工艺可选用的烧结材料呈多样化　以小颗粒粉末作为烧结材料，可供选择的材料来源广泛。一般来说，被烧结能源加热熔化后粉末颗粒间能够粘结在一起的材料都可以被用来作为SLS的烧结材料。目前，国内外的研究者已经用金属、高分子材料、纳米陶瓷粉末及它们的复合粉末材料成功地进行了烧结。

（2）SLS工艺无须支撑　这主要是由于周围未被烧结的粉末起到了临时支撑作用，同时未被烧结的粉末还可以回收重复利用，减少了烧结材料的浪费，避免了需要单独设计制造用的支撑。

（3）缩短了整个研发时间、有效降低生产成本　从三维CAD模型设计到整个零件的生产完成所需时间较短，而且生产过程是数字化控制，设计人员可随时进行修正和完善，减少了研发部门的劳动强度，提高了生产效率。制造过程柔性比较高。可与传统意义上的加工方法相结合使用，能够完成快速模具制造、快速铸造等。

（4）SLS成型件有非常广泛的应用　由于烧结材料范围比较广，使得SLS在多个领域都有广泛的应用，如制造金属功能零件、铸造型壳、精铸熔模和型芯等。

（5）SLS制造过程是一个自由制造过程，即与零件的几何外形的复杂程度无关　从理论上说，可以制造出几何形状或结构相当复杂的零件，尤其适于常规制造方法难以生产的零件，如含有悬臂伸出结构、槽中带有孔槽结构及内部带有空腔结构等类型的零件。

2.4.2　选择性激光烧结材料

3D打印材料是3D打印技术发展的重要物质基础，也是当前制约3D打印发展的瓶颈，在某种程度上，材料的发展决定着3D打印能否有更广泛的应用。

3D打印耗材形态多数为粉末状。通常根据打印设备的类型及操作条件的不同，所使用的粉末状3D打印材料的粒径为1～100μm不等，而为了使粉末保持良好的流动性，一般要求粉末要具有高球形度。

粉末材料的物理性能包括粒度、颗粒形貌、粒度分布、熔点、比热等。粉末材料的这些性质对烧结件成型性（所谓成型性是指粉末材料适合选择性激光烧结的难易程度和获得合格原型件或功能件的能力）有着重大的影响，处理不好，不仅会影响成型质量，甚至会导致整个工艺无法进行。

理论上讲，所有受热后能相互粘结的粉末材料或表面覆有热塑（固）性粘结剂的粉末材料都能用作SLS材料。但要真正适合SLS烧结，要求粉末材料有良好的热塑（固）性，一定的导热性，粉末经激光烧结后要有一定的粘结强度；粉末材料的粒度不宜过大，否则会降低成型件质量；而且SLS材料还应有较窄的“软化-固化”温度范围，该温度范围较大时，制件的精度会受影响。

大体来讲，粉末激光烧结成型工艺对成型材料的基本要求是：

1）具有良好的烧结性能，无须特殊工艺即可快速精确地成型原型。

2）对于直接用作功能零件或模具的原型，力学性能和物理性能（强度、刚性、热稳定性、导热性及加工性能）要满足使用要求。

3）当原型间接使用时，要有利于快速方便的后续处理和加工工序，即与后续工艺的接口性要好。

SLS是一种以激光为热源烧结粉末材料成型的快速成型技术。任何受热后能融化并粘结的粉末均可作为SLS 3D打印材料，包括高分子、陶瓷、金属粉末及它们的复合粉末。其中，高分子粉末由于所需烧结能量小、烧结工艺简单、打印制品质量好，已成为SLS打印的主要原材料。满足SLS技术的高分子粉末材料应具有粉末熔融结块温度低、流动性好、收缩小、内应力小和强度高等特点。用于SLS的粉末材料主要有：

（1）陶瓷粉　陶瓷材料具有高强度、高硬度、耐高温、低密度、化学稳定性好、耐腐蚀等优异特性，在航空航天、汽车、生物等行业有着广泛的应用。但由于陶瓷材料硬而脆的特点使其加工成型尤其困难，特别是复杂陶瓷件需通过模具来成型，模具加工成本高、开发周期长，难以满足产品不断更新的需求。

3D打印陶瓷粉按工艺过程可划分为：逐层粘结法和直接成型法，直接成型法能直接打印更为复杂的含闭孔结构。逐层粘结法指利用喷嘴向待成型的陶瓷粉床上喷射粘结剂，打完一层后，在料床表层添加新粉，再喷粘结剂，如此重复进行，最后除去未喷射粘结剂的粉料即可得到立体物件。直接成型法是将待成型的陶瓷粉与结合剂制备成陶瓷墨水，通过3D打印直接成型（类似于FDM）。

（2）高分子粉末材料　目前常见的适用SLS的热塑性树脂有聚苯乙烯（PS）、尼龙（PA）、聚碳酸酯（PC）、聚丙烯（PP）和蜡粉等。热固性树脂如环氧树脂、不饱和聚酯、酚醛树脂、氨基树脂、聚氨酯、有机硅树脂和芳杂环树脂等由于强度高、耐火性好等优点，也适用于SLS 3D打印成型工艺。其中，PS粉末因其吸湿率小、成型温度范围宽、收缩率相对较小等优点获得了广泛的应用，成为快速熔模铸造的主要成型材料。

（3）蜡粉　传统的熔模精铸用蜡（烷烃蜡、脂肪酸蜡等），其熔点较低，在60℃左右，烧熔时间短，烧熔后没有残留物，对熔模铸造的适应性好，且成本低廉。

（4）树脂砂　采用树脂砂进行SLS烧结成型，可以改进砂型铸造工艺，直接打印成型型芯。用选择性激光烧结成型的树脂砂芯经后固化后可直接进行浇铸，比传统的工艺节省时间和能源。

2.4.3 选择性激光烧结应用

1. 在快速模具制造上的应用

快速模具制造（Rapid Tooling，简称RT）是一项制造周期短、成本低的制模技术，近几年来在国内外得到迅速发展。快速模具制造与快速原型相结合具有技术先进、成本低、周期短等优点。快速模具制造一般分为间接制模和直接制模两种方法，SLS工艺在这两种方法中都有很好的应用。

由于SLS可以制造形状复杂的零件，因此非常适合应用在间接制模法的熔模铸造和砂型铸造中。图2-20所示为选择性激光烧结砂型铸造获得的一款发动机缸盖的铝铸件。发动机缸盖的内部结构极为复杂，但是选择性激光烧结的最大长处就是与复杂程度无关，越复杂的零件越适合快速成型制作。

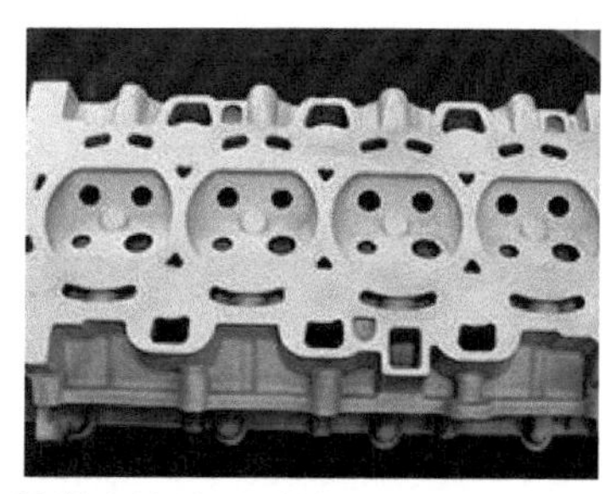

图2-20　选择性激光烧结砂型铸造获得的发动机缸盖的铝铸件

直接制模法是一种极具开发前景的制模方法，由于SLS能够对金属粉末进行加工，因而在直接制造金属模具上具有独特的优势。一般是利用间接法激光烧结金属粉末，再抛光型腔表面和型芯面，加上浇注系统和冷却系统，构成注塑模具。图2-21a所示为选择性激光烧结成型的一个排气管砂芯和下模，整套砂模的烧结时间为48h。烧结成型的砂模和砂芯经过时效和组合后即可直接进行浇注。图2-21b为排气管成品铸件，材质为球墨铸铁，最薄处壁厚仅有5mm，从设计完成到得到最终铸件仅需要短短的一周时间。图2-22为利用选择性激光烧结制作的快速型芯。

a）选择性激光烧结成型的一个排气管砂芯和下模

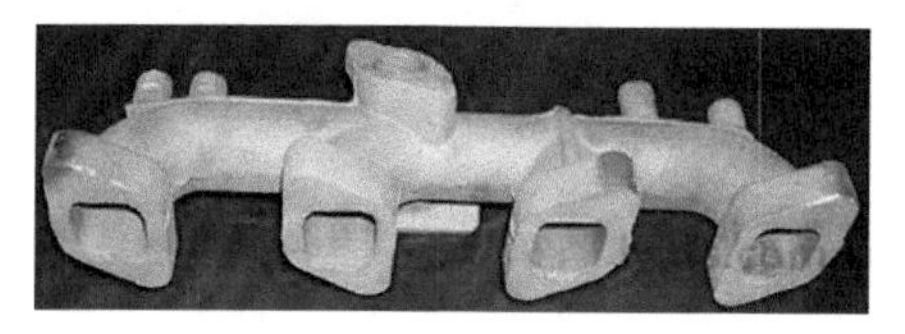

b）排气管成品铸件

图2-21　选择性激光烧结快速铸造排气管

图2-22　利用选择性激光烧结制作的快速型芯

2. *在医学上的应用*

（1）植入体和赝复体　口腔颜面部如眼、耳、鼻等的缺损的修复，由于受患者身体条件及修复技术等多种因素的限制，仍采用赝复体修复。传统的手工制作法制作的赝复体精度难以保证，制作周期长，与缺损面衔接精度不完美。因此，传统制作方法在临床医学上的应用受到了很大的限制。目前，基于快速成型的SLS技术也用于制作赝复体，SLS法制作的赝复体用蜡模，精度高，可操作性强，解决了外形精度的问题，缩短了制作周期，满足了病人个性化的需求。

用于制作赝复体的最终材料是硅橡胶，现在的加工方法还不能直接得到硅橡胶赝复体，因此需要进行中间模型转换。用三维激光扫描仪对标准石膏鼻模进行扫描获得三维数据，然后用选择性激光烧结法烧结出蜡模型，如图2-23a所示，用高压汽枪冲洗后充填硅橡胶，开盒去除多余的毛边，染色，最终得到硅橡胶鼻模赝复体，如图2-23b所示。

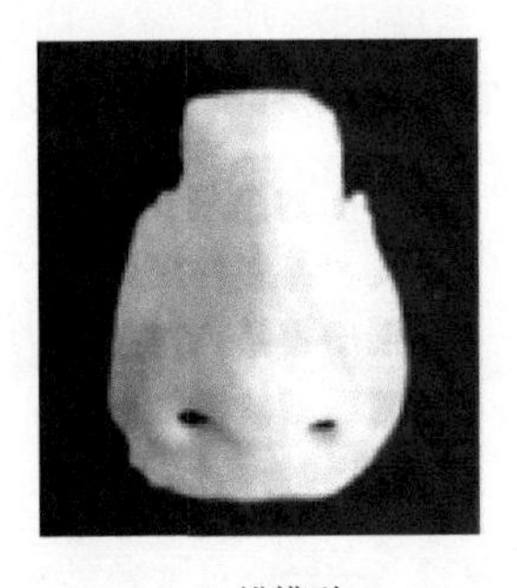

a）蜡模型

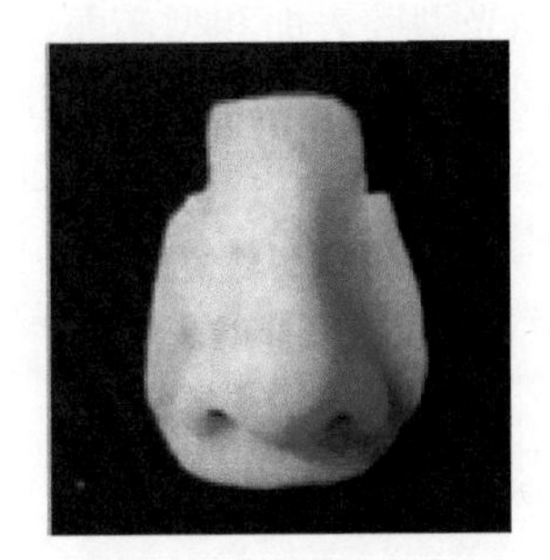

b）硅橡胶模型

图2-23　石膏鼻蜡模及其硅橡胶赝复体

（2）组织工程支架　“组织工程”一词第一次提出是在1987年由美国国家科学基金会（NSF）在华盛顿举办的一次生物工程会议上。组织工程支架作为细胞增殖的载体，移植到人体内，为细胞的生长与增殖提供一个临时的支撑，因此它必须具备三维多孔结构，以满足细胞的增殖，营养与代谢物的传递。传统方法加工的支架力学性能不足，内部孔隙相互贯通程度低，孔隙率和孔分布的可控性差，特别是用于临床上，支架的个性化程度不够，影响支架复合细胞植入体内的修复效果。在溶剂浇铸/粒子沥滤法制备过程中，所用的有机溶剂具有较高的毒性，可能会残留在支架的部分区域，植入体内引起炎症或者其他症状。而SLS技术可直接选择具有生物性能的材料作为加工材料，无支撑，并且可以通过调整主要参数来控制孔隙率、孔径大小，从而得到较好的微观结构。图2-24a所示为传统方法加工的支架，图2-24b为SLS加工的支架，图2-24c为SLS加工的中空骨支架。

a）传统方法加工的支架

b）SLS加工的支架

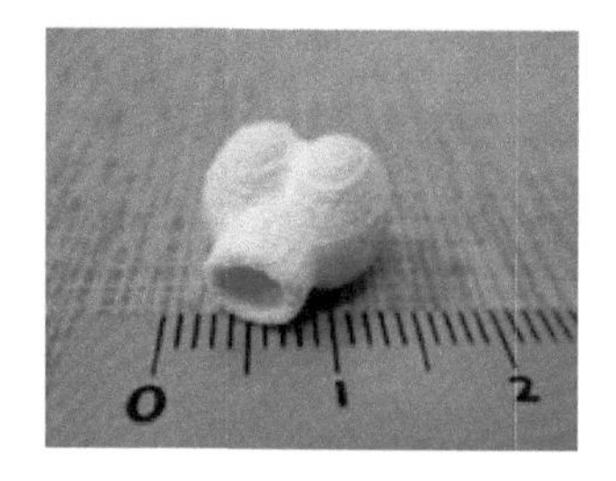

c）SLS加工的中空骨支架

图2-24　传统方法和SLS技术加工的支架

（3）药物传送装置　药物传送装置是一种药物控制释放装置，它的优点是能够维持血药浓度水平、减少给药次数、降低药物毒性、提高药物疗效等。理想的药物缓释装置进入人体内能使药物以零级动力学速率进行持续给药，随着药物的缓慢释放，装置也会被缓慢吸收或者排出体外。目前用于药物缓释载体制备的方法主要是静电纺丝法。采用该法制备药物缓释装置时对材料有一定要求，因此存在局限性。而SLS技术具有材料选择范围广、无支撑、可加工复杂内部结构等优点，成为药物缓释装置制备最理想的方法。图2-25所示为SLS制作聚合物圆柱形药物传送装置。

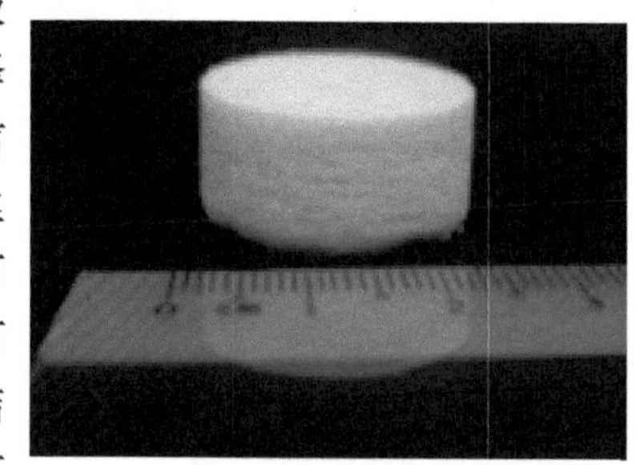

图2-25　SLS制作的聚合物圆柱形药物传送装置

2.5　三维喷涂粘结工艺

2.5.1　三维喷涂粘结工艺的基本原理及特点

1. 三维喷涂粘结工艺基本原理

三维喷涂粘结（Three-Dimension Printing Gluing，3DPG）技术是由美国麻省理工学院的Emanual Sachs教授于1993年发明的。3DPG的工作原理类似于喷墨打印机，是形式上最为贴合“3D打印”概念的成型技术之一。3DPG工艺与SLS工艺也有着类似的地方，采用的都是粉末状的材料，如陶瓷、金属、塑料，但与其不同的是3DPG使用的粉末并不是通过激光烧结粘结在一起的，而是通过喷头喷射粘合剂将工件的截面“打印”出来并一层层堆积成型的，其工艺原理如图2-26所示。

首先设备会把工作槽中的粉末铺平，接着喷头会按照指定的路径将液态粘结剂（如硅胶）喷射在预先铺好的粉层上的指定区域中，此后不断重复上述步骤直到工件完全成型后除去模型上多余的粉末材料即可。3DPG技术成型速度非常快，不仅适用于制造结构复杂的工件，而且适用于制作复合材料或非均匀材质材料的零件。

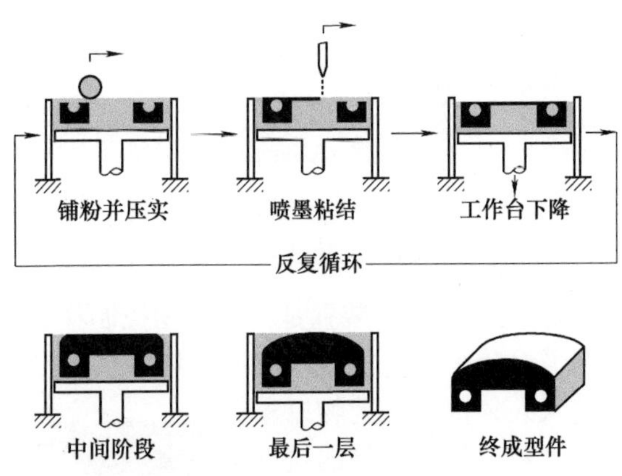

图2-26　3DPG工艺原理

2. 3DPG**工艺特点**

3DPG工艺的优点如下：

1）无须激光器等高成本元器件，成型速度非常快（相比于FDM和SLA），耗材很便宜，一般的石膏粉都可以。

2）成型过程不需要支撑，多余粉末的去除比较方便，特别适合做内腔复杂的原型。

3）能直接打印彩色，无须后期上色，目前市面上打印彩色人像基本采用此工艺。

3DPG工艺的缺点如下：

1）石膏强度较低，只能做概念型模型，而不能做功能性试验。

2）因为是粉末粘结在一起，所以表面手感稍有些粗糙。

2.5.2　三维喷涂粘结工艺的材料

3DPG工艺使用的材料多为石膏粉。采用3DPG工艺成型石膏模型的原理与SLA过程相近，使用了UV固化技术，石膏粉末铺设后由一彩色喷墨打印机喷出UV墨水，辅以紫外光照射，将石膏粘结起来，不同色彩的UV墨水，构成了彩色打印。石膏是以硫酸钙为主要成分的气硬性胶凝材料，由于石膏胶凝材料及其制品有许多优良性质，原料来源丰富，生产能耗低，因而被广泛地应用于土木建筑工程领域。

2.5.3　三维喷涂粘结工艺应用

三维喷涂粘结工艺适合成型小件，可用于打印概念模型、彩色模型、教学模型和铸造用的石膏原型，还可用于加工颅骨模型，方便医生进行病情分析和手术预演等。

由于三维喷涂粘结工艺能直接打印彩色，无须后期上色，因此目前该技术主要用于打印彩色人像等石膏模型。3D Systems的3DPG设备Zprinter650是很多3D照相馆的标配。它采用3DPG技术，用粘结剂粘结粉末，逐层打印成型，通过在粘结剂中添加颜料，表达丰富的色彩。

今年年初，国内也涌现出不少类似的3D照相馆。据地方媒体的报道，国内目前已经拥有西安非凡士3D照相馆、北京上拓3D打印体验馆、武汉3D记梦馆、宁波威克兄弟、杭州Makerlab Real 3D物像馆以及上海EPOCH时光机等。图2-27为利用3DPG技术打印的彩色人像。

图2-27 利用3DPG技术打印的彩色人像

3DPG除了采用石膏粉末打印多色彩模型之外，还可以喷涂粘结陶瓷粉或金属粉，通过后续烧结制造陶瓷制品和金属制品等。图2-28给出的是采用该工艺制作的结构陶瓷制品和注射模具。图2-29给出的是经过该工艺制作的金属模具及制件。

a）结构陶瓷制品

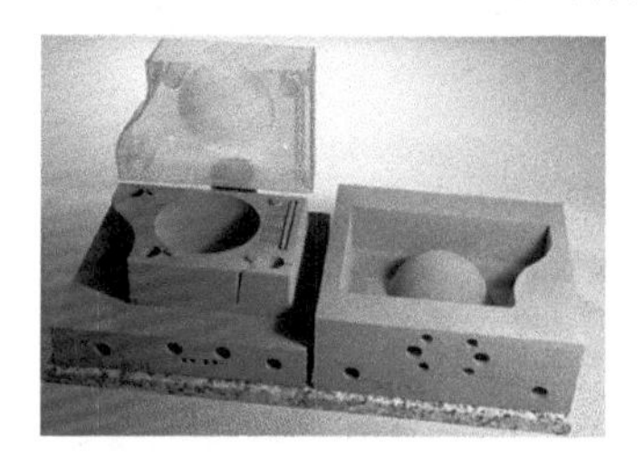

b）注射模具

图2-28 采用3DPG工艺制作的结构陶瓷制品和注射模具

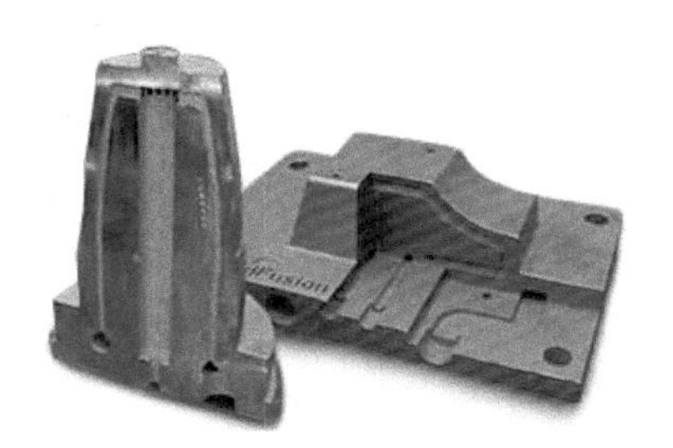

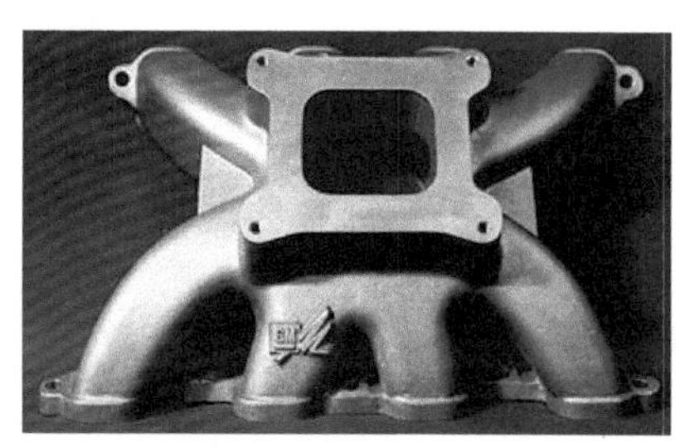

图2-29 经过3DPG工艺制作的金属模具及制件

2.6 PolyJet 3D打印工艺

像三维喷涂粘结工艺的建造过程类似于SLS工艺一样，PolyJet 3D打印工艺的建造过程类似于SLA工艺。PolyJet 3D打印成型设备的喷头更像喷墨式打印机的打印头。与三维喷涂粘结工艺显著不同之处是其累积的叠层不是通过铺粉后喷射粘结液固化形成的，而是从喷射头直接喷射液态树脂瞬间固化而形成薄层。

PolyJet 3D打印工艺的基本原理与喷墨文件打印类似，如图2-30a所示，但PolyJet 3D打印机并非是在纸张上喷射墨滴，而是将液体光聚合物层喷射到托盘上然后用紫外线将其固化。托盘做垂直运动，喷头做平面运动的同时以超薄层（16μm）的状态将液态感光聚合材料一层一层地喷射到构建托盘上，每一层感光聚合材料在被喷射后立即用紫外线光进行凝固，一次构建一层，直至部件制作完成。打印完成后，可以立即进行搬运与使用，而无须事后凝固，可以用手或者通过喷水的方式很容易地清除特别设计的凝胶体状支撑材料。PolyJet 3D打印机的喷嘴一般呈线性分布，如图2-30b所示。熔滴直径的大小决定了其成型的精度或打印分辨率，喷嘴的数量多少决定了成型效率的高低。

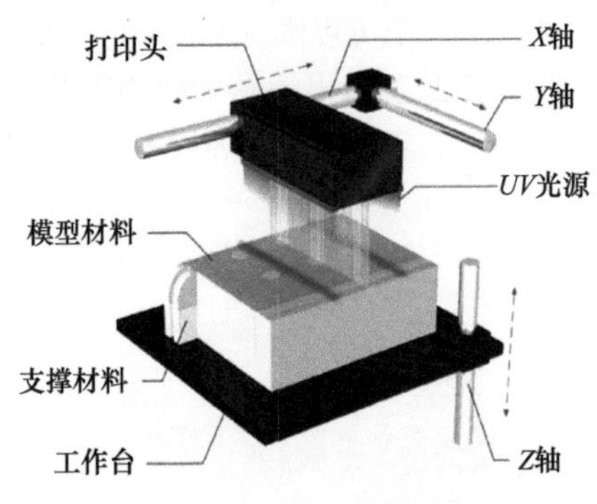

a）PolyJet 3D打印工艺的基本原理

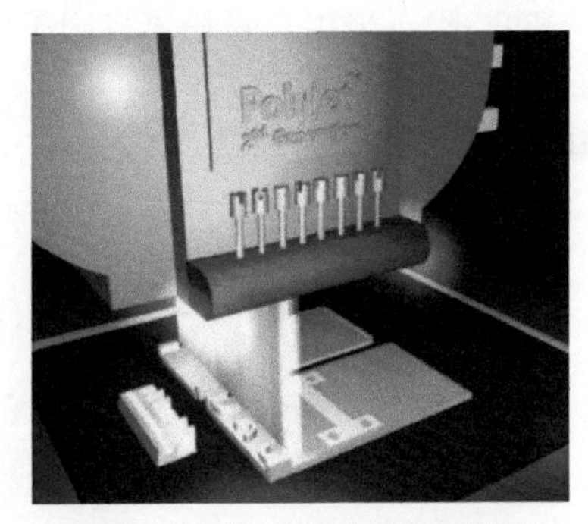

b）PolyJet 3D打印机的喷嘴一般呈线性分布

图2-30　多喷嘴喷墨三维打印原理

PolyJet 3D打印技术具有快速原型制造的诸多优势，包括卓越的质量和速度、高精度以及范围广泛的材料等。

依据其基本的喷墨打印原理，不同的喷射技术及有关专利，制造商们开发了各自的3D打印机，成型原理不尽相同。目前，PolyJet 3D打印机已经发展成为该类设备开发的主流，而且，喷嘴数量越来越多，打印精度（分辨率）越来越高，例如3D Systems公司的ProJet 6000型设备采用多喷头喷射成型，具有的特清晰打印模式（XHD）的打印精度为0.075mm，层厚为0.05mm。

基于PolyJet技术，Stratasys出品的Objet Connex系列3D打印机可在同一打印任务中将不同打印材料融入同一打印模型中进行叠加性制造。有超过100种材料和任意数字材料组合可供选择，从硬质材料到软质橡胶类材料，不透明材料到透明材料，以及类ABS高性能材料等，几乎没有限制。PolyJet 3D打印的原型具有无可媲美的最复杂的最终产品的外观、风格和功能。图2-31给出的是采用PolyJet 3D打印机打印的具有弹性的时尚眼镜和休闲鞋子。

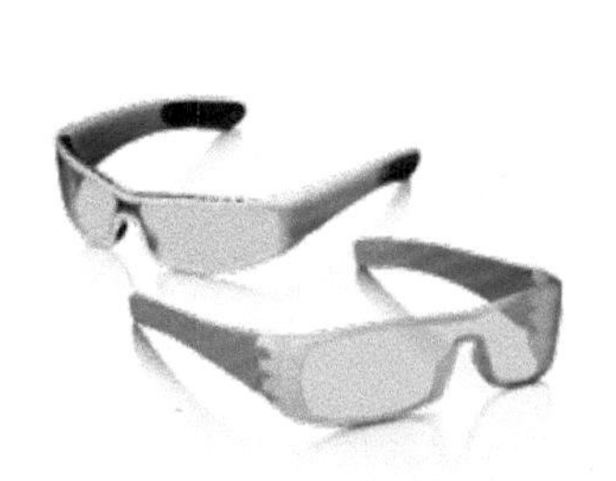

图2-31　PolyJet 3D打印机打印的弹性物品

第 3 章 走进日常生活的桌面级3D打印机

桌面级3D打印机，顾名思义就是体积小巧，可以放在办公桌面上打印立体实物的打印机。基于FDM的桌面级3D打印机是将原工业级FDM成型设备小型化而出现的，其基本原理和工业级FDM设备相同，只是较工业级FDM设备结构更为简单，成型尺寸较小，操作更为便捷，可以置于办公桌上，从外形尺寸和形态上与现有的文档打印机近似。因其价格低廉，能够便捷而快速地将3D设计模型打印出尺寸精度和表面质量尚可的三维实体物件，目前是创客等爱好者个人拥有及向市民或中小学生普及3D打印技术的首选。目前桌面级3D打印机还有采用切刀切割的塑料箔材LOM型3D打印机及采用光敏树脂激光固化的SLA型桌面级3D打印机等。桌面级3D打印机正在走进大众生活。

3.1 熔丝的桌面级3D打印

桌面级3D打印的原理其实一点都不复杂，其运作原理和传统打印机工作原理基本相同，也是用喷头一点点“磨”出来的。只不过3D打印喷的不是墨水，而是树脂、塑性材料等。然后通过计算机控制利用FDM技术把打印材料一层层叠加起来，最终把计算机上的蓝图变成实物。图3-1为基于FDM 熔丝桌面级3D打印原理。

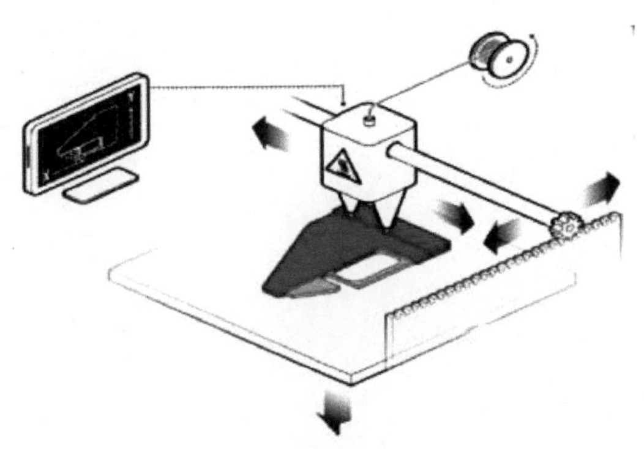

图3-1 FDM熔丝桌面级3D打印原理

熔融沉积成型（FDM）工艺的材料一般是热塑性材料，如ABS、PLA、蜡、PC、尼龙等，以丝状供料。材料在喷头内被加热熔化，喷头沿零件截面轮廓和填充轨迹运动，同时将熔化的材料挤出，材料迅速固化，并与周围的材料粘结。每一个层片都是在上一层上堆积而成，上一层对当前层起到定位和支撑的作用。随着高度的增加，层片轮廓的面积和形状都会发生变化，当形状发生较大的变化时，上层轮廓就不能给当前层提供充分的定位和支撑作用，这就需要设计一些辅助结构——“支撑”，对后续层提供定位和支撑，以保证成型过程的顺利实现。这种基于FDM的桌面级3D打印工艺不用激光，使用、维护简单，成本较低。用蜡成型的零件原型，可以直接用于失蜡铸造。用ABS制造的原型因具有较高强度而在产品设计、测试与评估等方面得到广泛应用。

下面以世界技能大赛作品孔明锁的3D打印为例介绍熔丝3D打印的过程。该产品应用的软件为三维CAD设计软件中望3D，设备为Objet公司的熔丝3D打印机，如图3-2所示。

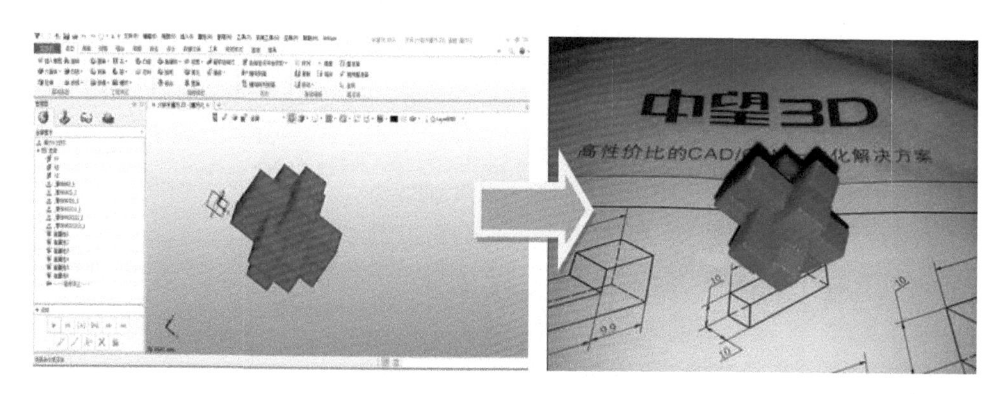

图3-2　孔明锁作品3D设计模型及3D打印模型

第一步：由于3D打印机一般接收的文件格式为STL，所以应首先将设计好的模型数据用中望3D输出，转为STL格式。一般的CAD软件都有完整的STL输出数据接口，专用于与3D打印软件无缝接合。选择“文件”菜单的“3D打印”选项（图3-3），可以自动切换到专用3D打印软件界面，无须手动转换STL格式，进行3D打印编程工作。

第二步：把孔明锁魔方STL文件输入3D打印机对应的打印管理软件，由于3D打印机有一个最大打印尺寸，可以根据打印机的可打范围对产品的位置、放置方向、比例大小和打印属性进行调整。Objet公司的3D打印机可以通过Objet Studio打印管理软件来对打印产品进行输出前的产品调整并指定打印材料。相关设置完毕就可以输出到3D打印机进行实际的产品打印。如图3-4所示。

可以根据实际需要对零件调整比例，从图3-4可知原始大小已经适合打印操作，调整产品放置位置，放置在打印工作台范围内。

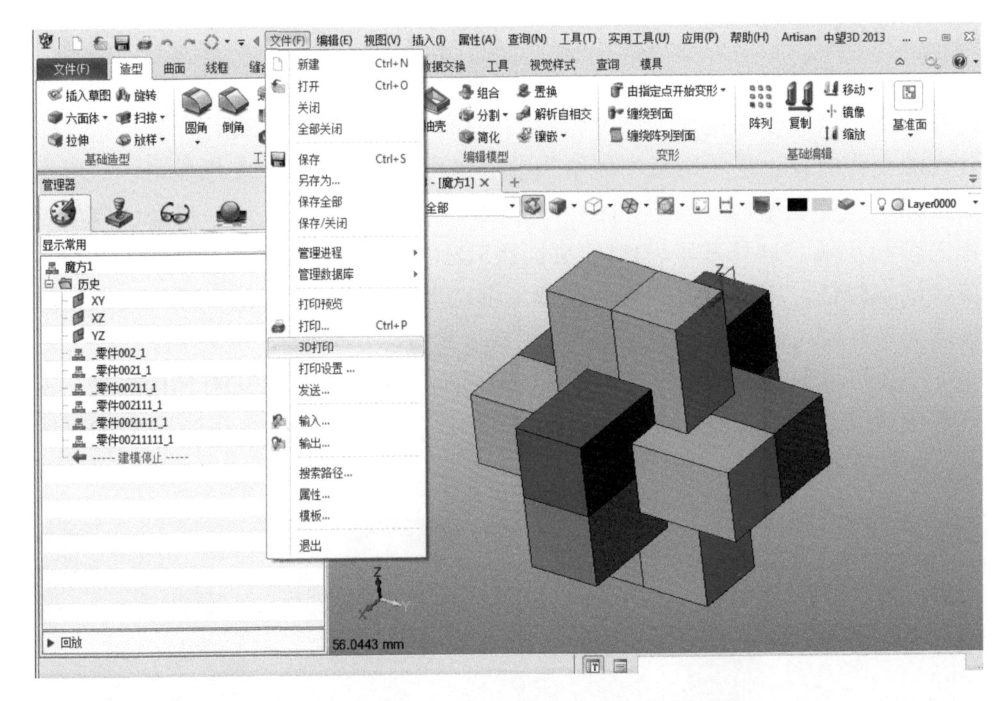

图3-3 选择“文件”菜单的“3D打印”选项

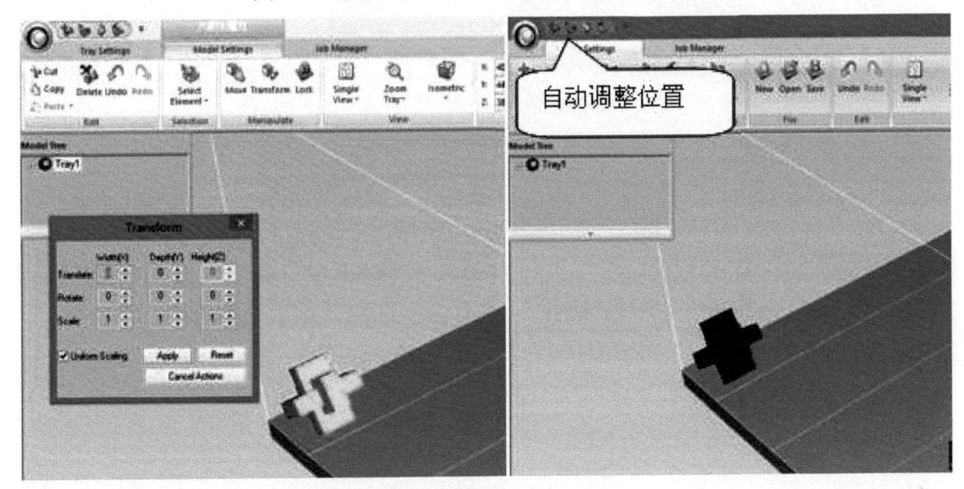

图3-4 自动调整工件位置

第三步：指定相应的打印材料，如ABS丝材。

第四步：根据要求选择打印模式，如图3-5所示，不同的打印模式所需要的时间和打印出来的产品品质都是不一样的。

从图3-5可见，打印高质量模型所需加工时间为02:34，产品质量为47g，支撑质量为36g，所需材料总质量为83g，最后待打印机完成打印就可以把产品取出来，如图3-6所示。

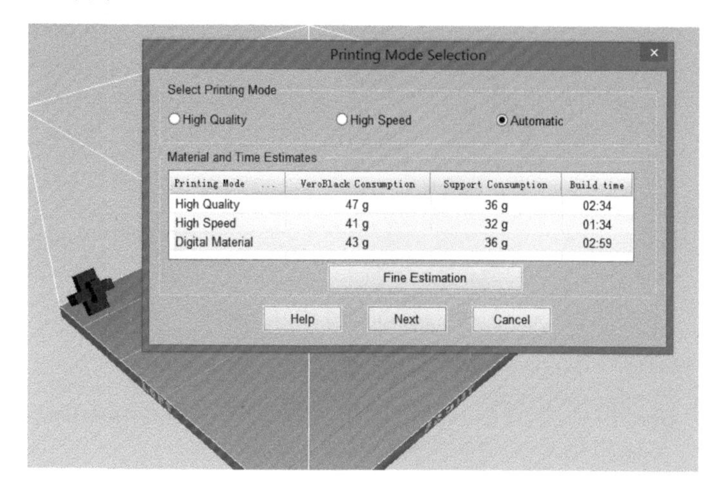

图3-5　选择打印参数

a）孔明锁打印中

b）孔明锁打印结束

图3-6　3D打印过程与作品实例

3.2　箔材粘结的桌面级3D打印

箔材粘结桌面级3D打印工艺及打印机使用的箔材为塑料薄膜，常见的工程塑料如聚氯乙烯、聚乙烯、聚丙烯、聚苯乙烯以及其他树脂等都可以制作成薄膜形态。塑料薄膜一般用于包装以及用作覆膜层等。目前市场上常见的塑料薄膜有聚氯乙烯薄膜（PVC）、低密度聚乙烯薄膜（LDPE）、PVA涂布高阻隔薄膜、双向拉伸聚丙烯薄膜（BOPP）、聚酯薄膜（PET）、尼龙薄膜（PA）、聚丙烯薄膜（PP）等。塑料薄膜是一种容易制作且成本较为低廉的3D打印材料。以色列Solido公司推出的SD300Pro型3D打印机便采用了PVC薄膜作为粘结材料，采用粘结剂进行层间粘结，采用切刀切割薄膜成型。SD300Pro型3D打印机为世界上首台桌面级3D打印机，其外观如图3-7所示。其结构与原理类似于笔式绘图机，只是将绘图笔替换成了切刀，切刀是该成型设备的关键零部件。

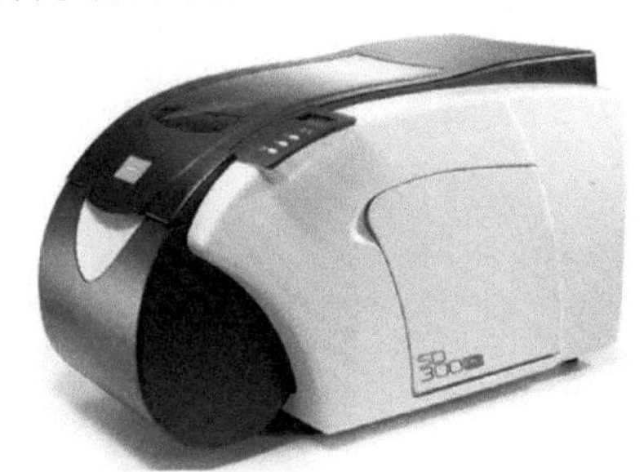

图3-7　SD300Pro型3D打印机

塑料薄膜粘结工艺的特点如下：

（1）制作的制品精度较高且较为耐用　模型精度可达到±0.1mm，制品可钻孔、抛光，坚固耐用。

（2）系统操作简单　由于其建造过程仅仅需要机械运动操作，故其控制软件易于操作，耗材更换简单。

（3）适于室内办公环境使用　无毒、无粉尘、无公害的建造过程且因尺寸较小而可方便置于计算机旁的桌面上。

（4）设备稳定耐用，维护成本低　SD300Pro型3D打印机所有运行皆为机械动作，无其他类型设备的激光系统或热熔高压力部件，提高了设备运行的稳定性和寿命。

（5）成本低廉　与同类其他工艺技术相比，其原材料与建造成本十分低廉。

与纸材叠层实体制造工艺一样，PVC薄膜粘结工艺的制作过程也分为前处理、制作和后处理三个阶段。

前处理是指制作前根据3D打印工艺，对制作对象进行制作前的数据处理，以加快制作速度，控制制作成本。目前大部分3D打印设备的前处理软件都需要连接设备后才能使用。而SD300pro型3D打印机的前处理软件可以脱机使用，设计人员可以在任何计算机上进行前处理，减少使用设备的时间。

SD300Pro型3D打印机采用“覆膜”技术，即采用“面”的方式进行制作。每一个薄层用一张完整的工程塑料薄膜来制作，切割系统仅仅是按照当前叠层的形状需要的轮廓进行切割薄膜。因此，同其他建造方式相比，薄膜粘结工艺制作实体的速度较快。

薄膜的厚度决定着制作速度与制品的精度。薄膜越薄，其叠层越多，制作的时间就会越长。SD300Pro型3D打印机打印垂直高度上，每层的厚度为0.16～0.168mm，整体速度略快于其他设备。

使用PVC薄膜的SD300Pro型3D打印机打印制品的过程如图3-12所示。首先将CAD模型转换生成STL格式数据，直接导入SD300Pro 3D打印机的控制软件SDView

平台（图3-8a），然后在原来制作好的叠层上喷洒粘结剂后进行PVC薄膜覆膜（如图3-8b），接着切割刀依据当前叠层的剖面轮廓进行切割（图3-8c）完成当前叠层的制作；当所有叠层制作完毕后，将解胶水涂敷在支撑材料上（图3-8d），取出叠层块，进行废料的逐层剥离（图3-8e），最后获得所需的制品（图3-8f）。

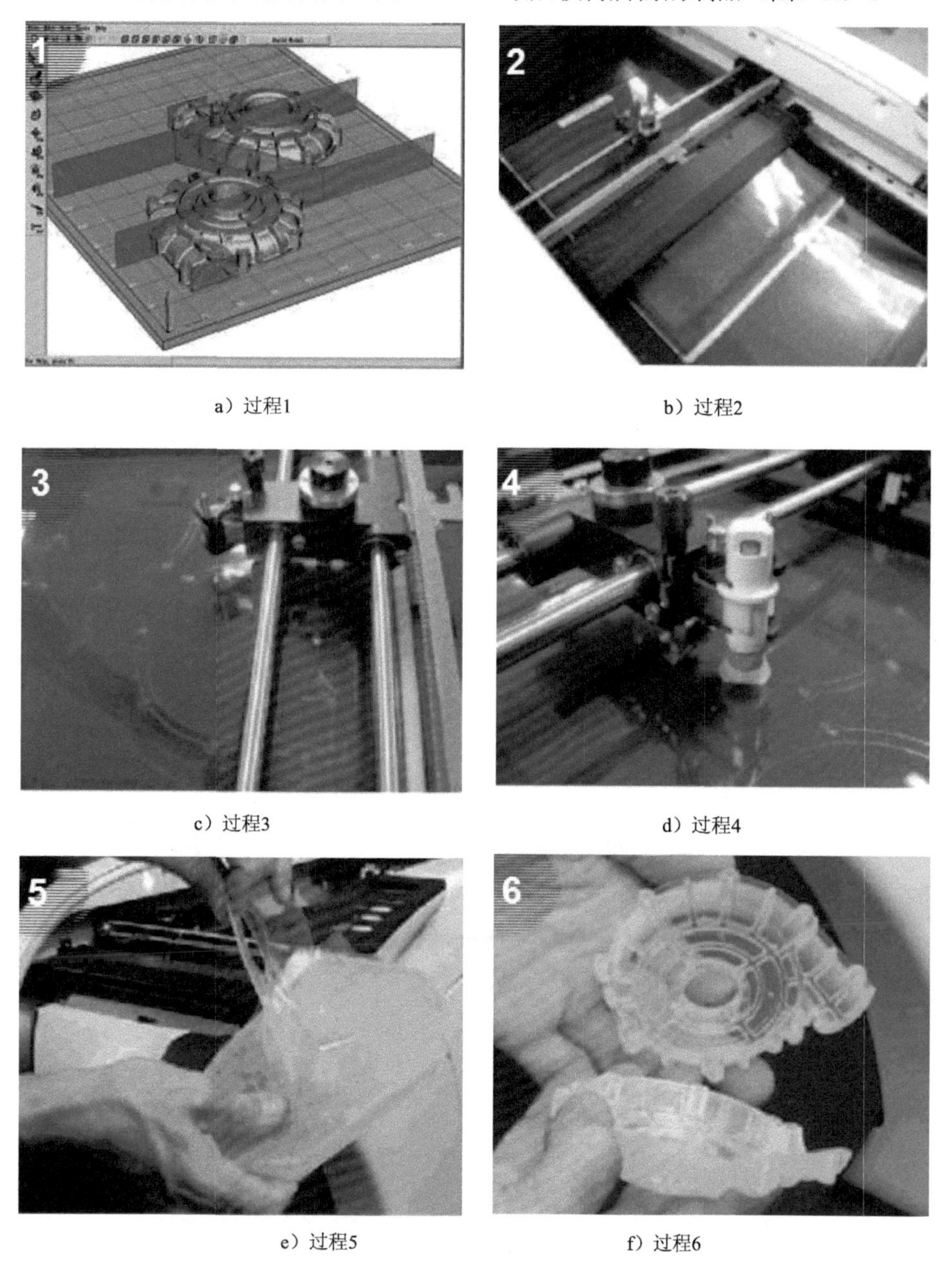

a）过程1　b）过程2

c）过程3　d）过程4

e）过程5　f）过程6

图3-8　使用PVC薄膜的SD300Pro型3D打印机打印制品的过程

SD300Pro 3D打印机还可以制作相对运动的零件，如图3-9所示。

图3-9　SD300Pro 3D打印机打印的具有相对运动的零件

3.3　光固化成型的桌面级3D打印

光固化打印机全称为激光立体快速样板技术激光，英文为Stereo Lithography，简称SLA，其最重要的优势是打印精度可以达到0.025mm（25μm）。这种光固化打印机的原理和FDM相似，但实现角度不同，它是通过激光将光敏树脂液体耗材固化，由于激光本身精度更高，再加上液态耗材固化规避了原有的固体耗材热胀冷缩的问题，因此在打印精度上有了大幅提升。目前推出的光固化3D打印机已经可以做到桌面级的尺寸，其机身大小为30cm×28cm×45cm，机身质量仅有8kg，打印物体的最大尺寸为125mm×125mm×165mm，只需要有配套的电子版3D模型即可打印，操作方法更加简单。光固化桌面级3D打印机及其打印的模型如图3-10所示。

图3-10　光固化桌面级3D打印机及打印的模型

3.4　桌面级3D打印材料

用于3D打印的原材料较为特殊，必须能够液化、粉末化、丝化、薄膜化等进行离散，在打印完成后又能重新结合起来，并具有合格的物理、化学性质和所要求的力学性能。

桌面级3D打印工艺中用到的材料多为FDM工艺用到的塑料丝，而且FDM工艺中的塑料丝采用热熔喷头挤出成型，热熔喷头温度的控制要求是使材料挤出时既保持一定的形状又有良好的粘结性能。

目前市场上桌面级3D打印机常用的材料有ABS与PLA材料这两种。ABS，原名为丙烯腈-丁二烯-苯乙烯共聚物，是熔融沉积（FDM）式桌面级3D打印机使用的主要线材。这种材料的打印温度为210～240℃，玻璃转化温度（这种塑料开始软化的温度）为105℃，加热板的温度为80℃以上。从热端的角度来看，ABS塑料相当容易打印。无论用什么样的挤出头，材料都会滑顺地挤出，不必担心堵塞或凝固。ABS弹性十足，适合做成穿戴用品，只要以适当的温度打印，让层层材料牢牢粘住，ABS的强度就会变得相当高。ABS具有柔软性，即使承受压力也只会弯曲，不会折断。但这种材料具有遇冷收缩的特性，会从加热板上局部脱落、悬空，造成问题。如果打印的物体高度很高，有时还会整层剥离。因此，ABS打印不能少了加热板。在室温太低的房间打印，会促使材料冷却过快，导致收缩。也就是说，这种材料的缺点是在没有加热板的打印机上无法打印。假如要在没有挡风和抗温装备的状态下打印大型物体，就必须注意避免材料整层剥落及破损。另外，房间应保持良好的通风，否则ABS打印中会留存对身体健康不利的气味。

PLA材料，通常指聚乳酸，为生物分解性塑料，打印时气味像糖果一样，打印温度为180～200℃。这种材料在成型过程中几乎不发生收缩，即使是开放式的打印机，也能打印尺寸较大的物体，一般不会发生歪斜或破损。因此，PLA材料比较适合在公共场所现场进行3D打印，打印时这种材料还会产生宜人的气味。在打印性能方面，PLA几乎与ABS完全相反，由于PLA熔化后容易附着和延展，所以打印时经常会发生热端堵塞，尤其是全金属的热端更容易发生堵塞。PLA为生物可降解性塑料，既能回收，也会腐朽消失，适合制作盒子、礼物、模型和原型等零件。虽然PLA具有生物可降解性，但它不加热就不会分解，而且还具有耐水性，所以PLA材料仍不失为一种比较理想的熔丝桌面级3D打印材料。

3.5　桌面级3D打印设备

3D打印机可广泛应用于工业制造、教育、医疗等众多领域，还可以轻松地将文化创意变成现实。随着3D打印技术的普及，“3D打印”将与人们的日常生活紧密相连，小型3D打印机已经走进大众的日常生活。仅仅几年时间，桌面级3D打印机就已经形成了一个“家族”，这些打印机的身材可以小到40cm^3，而且价格也相对便宜。越来越便宜、越来越简单易用的个人级3D打印机，正在不断激发大众的创造力和热情。在个性化越来越被强调的当下，3D打印至少提供了一种技术上的可能。科研人员、时尚圈、设计师、工程师等更多人不仅关注到3D打印，而且拥有了自己的3D打印机，并将其应用到实际的工作中。

近年来，个人小型台面3D打印机成为众多传统著名3D打印商以及众多新兴公司的热点开发机型，多为基于FDM熔丝堆积建造方式进行制品成型的。其中占市场主导地位的有3D Systems公司、Stratasys公司以及Makerbot公司。

1. 3D Systems公司

（1）熔融沉积式小型3D打印机Invision 3D Modeler系列　该系列机型采用多喷头结构，成型速度快，材料具有多种颜色，采用溶解性支撑，原型稳定性能好，成型过程中无噪声。图3-11给出的是3D Systems公司推出的Invision 3D Modeler机型。

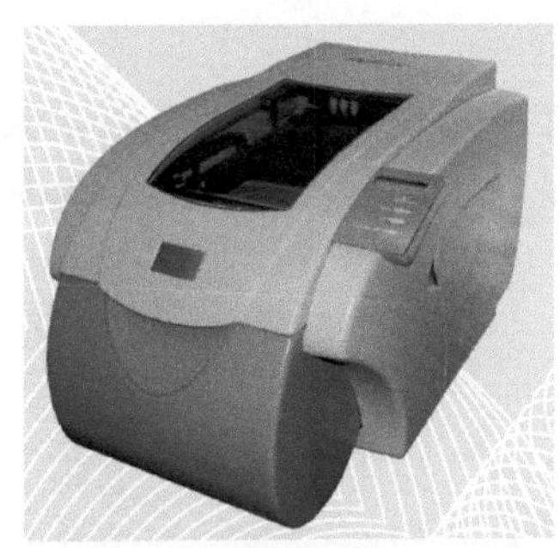

图3-11　3D Systems公司的Invision 3D Modeler机型

（2）熔融沉积式小型3D打印机CubePro系列　该系列桌面级3D打印机是3D Systems公司目前消费级3D打印机的主打产品，如图3-12所示。该机型具有以下特点：

1）智能操作，持续工作，量产生产，可以打印更多模型，层厚更薄（最小层厚仅有75μm），模型打印尺寸更大（CubePro系列的打印尺寸是现阶段在售其他桌面级3D打印机的2.5倍，尺寸可达275mm×265mm×240mm），高精度与快速打印并存，流线型设置过程。

2）更方便的连接，更舒适的体验。通过使用彩屏触摸屏和WiFi连接控制，使用更加方便，容易上手。

3）可控打印环境。可控的打印过程环境确保改善打印精度和可靠性，毫不费力打印出高质量大型ABS塑料模型。自动设置功能确保在桌面上的打印机运行时毫无危险。

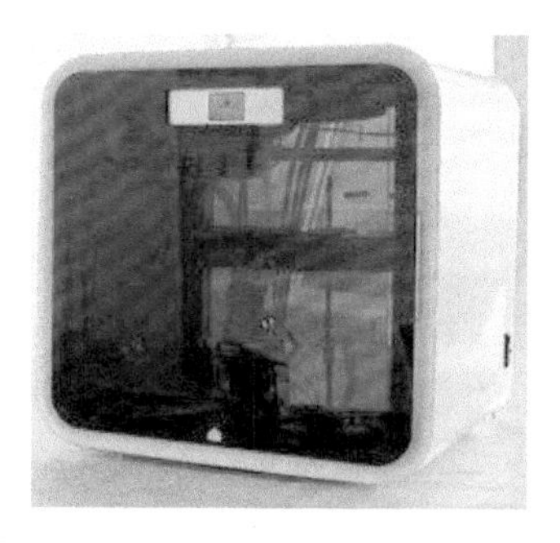

图3-12　3D Systems公司CubePro机型

2. Stratasys公司

美国Stratasys公司为丝材熔融沉积成型设备的著名厂商，多年来在FDM机型开发上具有绝对优势。近年来，在小型桌面级3D打印机盛行的形势下，Stratasys公司也适时推出基于FDM建造方式的桌面级打印机，如机型Mojo、uPrint等。

图3-13给出的是Stratasys公司开发的桌面级打印机Mojo及支撑去除装置。该机型采用的是FDM技术来构建精准、功能性的概念模型，并采用 ABS热塑性塑料丝材进行快速成型，支撑材料为可溶性材料SR-30。图3-13中右侧部分为支撑去除用的装置。

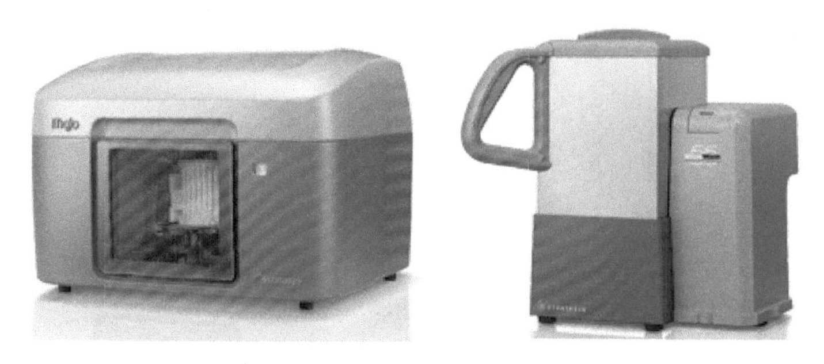

图3-13　Stratasys公司开发的Mojo机型及其支撑去除装置

Mojo使用快速包装打印电动机，该电动机包含并提供模型和支撑材料以构建3D打印零件。Mojo打印电动机通过每次更改材料，提供可确保最优零件质量的新打印头。加载嵌入式打印电动机快速而方便，就像把墨盒装入家庭文档打印机一样简单。每个箔衬袋包含80in^3（1in=0.0254m）的材料，这意味着材料更换更少，可更多地进行不间断的、大型构想打印。

建模基板为模型生成提供了平坦的表面。打印完毕之后，将可回收的基板从 3D 打印机取下并让模型脱离即可。

图3-14为Stratasys公司开发的桌面级打印机uPrint机型。这台全能打印机采

用FDM技术和ABS热塑性塑料，可以打印出耐用、稳定、准确的模型和功能原型。该机型可选择配备双材料仓，这意味着不间断打印时间更长，即使不在办公室也能实现最高生产率。

uPrint机型使用ABS热塑性塑料打印逼真模型。模型和可溶性支撑材料卷轴可方便地装入材料仓中。塑料丝通过一条管子输送到打印头，在打印头上加热至准液态并精确挤出。可选的第二材料仓将不间断打印能力翻倍。建模基板为模型生成提供了平坦的表面。打印完毕后，将可回收的基板从3D打印机上取下并让模型脱离即可。图3-15为uPrint机型打印的鼠标模型。

图3-14 Stratasys公司开发的uPrint机型

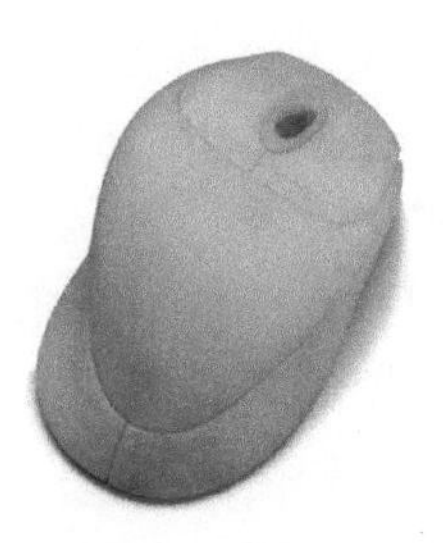

图3-15 uPrint机型打印的鼠标模型

3. Makerbot公司

Makerbot Replicator系列3D打印机是Makerbot公司的主打产品，采用FDM技术，经过不断的改进目前已经发展到第五代产品。

Makerbot Replicator 2是过去两年中热度最高、销量最好的一款FDM桌面级3D打印机，也是Makerbot公司奠定其桌面级3D打印机行业地位的关键产品和明星产品。图3-16为Makerbot Replicator 2机型。

图3-16 Makerbot Replicator 2机型

Makerbot Replicator 2能够打印的物品大小为28.5cm×15.3cm×15.5cm，相

比一代产品打印物品尺寸更大，*X*轴与*Y*轴定位精度为11μm，*Z*轴定位精度为2.5μm，喷嘴直径为0.4mm，最高打印分辨率为100μm，中等分辨率为270μm，低等分辨率为340μm，推荐喷头移动速度为40mm/s，所使用的材料为1.75mm的源自玉米的PLA，与ABS相比在硬度、弹性与收缩性上有明显优势，在打印尺寸较大的物品时，能够避免边缘固化慢造成的翘边现象。

国内西通公司SLA型桌面级3D打印机采用激光立体快速样板激光打印技术，该机型最大打印精度能够达到0.025mm，打印速度为15mm/h，机身质量仅有8kg，可用打印面积为125mm×125mm×165mm，支持STL格式3D模型文件，操作方法更加简单。图3-17为西通SLA型桌面级3D打印机。

西通SLA型桌面级3D打印机的使用方法与普通3D打印机相似，计算机建模后将数据传送至打印机即可开始打印。根据物品体积、密度和打印精度设置的不同，打印所需消耗及时间也有所区别。

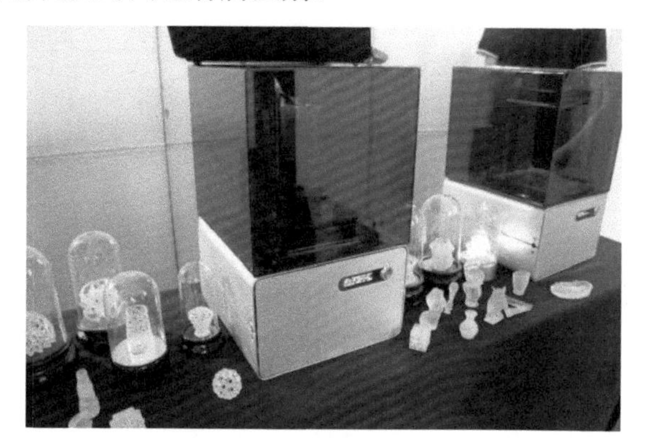

图3-17 西通SLA型桌面级3D打印机

以色列Solido公司的SD300Pro 3D打印机是适合室内使用的桌面级3D打印机（图3-18），采用3D打印塑胶薄膜叠层技术，具有体积小巧（770mm×465mm×420mm）、操作简便、成本低廉、低碳环保等优点。利用它可快速打印出与三维CAD图样一致的塑料三维模型。SD300Pro打印的模型坚固、精密度高、实用性强，易于钻孔、喷涂、粘结等二次加工，可经砂磨、油漆或任何其他类似抛光处理，且不会失真。该机型建模材料为PVC工程塑料，塑胶每层厚度（含胶水层）0.168mm，最大建模尺寸为160mm×210mm×135mm。图3-19为SD300Pro 3D打印机的PVC薄膜及粘结剂、脱离剂。图3-20为SD300Pro 3D打印机的构成。

图3-18 Solido公司开发的SD300Pro 3D打印机

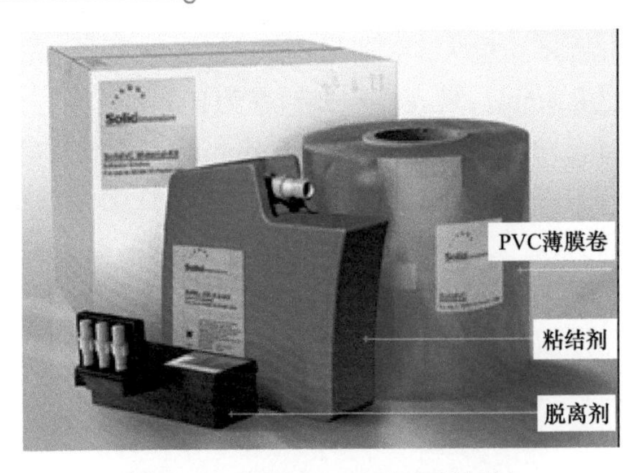

图3-19　SD300Pro 3D打印机耗材

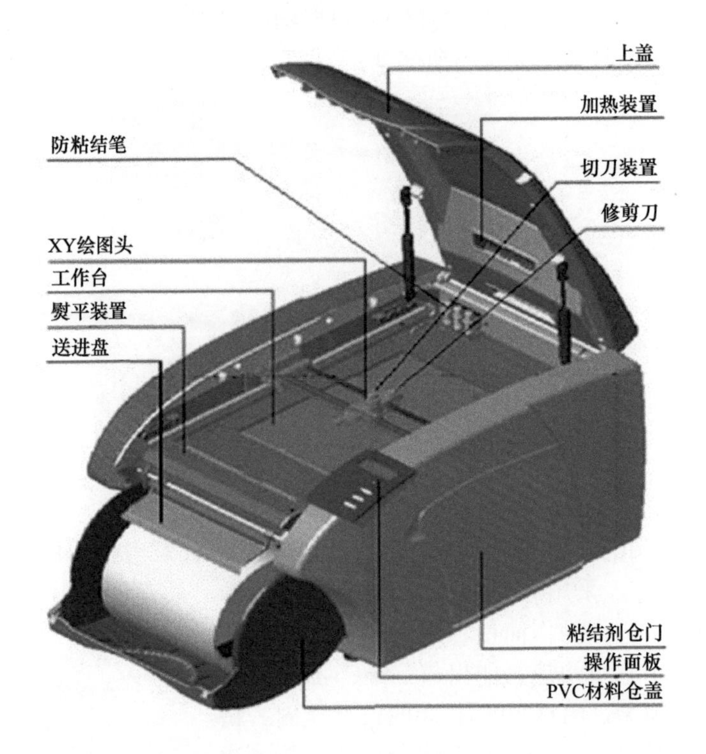

图3-20　Solido公司开发的SD300Pro 3D打印机构成

第 4 章　先进的金属3D打印工艺

金属零件激光3D打印技术是各种3D打印技术中难度系数最大、最受国内外关注的方向之一。目前可用于直接制造金属功能零件的快速成型方法主要有：选择性激光烧结（Selective Laser Sintering，SLS）、粉末选区激光熔化（Selective Laser Melting，SLM）、电子束熔化（Electron Beam Melting，EBM）、激光近净成型（Laser Engineered Net Shaping，LENS）等。其中，基于自动铺粉的粉末选区激光熔化成型技术（SLM）及电子束熔化技术（EBM）以其加工精度高，后续几乎不需要机械加工，可以制造各种复杂精密金属结构零件，实现结构功能的一体化和轻量化，在医学领域的个性化制作方面具有独特优势。激光近净成型（LENS）可以不受成型台面空间的限制，能够较为灵活地制造空间尺寸较大的金属制件，在大尺寸零件制造和修复方面具有优势，目前在航空航天领域大型钛合金结构件制造方面得到了显著应用。金属零件激光3D打印技术作为整个3D打印体系中最为前沿和最有潜力的技术，是先进制造技术的重要发展方向，在3D打印技术助推第三次工业革命中承担着重要角色。目前，金属3D打印技术在航空航天、医疗、国防等领域都得到了重要应用。

4.1　粉末选区激光熔化工艺

粉末选区激光熔化（SLM）工艺是一种金属构件直接成型方法。该技术基于3D打印的基本思想，用逐层添加方式根据CAD数据直接成型具有特定几何形状的零件，成型过程中金属粉末完全熔化，产生冶金结合。该工艺方法与SLS的基本原理是一致的，与SLS不同处是采用大功率激光器将铺层后的金属粉末直接烧熔进行金属构件的直接建造，而无须像金属粉末SLS那样，成型后还需要粉末冶金的烧结工序才能最终形成金属结构件。

该技术突破了金属结构件传统的去除加工或成形加工概念，采用添加材料的方法成型零件，几乎不存在材料浪费问题。成型过程不受零件复杂程度的限制，因而具有很大的柔性，特别适合单件、小批量产品，尤其是医学植入体的制造。SLM技术需要高功率密度激光器，聚集到几十微米大小的光斑，扫描金属粉层。由于材料吸收问题，一般CO_2激光器很难满足要求，Nd:YAG激光器由于光束模式差也很难达到要求，所以SLM技术需要使用光束质量较好的半导体泵浦YAG激光器或光纤激光器，功率在100W左右，可以达到30～50μm的聚集光斑，功率密度达到5×106W/cm^{2}以上。

4.1.1 粉末选区激光熔化工艺基本原理

图4-1为金属粉末选区激光熔化工艺原理图，其建造过程类似于SLS工艺。选区激光熔化金属3D打印是在计算机程序的控制下利用高能量密度激光束进行扫描，将预先铺设好的金属粉末层进行选择性熔化并与基体冶金结合，然后不断逐层铺粉并扫描，最终完成三维金属零部件的制造过程。打印后的金属零件一般需要后续处理，以进一步提高致密度及其力学性能等。

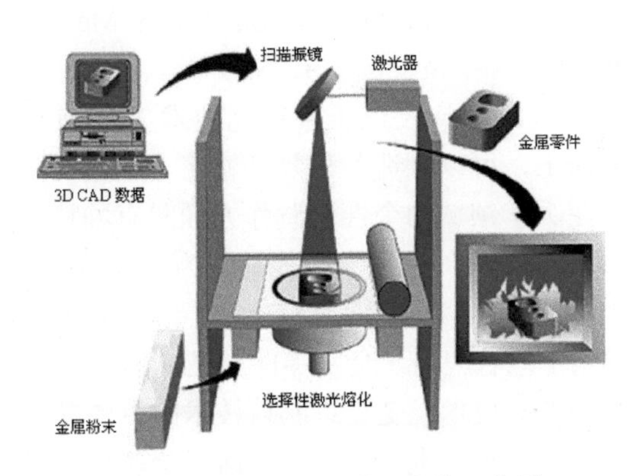

图4-1　金属粉末选区激光熔化工艺原理

4.1.2 粉末选区激光熔化工艺的制造过程

金属零件SLM工艺采用的材料多为纯粹的金属粉末，是采用SLS工艺中的激光能源对金属粉末直接烧结，使其熔化，实现叠层的堆积。在设备中的具体成型过程如图4-2所示，激光束开始扫描前，铺粉装置先把金属粉末平推到成型缸的基板上，激光束再按当前层的填充轮廓线选区熔化基板上的粉末，加工出当前层，然后成型缸下降一个层厚的距离，粉料缸上升一定厚度的距离，铺粉装置再在已加工好的当前层上铺好金属粉末。设备调入下一层轮廓的数据进行加工，如此层层加工，直到整个零件加工完毕。整个加工过程在通有惰性气体保护的加工室中进行，以避免金属在高温下与其他气体发生反应。

由上述工艺过程示意图可知，成型过程较间接金属零件制作过程明显缩短，无须间接烧结时复杂的后处理阶段。但必须有较大功率的激光器，以保证直接烧结过程中金属粉末的直接熔化。因而，直接烧结中激光参数的选择，被烧结金属粉末材料的熔凝过程及控制是烧结成型中的关键。

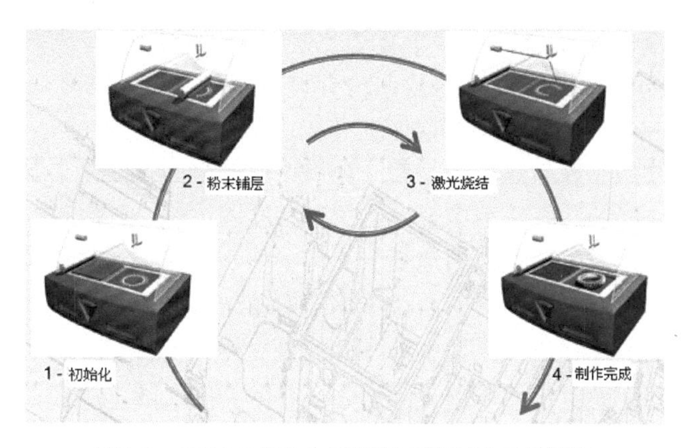

图4-2　SLM工艺的金属零件直接制造工艺流程

4.1.3　粉末选区激光熔化技术特点及指标

粉末选区激光熔化技术是在SLS基础上发展起来的，但又区别于SLS技术，关键技术特点体现在如下几个方面：

1）直接制成终端金属产品，省掉中间过渡环节。

2）可得到冶金结合的金属实体，密度接近100%。

3）SLM制造的工件具有较高的拉伸强度，较低的表面粗糙度值（*Rz*30～50μm），较高的尺寸精度（<0.1mm）。

4）适合各种复杂形状的工件，尤其适合内部有复杂异型结构（如空腔）、用传统方法无法制造的复杂工件。

5）适合单件和小批量模具和工件成型。

激光功率是SLM工艺中的一个重要影响因素。功率越高，激光作用范围内能量密度越高，材料熔化越充分，同时烧结过程中参与熔化的材料就越多，形成的熔池尺寸也就越大，粉末烧结固化后易生成凸凹不平的烧结层面，激光功率高到一定程度，激光作用区内粉末材料急剧升温，能量来不及扩散，易造成部分材料甚至不经过熔化阶段直接汽化，产生金属蒸汽。在激光作用下该部分金属蒸汽与粉末材料中的空气一起在激光作用区内汇聚、膨胀、爆破，形成剧烈的烧结飞溅现象，带走熔池内及周边大量金属，形成不连续表面，严重影响烧结工艺的进行，甚至导致烧结无法继续进行。同时，这种状况下的飞溅产物也容易造成烧结过程的“夹杂”。光斑直径是SLM的另外一个重要影响因素。总的来说，在满足烧结基本条件的前提下，光斑直径越小，熔池的尺寸也就可以控制得越小，越易在烧结过程中形成致密、精细、均匀一致的微观组织。同时，光斑越细，越容易得到精度较好的三维空间结构，但是光斑直径的减小，预示着激光作用区内能量密度的提高，光斑直径过小，易引起上述烧结飞溅现象。扫描间隔是SLM工艺的又一个重要影响因素，它的合理选择对形成较好的层面质量与层间结合，提高烧结效率均有直接影响。同间接烧结工艺一样，合理的扫描间隔应保证烧结线间与层面间有少许重叠。

在激光连续熔化成型过程中，整个金属熔池的凝固结晶是一个动态的过程。随着激光束向前移动，在熔池中金属的熔化和凝固过程是同时进行的。在熔池的前半部分，固态金属不断进入熔池处于熔化状态，而在熔池的后半部分，液态金属不断脱离熔池而处于凝固状态。由于熔池内各处的温度、熔体的流速和散热条件是不同的，在其冷却凝固过程中，各处的凝固特征也存在一定的差别。对多层多道激光烧结的样品，每道熔区分为熔化过渡区和熔化区。熔化过渡区是指熔池和基体的交界处，在这区域内晶粒处于部分熔化状态，存在大量的晶粒残骸和微熔晶粒，它并不是构成一条线，而是一个区域，即半熔化区。半熔化区的晶粒残骸和微熔晶粒都有可能作为在凝固开始时的新晶粒形核核心。对镍基金属粉末熔化成型的试样分析表明：在熔化过渡区其主要机制为微熔晶核作为异质外延，形成的枝晶取向沿着固-液界面的法向方向。熔池中除熔化过渡区外，其余部分受到熔体对流的作用较强，金属原子迁移距离大，称为熔化区。该区域在对流熔体的作用下，将大量的金属粉末粘结到熔池中，由于粉末颗粒尺寸的不一致（粉末的粒径分布为15～130μm），当激光功率不太大时，小尺寸粉末颗粒可能完全熔化，而大尺寸粉末颗粒只能部分熔化，这样在熔化区中存在部分熔化的颗粒，这部分的颗粒有可能作为异质形核核心；当激光功率较高时，能够完全熔化熔池中的粉末，在这种情况下，该区域主要为均质形核。在激光功率较小时，容易形球，且形球对烧结成型不利，因此对Ni基金属粉末熔化成型通常采用较大的功率密度，其熔化区主要为均质型核，形成等轴晶。

图4-3为SLM工艺制作的金属结构件。

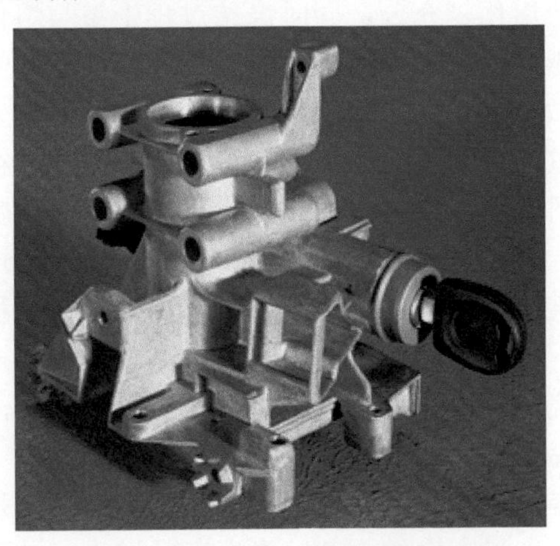

图4-3　SLM工艺制作的金属结构件

SLM是极具发展前景的金属零件3D打印技术。SLM成型材料多为单一组分金属粉末，包括奥氏体不锈钢、镍基合金、钛基合金、钴-铬合金和贵重金属等。激光束快速熔化金属粉末并获得连续的熔道，可以直接获得几乎任意形状、具有完全冶金结合、高精度的近乎致密金属零件，其应用范围已经扩展到航空航天、微电子、医疗、珠宝首饰等行业。

4.2 激光近净成型工艺

激光近成型工艺是将同步送粉法的激光熔覆技术和3D打印技术相结合的一种先进的制造技术。

4.2.1 激光近净成型工艺基本原理

LENS基于一般增材成型原理，首先是在计算机中生成零件的三维CAD模型，然后将该模型按照一定的厚度分层“切片”，即将零件的三维数据信息转换成一系列的二维轮廓信息，再由金属粉送进系统向被激光热能熔化了的在垫板上形成的金属熔池喷射金属粉，按照二维轮廓轨迹在沉积垫板上逐层堆积金属粉末材料，光斑离开后金属粉末凝固成型，最终形成致密的三维金属模件。

成型垫板在x-y平面内受三维CAD模型的切片轮廓数据控制而运动，而z向运动是由激光束及送粉机构的共同运动形成的。其中x-y平面的成型精度为0.05mm，Z向成型精度为0.5mm。图4-4为LENS激光近净成型工艺原理。

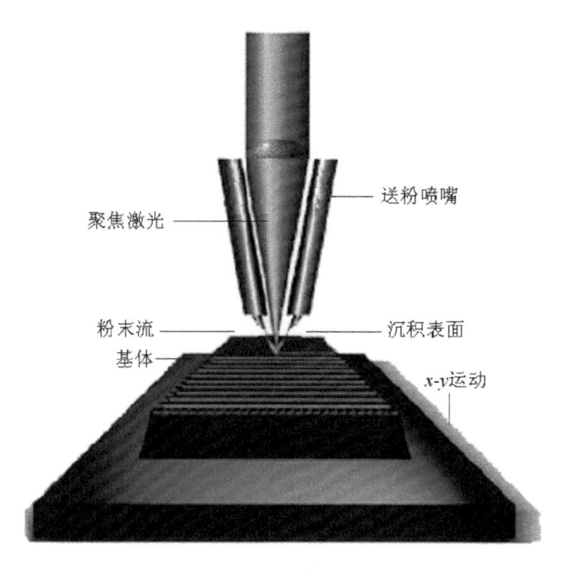

图4-4 LENS激光近净成型工艺原理

4.2.2 激光近净成型的主要特点

1. 激光近净成型技术较传统的切削加工技术的主要优势

1）加工成本低，没有前后的加工处理工序。

2）所选熔覆材料广泛，且可以使模具有更长的使用寿命。

3）几乎是一次成型，材料利用率高。

4）准确定位且面积较小的激光热加工区以及熔池可以得以快速冷却，是激光近成型系统最大的特点。一方面可以减少对工作底层的影响，另一方面可以保证所成型的部分有精细的微观组织结构，成型件致密，保证有足够好的强度和韧性。

5）该工艺和激光焊接及激光表面喷涂相似，成型要在由氩气保护的密闭仓中进行，保护气氛系统是为了防止金属粉末在激光成型中发生氧化，降低沉积层的表面张力，提高层与层之间的浸润性，同时有利于提高工作环境的安全。

2. 激光近净成型工艺与粉末选区激光熔化工艺的比较

LENS工艺与SLM工艺都是采用大功率激光对金属粉末进行熔化后冷却成型。二者的基本原理是一致的，所不同的是前者采用的是同步送粉激光熔覆，而后者采用预制送粉的激光熔覆。由于建造过程中设备系统可实现的精度控制以及建造方式上的差异，二者制造出来的金属构件的精度质量与性能等指标也存在着许多差异，具体对比如下：

（1）成型精度　LENS激光成型采用开环控制，属于自由成型，实际成型高度误差与Z轴增量有很大的关系，因为Z轴增量决定了聚焦透镜与制造工件之间的垂直距离，其大小直接影响激光光斑的大小，进而影响激光能量密度的大小。SLM采用预制粉末铺层，其层厚比较均匀且层厚尺寸可以精确控制，在涂层过程可以补偿粉层高度，且激光聚焦一直保持在固定的高度平面上。可见，相比较而言，LENS适于粗加工且尺寸较大的零件，而SLM适于加工尺寸相对较小且尺寸精度要求相对较高的零件。

（2）成型效率　在大致相同的工艺条件及精度质量等要求下，由于SLM激光跳转速度与扫描速度较LENS高出一个数量级以上，因此，SLM的加工效率较LENS要高。

以20mm×20mm×10mm长方体成型为例，两种工艺方法的加工参数见表4-1，其成型时间见表4-2。此长方体的加工时间SLM为LENS的60%。

表4-1　LENS与SLM工艺的加工参数

成型方法	切片层厚/mm	单道熔覆/mm	搭接率（%）	加工层数	跳转速度/（mm/min）	扫描速度/（mm/min）
LENS	0.04	0.75	33	251	1500	900
SLM	0.04	0.12	33	251	60000	10000

表4-2 LENS与SLM工艺加工时间对比

成型方法	单层加工时间/s	总加工时间/h
LENS	54	3.765
SLM	24	2.26

（3）微观结构与性能　两种工艺方法制作的结构件的微观低倍形貌都清晰可见扫描路径，高倍形貌都可见层间的叠层痕迹。二者的金相组织均显示为枝状晶组织，且定向凝固特征明显，晶粒增长方向为温度梯度较大的方向。LENS结构件的抗拉强度优于SLM结构件，但SLM结构件显微硬度要高于LENS结构件。

4.2.3 激光近净成型工艺应用

目前激光近净成型工艺可以成型的材料主要有316不锈钢、镍基耐热合金Inconel625、H13工具钢、钛和钨等。

激光近净成型工艺可用来制造高密度的铸模，图4-5是通过LENS制造的一些铸模。另外，LENS工艺也可以对一些金属物件进行修补，例如修补飞机的喷射叶片，利用激光将金属粉末喷涂在叶片损坏的地方。近年来，LENS工艺在航空航天领域大型高强难熔合金零件的制作上取得了成功应用。

图4-5 LENS工艺制造的铸模

采用整体锻造等传统方法制造大型钛合金结构件，是一个做“减法”的过程，零件的加工除去量非常大。例如，美国的F-22飞机中尺寸最大的Ti6Al4V钛合金整体加强框，所需毛坯模锻件质量达2796kg，而实际成型零件质量不足144kg，材料的利用率约为5.15%，这势必造成大量的原材料损耗。与此同时，在铸造毛坯模锻件的过程中会消耗大量的能源，也降低了加工制造的效率。并且传统方法对制造技术及装备的要求高，通常需要大规格锻坯加工及大型锻造模具制造、万吨级以上的重型液压锻造装备，制造工艺相当复杂，生产周期长，制造成本高。

相较于传统的大型钛合金结构件整体锻造，LENS是一种做“加法”的加工技术，主要用高功率的激光束对粉末或丝材进行熔化，往上堆积，实现材料逐层添加，直接根据构件的CAD模型一次加工成型。激光近净成型得到的零件微观组织细致均匀，力学性能较好。

高性能金属构件激光近净成型技术是以合金粉末为原料，通过激光熔化逐层堆积（生长），从零件CAD模型一步完成高性能大型复杂构件的“近净成型”。这一技术1992年在美国首先提出并迅速发展。由于高性能金属构件激光近净成型技术对大型钛合金高性能结构件的短周期、低成本成型制造具有突出优势，在航空航天等装备研制和生产中具有广阔的应用前景。图4-6为北京航空航天大学利用激光近净成型技术制造的关键钛合金构件——飞机机身整体加强框。该大型部件是航空飞行器所使用的机体部件之一，已通过大型运输机、大型客机、舰载机、新型火箭等装备的静强度、动强度、疲劳寿命、冲击、震动等全尺寸零件试验考核。与传统技术相比，具有高性能、低成本、快速试制等诸多优点。

图4-6　激光近净成型技术制造的飞机机身整体加强框

4.3　电子束熔化成型工艺

电子束的发现至今已有一百多年的历史，阴极射线（Cathode-ray）的名称出现甚至还在人们了解电子的性能之前。1907年，Marcello Von Pirani进一步发现了电子束作为高能量密度热源的可能性，第一次用电子束做了熔化金属的试验，成功地熔炼了钽。

高能量密度电子束加工时将电子束的动能在材料表面转换成热能，能量密度高达10^6～10^9W/cm^2，功率可达到100kW。由于能量与能量密度都非常高，电子束足以使任何材料迅速熔化或汽化。因此，电子束不仅可以加工钨、钼、钽等难熔金属及其合金，而且可以对陶瓷、石英等材料进行加工。此外，电子束的高能量密度使得它在生产过程中的加工效率也非常高。

电子束熔化成型技术（Electron Beam Melting），简称EBM，是近年来一种新兴的先进金属成型制造技术，其过程是将零件的三维实体模型数据导入EBM设备，然后在EBM设备的工作舱内平铺一层微细金属粉末薄层，利用高能电子束经偏转聚焦后在焦点所产生的高密度能量使被扫描到的金属粉末层在局部微小区域产生高温，导致金属微粒熔融，电子束连续扫描将使一个个微小的金属熔池相互融合并凝固，连接形成线状和面状金属层。

4.3.1　电子束熔化成型原理

电子束熔化成型是在真空条件下，利用聚焦后能量密度极高（10^6～10^9W/cm^2）的电子束，以极高的速度冲击到工件表面极小面积上，在极短的时间（几分之一微秒）内，其能量的大部分转变为热能，使被冲击部分的工件材料达到几千摄氏度以上的高温，从而引起材料的局部熔化和汽化，汽化的部分被真空系统抽走。其原理如图4-7所示。首先，在铺粉平面上铺展一层粉末并压实，电子束通过加热到2500℃以上高温的丝极被释放出来，然后通过阳极加速到光速的一半，聚焦线圈控制电子束聚焦，偏转线圈在计算机控制下控制电子束偏转按照截面轮廓信息进行扫描，轰击在金属粉末表层上的电子束的动能转化为热能，上千摄氏度的高温瞬间将金属粉末熔化而随后冷却成型。电子束能量通过电流来控制，扫描速度可到1000m/s，精确度可达±0.05mm，粉层厚度一般在0.05～0.20mm。

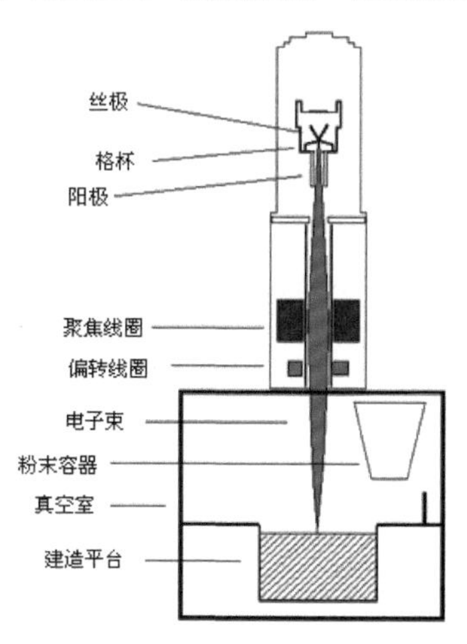

图4-7　电子束熔化成型工艺原理

与SLS和SLM工艺相比，电子束熔化成型技术在真空环境下成型，金属氧化的程度大大降低；真空环境同时也提供了一个良好的热平衡系统，从而加大了成型的稳定性，零件的热平衡得到较好的控制；成型速度得到较大提高。

与传统工艺相比，电子束熔化成型技术具有零件材料利用率高，未熔化粉末可重新利用，无须工具模具，节省制造成本，开发时间可显著缩短等优点。

4.3.2　电子束加工特点

电子束加工特点如下：

1）电子束能够极其微细地聚焦，甚至能聚焦到0.1μm，所以加工面积可以很小，是一种精密微细的加工方法。

2）电子束能量密度很高，属非接触式加工，可加工材料范围很广，对脆性、韧性、导体、非导体及半导体材料都可加工。

3）电子束的能量密度高，因而加工生产率很高。例如，每秒钟可在2.5mm厚的钢板上钻50个直径为0.4mm的孔。

4）由于电子束加工是在真空中进行，因而污染少，加工表面不氧化，特别适用加工易氧化的金属及合金材料，以及纯度要求极高的半导体材料。

5）电子束加工需要一整套专用设备和真空系统，价格较贵，生产应用有一定局限性。

与激光束相比，电子束具有如下诸多的优点：

1）能量利用率高。电子束的能量转换效率一般为75%以上，比激光的要高许多。

2）无反射、加工材料广泛。金、银、铜、铝等对激光的反射率很高，且熔化潜热很高，不易熔化，而电子束加工不受材料反射的影响，很易加工激光加工难加工的材料。

3）功率高。电子束可以容易地做到几千瓦级的输出，而大多数激光器功率在1～5kW之间。

4）对焦方便。激光束对焦时，由于透镜的焦距是固定的，所以必须移动工作台；而电子束则是通过调节聚束透镜的电流来对焦，因而可在任意位置上对焦。

5）加工速度更快。电子束设备靠磁偏转线圈操纵电子束的移动来进行二维扫描，扫描频率可达20kHz，不需要运动部件；而激光束设备必须转动反射镜或依靠数控工作台的运动来实现该功能。

6）运行成本低。据国外统计，电子束运行成本是激光束运行成本的一半。激光器在使用过程中要消耗气体，如N_2、CO_2、He等，尤其是He的价格较高；电子束一般不消耗气体，仅消耗价格不算很高的灯丝，且消耗量不大。

7）设备可维护性好。电子束加工设备零部件少的特点使得其维护非常方便，通常只需更换灯丝；激光器拥有的光学系统则需经常进行人工调整和擦拭，以便其发挥最大功率。

4.3.3 电子束熔化成型的工艺过程及应用

与SLS及SLM的成型过程类似，EBM的制造过程也是首先需要构件的3D数据，通过STL格式并继而处理成SLC层片数据，输送给专用设备进行构件制造。图4-8为采用瑞典Arcam公司推出的电子束熔化快速制造设备EBM S12的某一金属构件的制作过程。

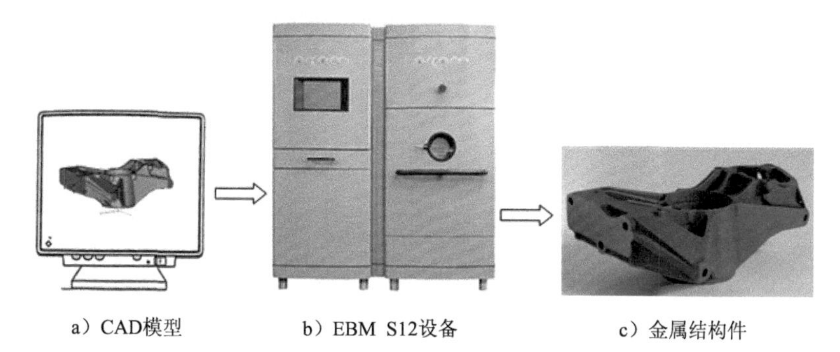

a）CAD模型　　b）EBM S12设备　　c）金属结构件

图4-8　EBM S12某一金属构件的制作过程

电子束成型的结构件多用于航空航天难变形合金结构件的制造、医疗领域定制的钛合金植入体的制造以及汽车领域变速箱体等复杂结构件的制造等。EBM工艺的材料多为航空航天及医疗领域常用的钛合金材料，如Ti6Al4V，还有钴铬合金ASTM F75及高温铜合金GRCop-84等。该钛合金粉末材料经过电子束加工可获得均匀的细晶结构，明显优于铸造组织片状α相大尺寸β晶粒结构，如图4-9所示。图4-10为采用EBM制造的钛合金多孔隙支架，图4-11为采用EBM工艺制作的Ti6Al4V起落架部件中的某构件，质量为4.5kg。表4-3为EBM成型结构件与常见的几种结构件制造方法在微观结构、生产效率及产品质量等方面的比较。

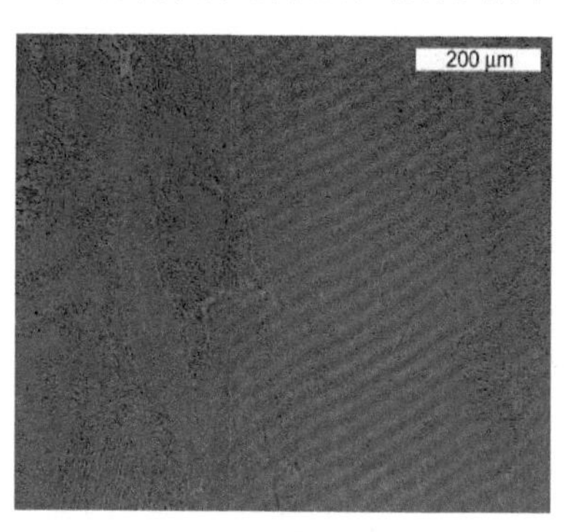

a）EBM结构件

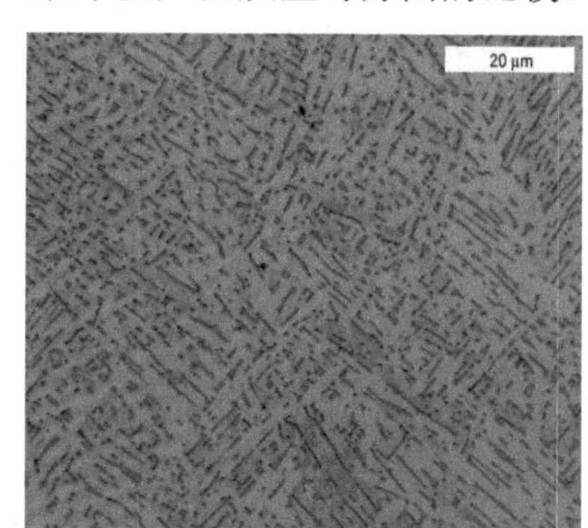

b）铸件

图4-9　EBM结构件与铸件的微观形貌对比

图4-10　EBM制造的钛合金多孔隙支架

图4-11　EBM制造的钛合金飞机起落架上的构件

表4-3　EBM工艺与其他常用工艺方法比较

特　　性	铸　　件	锻　　件	机 械 加 工	EBM
微观结构	大晶粒度	小晶粒度	小晶粒度	小晶粒度
模具成本	高	高	低	无
开模时间	长	长	中等	无
生产强度及时间消耗	多种操作，劳动密集型	中等操作，快速生产	适度处理时间，少人工	适度处理时间，少人工
产品表面质量	橙皮状态	光滑表面	中等机加工表面状态	波纹漆表面

4.4　金属粉末材料的制备

金属材料领域的任何创新都可能带来突破性进展。随着金属3D打印的需求不断增长，金属粉末已成为影响这一领域发展至关重要的因素之一。

3D打印金属粉末作为金属零件3D打印产业链最重要的一环，也是最大的价值所在。在2013年“世界3D打印技术产业大会”上，世界3D打印行业的权威专家对3D打印金属粉末给予明确定义，即指尺寸小于1mm的金属颗粒群，包括单一金属粉末、合金粉末以及具有金属性质的某些难熔化合物粉末等。图4-12为用于3D打印的几种金属粉末。

a）钴铬合金粉

b）纯铜粉

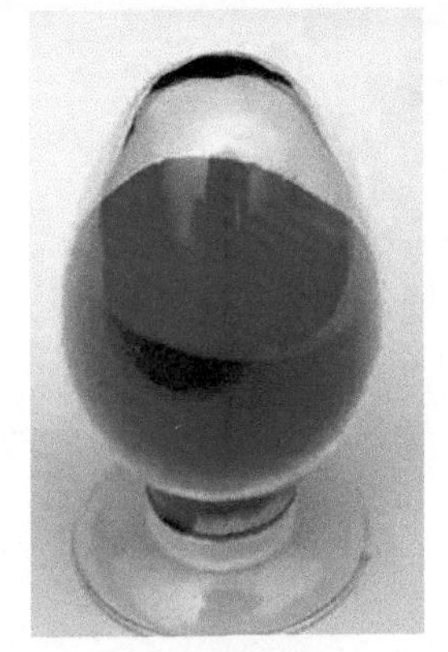

c）镍基合金粉

图4-12　用于3D打印的金属粉末

目前，3D打印金属粉末材料包括钴铬合金、不锈钢、工业钢、青铜合金、钛合金和镍基合金等。3D打印金属粉末除需具备良好的可塑性外，还必须满足粉末粒径细小、粒度分布较窄、球形度高、流动性好和松装密度高等要求。

目前，粉末制备方法按照制备工艺主要分为还原法、电解法、羰基分解法、研磨法、雾化法等。其中，以还原法、电解法和雾化法生产的粉末作为原料应用到粉末冶金工业的较为普遍，但电解法和还原法仅限于单质金属粉末的生产，对于合金粉末并不适用。雾化法可以进行合金粉末的生产，同时现代雾化工艺对粉末的形状也能够进行控制，不断发展的雾化腔结构大幅提高了雾化效率，这使得雾化法逐渐发展成为粉末生产的主要方法，且雾化法能够满足3D打印技术对金属粉末的特殊要求。

雾化法是指通过机械的方法使金属熔液粉碎成尺寸小于150μm左右的颗粒的方法。按照粉碎金属熔液的方式分类，雾化法有水气雾化法、二流雾化法、离心雾化法、超声雾化法、真空雾化法等。这些雾化方法具有各自的特点，且都已成功应用于工业生产。其中，水气雾化法具有生产设备及工艺简单、能耗低、批量大等优点，已成为金属粉末的主要工业化生产方法。

4.4.1　雾化制粉的工艺流程

雾化制粉的工艺流程为：金属（合金）熔化、精炼—转入保温包（漏包）—进入导流管—高压液（气）流喷射—金属（合金）液滴雾化—金属（合金）液滴凝固沉降—进入收集罐—液（气）分离—干燥筛粉—合金粉末收集。

雾化制粉是多相流相耦合作用的复杂过程，其作用机理目前尚不清楚，在一定程度上无法为雾化制粉技术的提升和推广应用提供有力的技术支撑。20世纪60年代，伴随雾化制粉技术的广泛应用，其理论研究逐渐深入，较有影响的主要有Lubanska理论、Thompson理论、三阶段雾化理论、正态分布理论和Strauss理论等。

4.4.2　雾化制粉的基本方法

1. **水雾化法**

在雾化制粉生产中，水雾化法是廉价的生产方法之一。因为雾化介质水不但成本低廉、容易获取，而且在雾化效率方面表现出色。目前，国内水雾化法主要用来生产钢铁粉末、金刚石工具用胎体粉末、含油轴承用预合金粉末、硬面技术用粉末，以及铁基、镍基磁性粉末等。然而由于水的比热容远大于气体，所以在雾化过程中，被破碎的金属熔滴由于凝固过快而变成不规则状，使粉末的球形度受到影响。另外一些具有高活性的金属或者合金，与水接触会发生反应，同时由于雾化过程中与水的接触，会提高粉末的氧含量。这些问题限制了水雾化法在制备球形度高、氧含量低的金属粉末的应用。

2. **气雾化法**

气雾化法是生产金属及合金粉末的主要方法之一。气雾化的基本原理是用高速气流将液态金属流破碎成小液滴并凝固成粉末的过程。由于其制备的粉末具有纯度高、氧含量低、粉末粒度可控、生产成本低以及球形度高等优点，已成为高性能及特种合金粉末制备技术的主要发展方向。但是，气雾化法也存在不足，高压气流的能量远小于高压水流的能量，所以气雾化法对金属熔体的破碎效率低于水雾化法，这使得气雾化粉末的雾化效率较低，从而增加了雾化粉末的制备成本。

4.5 金属3D打印设备及实例

自3D打印技术应用以来，材料种类的受限一直是该项技术发展的瓶颈。众多3D打印设备开发商及相关的科研机构都一直致力于金属制品的累积式快速直接制造工艺及相关技术的研究。相对于包覆金属粉末的间接烧结成型工艺SLS，发展较为成熟的基于增材制造方式的金属粉末熔化成型工艺有SLM工艺、LENS工艺和EBM工艺等，相应的设备介绍如下。

4.5.1 金属粉末直接熔化成型设备

德国EOS公司、美国3D Systems公司、德国Renishaw公司以及国内的华中科技大学、华南理工大学、西安铂力特公司和华曙高科有限公司等都先后成功推出了SLM系列设备。

1. **德国EOS公司**

德国EOS公司最早推出了金属粉末激光烧结直接熔化SLM设备，型号有EOSINT M270、EOSINT M280等。图4-13为德国EOS公司生产的SLM设备EOSINT M270。

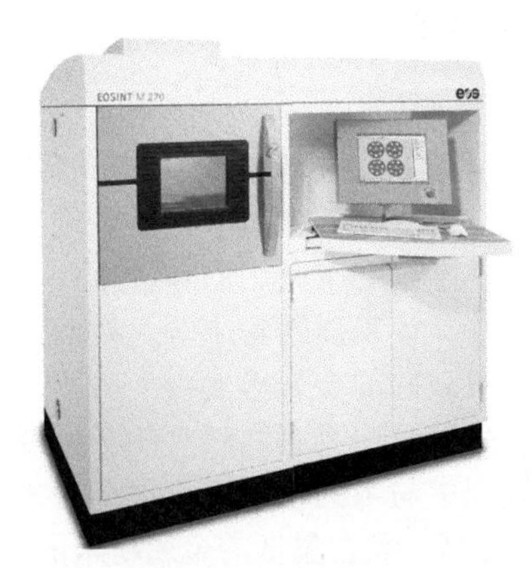

图4-13 德国EOS公司的EOSINT M270

EOSINT M270设备成型的金属零件致密度可以达到近乎100%，尺寸精度在20～80μm，表面粗糙度*Ra*在15～40μm，能够成型的最小壁厚是0.3～0.4mm。EOS公司将该设备应用在牙桥牙冠的批量生产中，目前成型工艺已经十分成熟，一次成型牙冠可以达到500个，如图4-14所示。

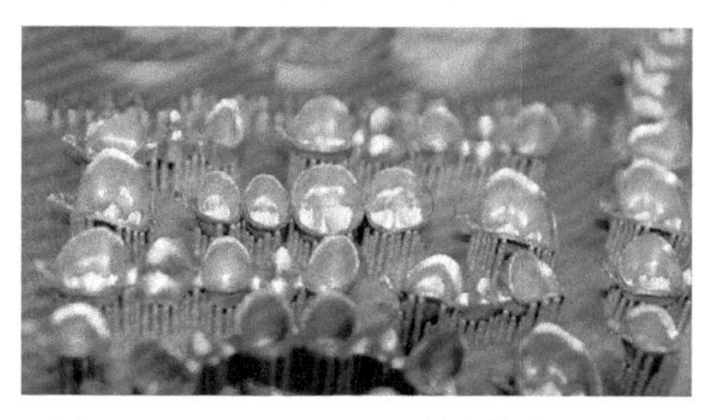

图4-14　EOSINT M270制造的金属牙冠

作为最前沿的3D打印增材制造系统，EOSINT M280机型可高效地直接制造工具模具插件，金属模型与单件金属产品等。该机型是基于直接金属激光烧结（Direct Metal Laser Sintering，DMLS）技术而开发出来的，配置了200W或400W光束质量和性能较高的光纤激光器来烧结熔化精细的金属粉末，金属结构件构建过程中的各个阶段的工艺状态都可以被记录于EOSTATE报告中。EOSINT M280机型可加工的材料范围广，包括轻合金、高碳钢、模具钢以及耐热合金等。图4-15为EOS公司的EOSINT M280机型，图4-16为EOSINT M280设备采用生物相容材料钴铬合金制作的膝关节植入体。EOSINT M280设备的特性参数如表4-4所示。

图4-15　德国EOS公司开发的EOSINT M280机型

图4-16　钴铬合金膝关节植入体

表4-4　EOSINT M280设备的特件参数

参　　数	指　　标
建造空间（长×宽×高）/mm	250×250×325
激光类型	Yb-光纤激光器, 200 W或400 W
扫描系统	聚焦镜，高速扫描仪
光斑直径范围/μm	100～500
电能/kW	最大8.5/常规3.2
设备尺寸（长×宽×高）/mm	2200×1070×2290
设备质量/kg	1250
控制软件	EOS RP Tools, EOSTATE, Magics RP
数据格式	STL

2. 3D Systems公司

3D Systems公司取得了法国French制造商关于DMLS技术的Phenix型号设备制造的授权，推出了金属粉末直接SLM系列设备，其型号有Phenix PXL、Phenix PXM、Phenix PXM Dental、Phenix PXS、Phenix PXS Dental，随后还开发了sPro 125、sPro 250等SLM设备。图4-17～图4-19为Phenix PXL机型、Phenix PXM机型与Phenix PXS机型及其制作的薄壁金属结构件。表4-5为上述三种机型的指标参数。图4-20为sPro 250 Direct Metal成型设备及其采用医学相容性金属材料制作的构件，包括颅骨修复植入体、骨再生支架以及口腔正畸矫治器等。表4-6为sPro 125和sPro 250机型的指标参数。

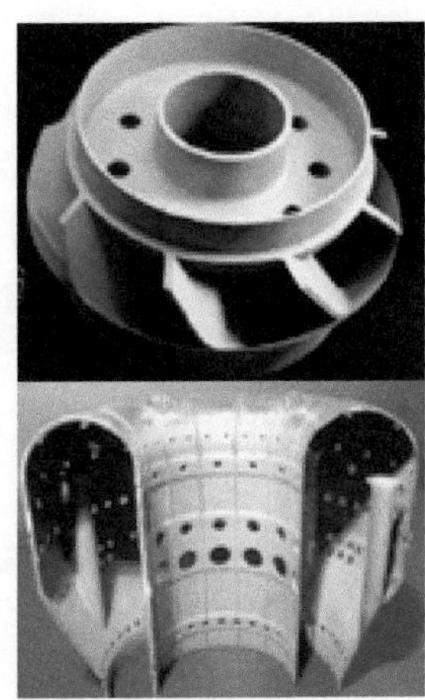

图4-17　Phenix PXL机型及其制作的薄壁金属结构件

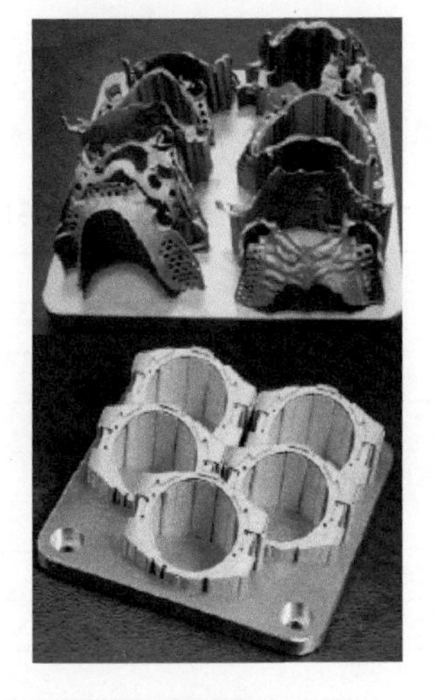

图4-18　Phenix PXM机型及其制作的薄壁金属结构件

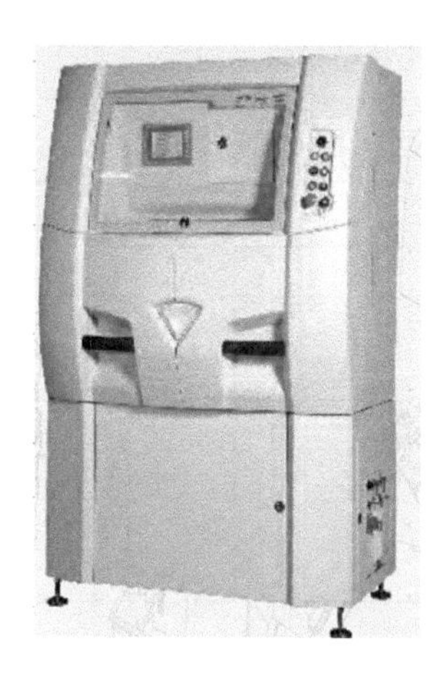

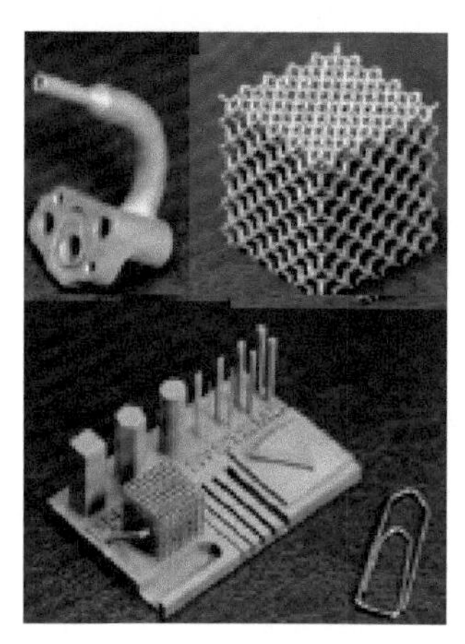

图4-19　Phenix PXS机型及其制作的薄壁金属结构件

表4-5　3D Systems Phenix系列SLM设备性能指标

参数 \ 型号	Phenix PXL	Phenix PXM	Phenix PXS
光纤激光器	500W，波长1070nm	300W，波长1070nm	50W，波长1070nm
叠层厚度/mm	可调	可调	可调
建造空间（长×宽×高）/mm	250×250×300	140×140×100	100×100×80
金属材料种类	不锈钢、模具钢、有色合金、耐热合金等（Dental系列采用钴铬合金ST2724G等）		
陶瓷材料种类	氧化铝、金属陶瓷等		
细节精度/μm	x:100，y:100，z:20		
重复精度/μm	x:20，y:20，z:20		
CAD/CAM软件	Phenix 加工-Phenix 制造		
控制软件	PX 控制		
模型数据格式	IGES, STEP, STL		
尺寸（长×宽×高）/mm	2400×2200×2400	1200×1500×1950	1200×770×1950
质量/kg	5000	1500	1000

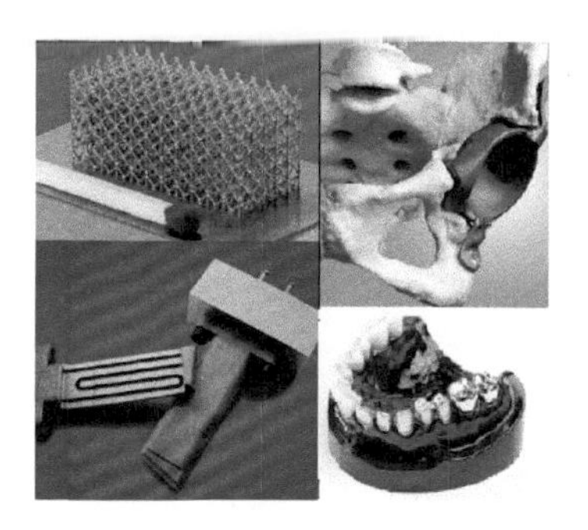

图4-20　sPro 250设备及其制作的医用金属结构件

表4-6 3D Systems sPro机型的性能指标

参数 \ 型号	sPro 125	sPro 250
建造空间（长×宽×高）/mm	125×125×125	250×250×320
建造速度/（cm^3/h）	5～20	5～20
叠层厚度/μm	20～100	20～100
光斑直径/μm	35	70
扫描速度/（mm/s）	1000	1000
激光器功率/W	100或200	200或400
设备尺寸（长×宽×高）/mm	1350×800×1900	1700×800×2025
设备质量/kg	900	1100

3. **雷尼绍（Renishaw）公司**

雷尼绍（Renishaw）是测量领域国际著名的工程技术公司，收购了总部设在德国Kornwestheim的LBC（Laser Bearbeitungs Center）公司的商业资产。LBC公司成立于2002年，初期主要提供激光刻写和三维激光雕刻服务，目前已成为激光熔融金属成型技术加工领域公认的先锋。该公司主要业务是用金属成型技术制作注塑模具和压铸等应用所需的随形冷却模具和模具嵌件。雷尼绍公司目前推出的SLM机型有AM125机型和AM250机型。图4-21为雷尼绍公司的AM250设备，图4-22为该设备制造的金属结构件。表4-7为雷尼绍SLM机型的性能指标。

图4-21 雷尼绍公司的AM250设备

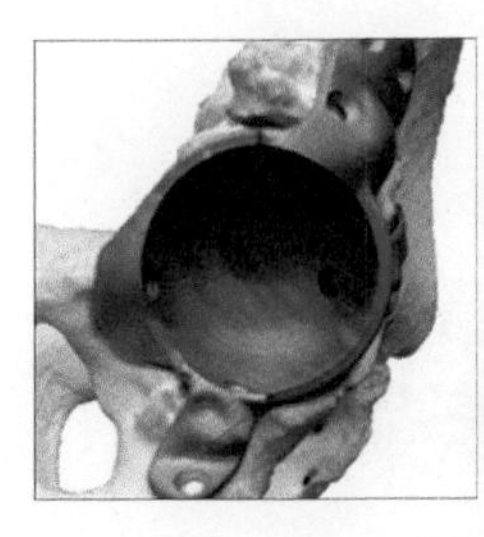

图4-22 AM250设备制造的金属结构件

表4-7　雷尼绍SLM机型的性能指标

参数＼型号	AM125	AM250
建造空间（长×宽×高）/mm	125×125×125	250×250×300
建造速度/（cm^3/h）	5～20	5～20
扫描速度/（mm/s）	2000	1000
定位速度/（mm/s）	7000	7000
叠层厚度/μm	20～100	20～100
光斑直径/μm	35	70
激光器功率/W	100或200	200或400
可用材料	不锈钢316L和17-4PH、H13模具钢、铝Al-Si-12、钛CP、Ti-6Al-4V和Ti-6Al-7Nb、钴铬合金（ASTM75）、铬镍铁合金718和625等	
设备尺寸（长×宽×高）/mm	1350×800×1900	1700×800×2025
设备质量/kg	900	1100

4. **德国Realizer公司**

德国Realizer公司一直致力于SLM设备的研究和开发，到目前已经开发出成熟的商品化SLM设备，包括SLM 100、SLM 250和SLM 300三种机型。图4-23为德国Realizer公司的SLM 250机型。

图4-23　德国Realizer公司的SLM 250机型

SLM 250机型可成型致密度近乎100%的金属零件，尺寸精度为20～100μm，表面粗糙度*Ra*达到10～15μm，还可以成型壁厚小于0.1mm的薄壁零件，可实现全自动制造，可日夜工作，有很高的制造效率。Realizer的SLM设备目前在金属模具制造、轻量化金属零件制造、多孔结构制造和医学植入体领域有较为成熟的应用。图4-24为该SLM 250设备制造的钛合金医学植入体。

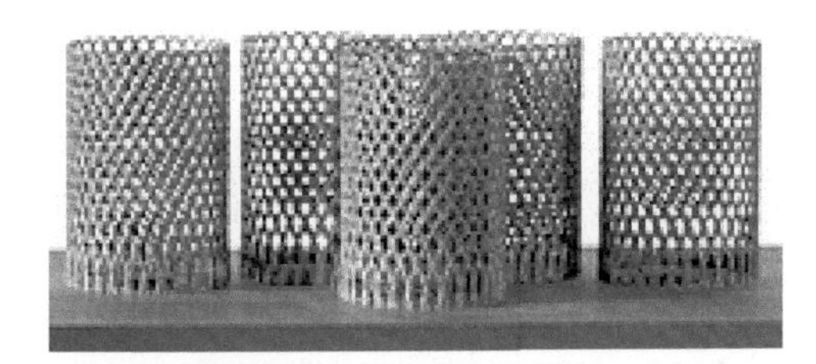

图4-24　SLM 250制造的钛合金医学植入体

5. **华中科技大学**

华中科技大学在国内率先开展SLM技术研究并推出了国内首台金属粉末直接熔化成型设备HRPM-II，如图4-25所示。图4-26为该设备制作的金属结构件。HRPM系列SLM设备的性能指标见表4-8。

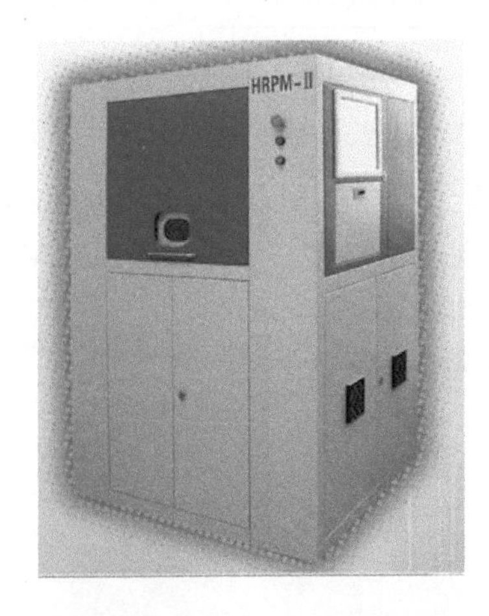

图4-25　华中科技大学开发的SLM设备HRPM-II

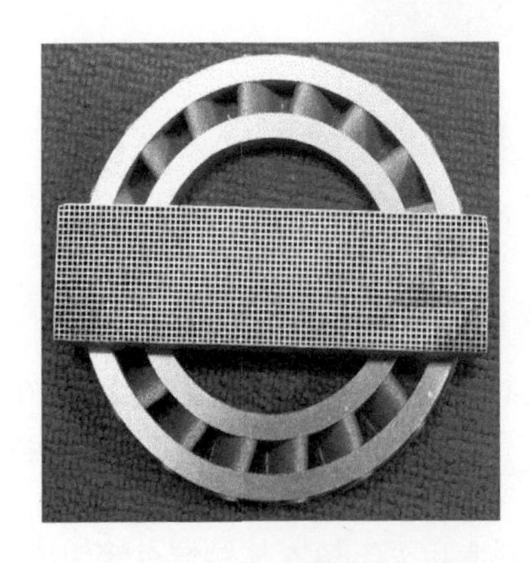

图4-26　HRPM设备制作的金属结构件

表4-8　华中科技大学HRPM-IISLM设备性能指标

成形空间（长×宽×高）/mm	250×250×250
激光器	光纤激光器，200W/400W可选
扫描方式	振镜式激光扫描
分层厚度/mm	0.02～0.20
制件精度/mm	±0.1（L≤100mm）或±0.1%（L>100mm）
可靠性	无人看管下工作
软件工作平台	Windows2000运行环境
系统软件	Power RP
电源要求	3相4线，50Hz，380V，40A
成型材料	钛合金、镍基高温合金、钨合金、不锈钢等金属粉末材料
主机外形尺寸（长×宽×高）/mm	1050×970×1680

6. 华南理工大学

华南理工大学激光加工实验室分别于2004年、2007年研发了DiMetal-240、DiMetal-280金属SLM设备，并于2012年开发了最新一款预商业化设备DiMetal-100。三款设备的外形如图4-27所示。其中，DiMetal-100能够成型致密度近乎99%的金属零件，表面粗糙度Ra为5～30μm，尺寸精度较高。图4-28为华南理工大学在探索SLM应用过程中的典型实例。

a）DiMetal-240

b）DiMetal-280

c）DiMetal-100

图4-27　华南理工大学研发的SLM设备

a）具有复杂水冷与保护气通道喷嘴

b）自由曲面耦合设计的齿轮

图4-28　华南理工大学开发的SLM设备应用的典型实例

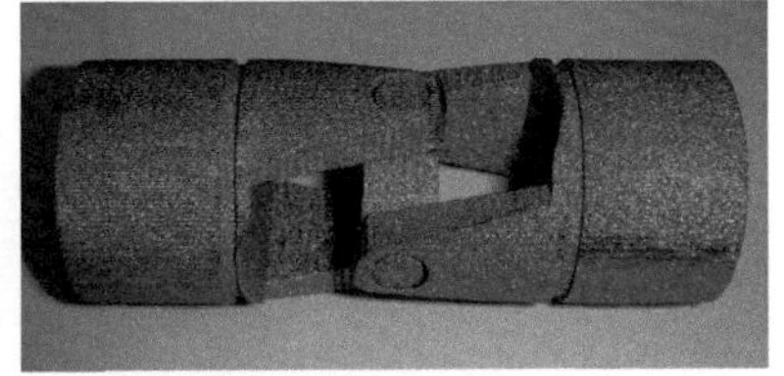

c）万向节免组装机构

图4-28　华南理工大学开发的SLM设备应用的典型实例（续）

7. 西安铂力特激光成形技术有限公司

西安铂力特激光成形技术有限公司是以西北工业大学凝固技术国家重点实验室为技术依托，由西北工业大学及成员股东共同出资组建的一家高科技股份制企业，是西北工业大学科技成果转化的重要基地之一。主要从事高性能致密金属零件的激光立体成型制造，以及金属零件的激光修复再制造，涵盖各种钛合金、高温合金、不锈钢、模具钢、铝合金等材料。西安铂力特公司推出的SLM设备有BLT-S200、BLT-S300，主要参数见表4-9。西安铂力特公司利用自行研发的金属3D打印设备在航空航天、电子、医疗、能源动力、模具、汽车等领域进行了广泛应用，图4-29为部分应用实例。

表4-9　BLT-S200、BLT-S300设备相关参数

相关参数	BLT-S200	BLT-S300
产品尺寸（长×宽×高）/mm	105×105×200	250×250×400
激光器功率/W	200/500	500
刮粉机构	变速刮粉	双向刮粉
定位精度/（mm/m）	Z轴：±0.005	Z轴：±0.005
氧含量/$\times10^{-6}$	≤100	≤100
粉床预热温度/℃	200	200

a）飞机发动机零部件

b）半导体生产设备部件

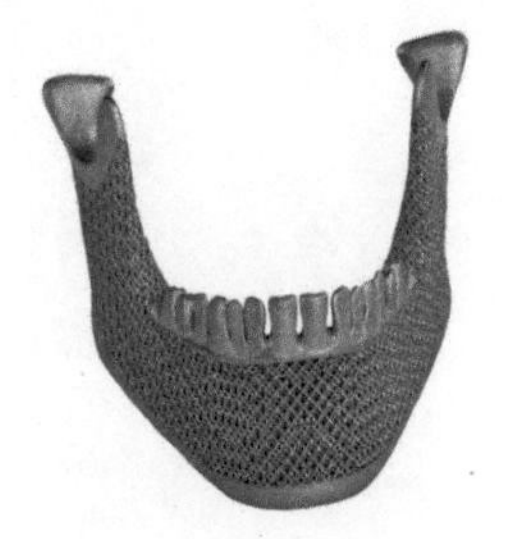

c）医疗植入物

图4-29　西安铂力特公司金属3D打印应用实例

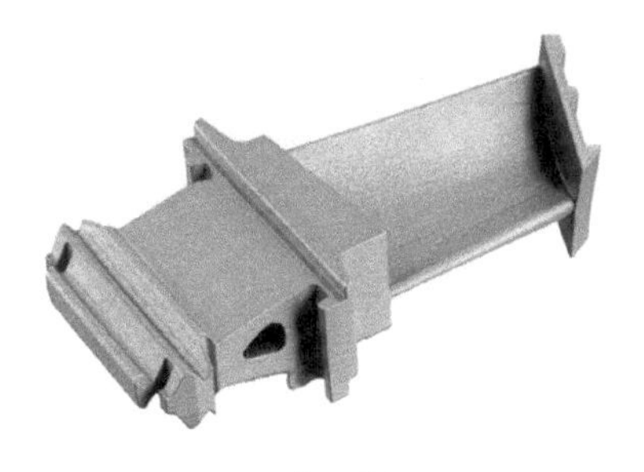
d）燃气轮机叶片

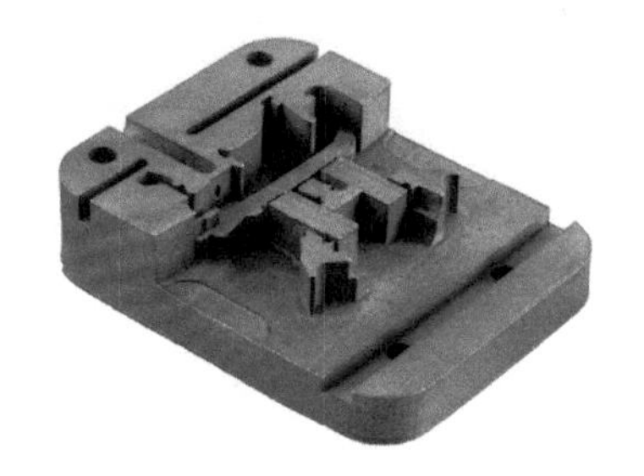
e）注塑模具

图4-29　西安铂力特公司金属3D打印应用实例（续）

8. **湖南华曙高科技有限公司**

湖南华曙高科技有限公司成立于2009年，位于长沙国家高新开发区，是全球三大SLS、SLM激光烧结3D打印整体解决方案提供商之一。为客户提供包括设备、材料及加工服务等全方位的3D打印解决方案，服务于航空航天、汽车制造、医疗、模具、手板加工等多个领域。

湖南华曙高科FS271M机型是目前最具性价比的金属3D打印设备，它拥有500W光纤激光器，高精度的扫描振镜，其成型缸尺寸为275mm×275mm×320mm，如图4-30所示。图4-31为FS121M机型，是湖南华曙高科自主研发的“开启规模工业化制造新纪元的金属3D打印机”，该设备参数可实现全开放，通过120mm×120mm×100mm的成型尺寸可实现多种金属材料的打印，具有动态聚焦系统，兼顾高效和高品质，颠覆传统小批量生产方式，全程摄像头监控，更精确、更便捷，全方位保障工作效率。

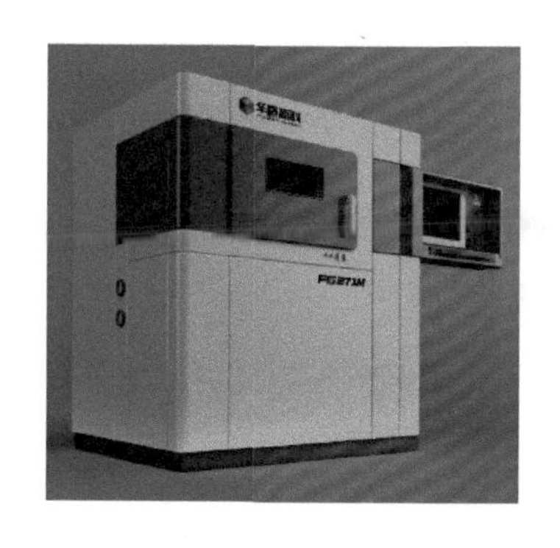

图4-30　湖南华曙高科FS271M型金属3D打印机

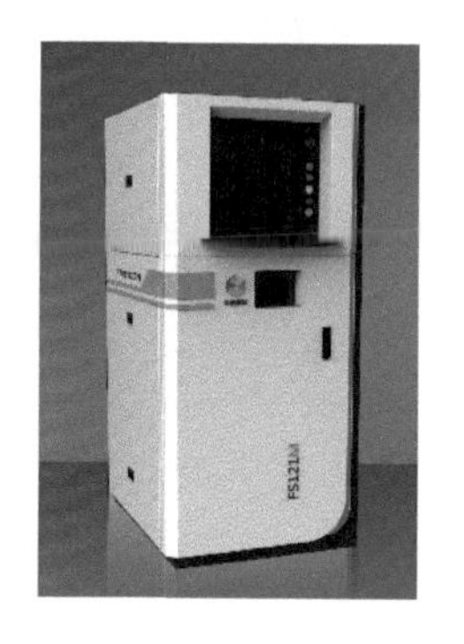

图4-31　湖南华曙高科FS121M型金属3D打印机

图4-32为湖南华曙高科利用金属3D打印技术制造的飞机零部件，图4-33为湖南华曙高科利用金属3D打印技术个性化制作的医疗植入体。

图4-32　湖南华曙高科利用金属3D打印技术制造的飞机零部件

图4-33　湖南华曙高科利用金属3D打印个性化医疗植入体

4.5.2 激光熔覆近净成型设备

美国Optomec公司为激光熔覆设备的著名制造商，该公司推出了系列LENS设备，图4-34为Optomec公司的LENS 450设备。LENS 450设备作为低成本金属结构件增材制造机型，设计为100mm×100mm×100mm的工作舱，采用400W光纤激光器，配置了与工业级型号LENS 850R和LENS MR-7一样的控制软件系统及加工工艺。该型号设备可用于3D金属打印成型的教学研究、金属产品的快速原型与快速制造、修复与再制造等。图4-35为LENS 450设备制造的防护舱零件与排气管道零件。图4-36为Optomec公司的LENS MR-7机型，设计为300mm×300mm×300mm的工作舱，采用大功率光纤激光器，该设备设计有两个金属粉喷嘴用来喷射不同材质的金属粉，可制造不均质性能的结构件。图4-37为LENS MR-7设备制造的特殊结构件及带有梯度的微观组织结构。图4-38为Optomec公司开发的LENS 850R机型，其成型空间增大为900mm×1500mm×900mm，采用大功率IPG光纤激光器，配置了5轴CNC闭环控制系统和全面的气氛保护环境，其加工的结构件的力学性能等同于甚至超过同组分的冶金结构件，满足工业级增材制造的需求。图4-39为LENS 850R修复的叶轮。

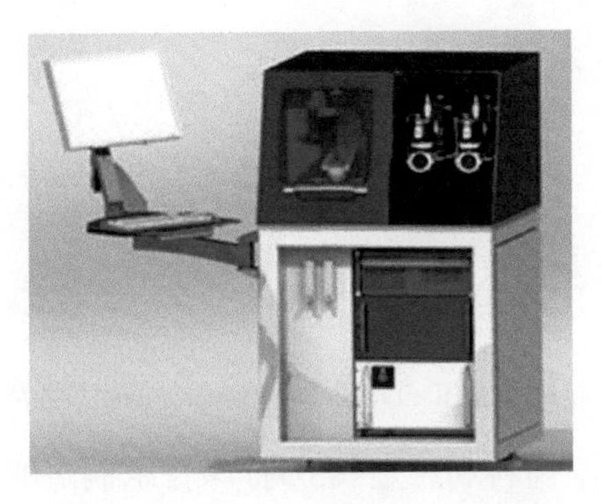

图4-34　Optomec公司的LENS 450设备

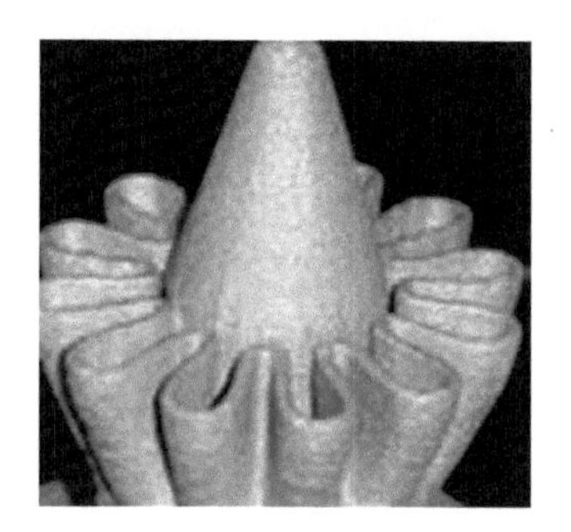

图4-35　LENS 450设备制造的防护舱零件与排气管道零件

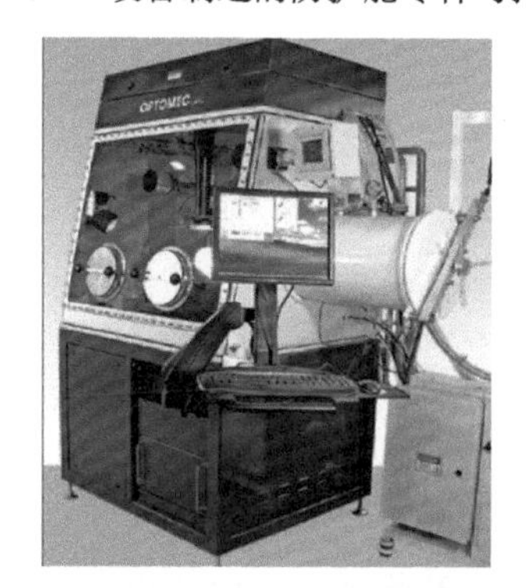

图4-36　Optomec公司的LENS MR-7设备

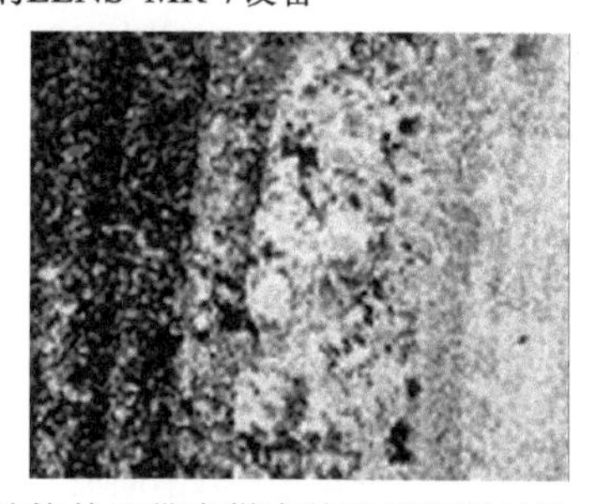

图4-37　LENS MR-7设备制造的特殊结构件及带有梯度的微观组织结构

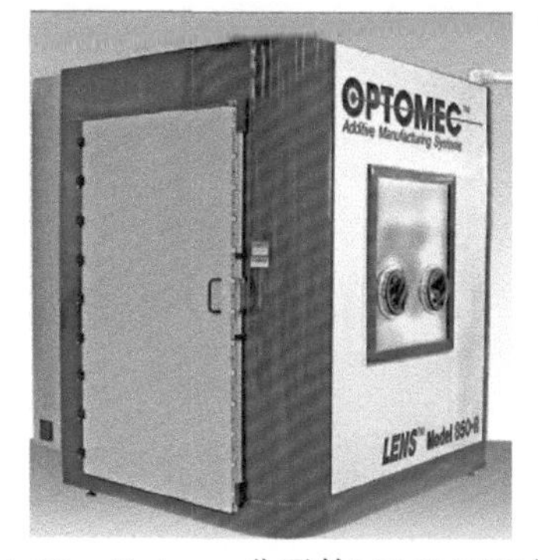

图4-38　Optomec公司的LENS 850R设备

图4-39　LENS 850R修复的叶轮

目前已经商品化的激光近净成型系统主要有FS-Realizer SLM、LENS 750及LENS 850等，其主要性能指标见表4-10。

表4-10 部分激光近净成型系统主要性能指标

指　　标	FS-Realizer SLM	LENS 750	LENS 850
制造商	F&S Stereolithographietechnik	Optomec	
成型空间（长×宽×高）/in	63.0×31.5×70.9	52×41×82	44×48×82
设备质量/lb	1760	2500	3500
功率/kW	3	20（500W激光器）	40（1000W激光器）
成型室温度/℃	20～25	10～40	10～40
相对湿度（%）	45	30～90	30～90
水平轮廓精度/in	0.002	0.002	0.002
水平重复精度/in	0.00008	0.002	0.002
Z向轮廓精度/in	±0.002	0.02	0.02
Z向重复精度/in	±0.002	0.02	0.02
模型最大尺寸（长×宽×高）/in	9.8×9.8×9.8	12×12×12	18×18×42

注：1in=0.0254m，1lb=0.45359237kg。

4.5.3 金属粉末电子束熔化成型设备

瑞典Arcam公司发明了世界首台利用电子束来熔融金属粉末成型金属结构件的设备。EBM技术创新于20世纪90年代初期的瑞典。1997年，瑞典Arcam公司成立，致力于EBM设备研发。2002年Beta机型上市，2003年与2007年先后推出EBM S12机型和EBM A2机型。该设备主要加工钛合金、钴铬合金等金属粉末，面向航空和医学领域对钛合金制件的应用需求。

图4-40为Arcam公司开发的EBM S12机型，表4-11为该设备的主要性能指标。图4-41为Arcam公司开发的EBM A2机型，图4-42为该设备采用Ti6Al4V制造的赛车齿轮箱体，表4-12为EBM A2设备的主要性能指标。

图4-40　Arcam公司开发的EBM S12机型

表4-11 EBM S12设备的主要性能指标

成型仓容积（长×宽×高）/mm	250×250×200
最大制造尺寸（长×宽×高）/mm	210×210×200
熔解速度/（m/s）	0.3～0.5
层厚度/mm	0.050～0.200
电子束扫描速度/（m/s）	>1000
电子束定位准确性/mm	±0.05
电子束最大输出功率/kW	4
电源	3×400V，32A，7kW
机器尺寸（长×宽×高）/mm	大约1800×900×2200
质量/kg	1350
CAD格式	STL

图4-41 Arcam公司开发的EBM A2机型

图4-42 Arcam EBM A2采用Ti6Al4V制造的赛车齿轮箱体

表4-12 EBM A2设备的主要性能指标

成型仓容积（长×宽×高）/mm	250×250×400/350×350×250
最大制造尺寸（长×宽×高）/mm	200×200×350/ϕ300×200
模型精度/mm	±（0.13～0.20）
表面粗糙度Ra/μm	25～35
电子束扫描速度/（m/s）	8000
建造速率/（cm^3/h）	55/80（Ti6Al4V）
真空度/（mbar）	$<1\times10^{-4}$
电子束斑尺寸/mm	0.2～1.0
电子束最大输出功率/kW	3.5
电源	3×400V，32A，7kW
机器尺寸（长×宽×高）/mm	1850×900×2200
质量/kg	1420
CAD格式	STL

注：1bar=10^5Pa。

4.6 金属3D打印技术最新进展及动态

1. **台湾建成首座6kW高功率激光金属沉积3D打印试制平台**

日前，台湾工业技术研究院（简称工研院）建成中国台湾岛内第一座6kW高功率的激光金属沉积（Laser Metal Deposition，LMD）3D打印试制平台，并结合6家全金属厂商成立“激光披覆表处试制联盟”，用绿色增材制造工艺提升效率及产品竞争力。

激光金属沉积3D打印可利用铁材、钴基、镍基合金、碳化钨等金属粉末在金属工件上披覆强化、修补再生或直接制造，这种3D打印打印速度快，解决了传统加工耗时或困难等问题，大幅降低了制造成本与工时。

为此，工研院在相关部门支持下已成功开发出LMD同轴送粉及送线式激光金属沉积加工头，并在工研院六甲院区构建首座LMD 3D打印试制平台，结合机械手臂与CNC五轴机台，提供从设计、模拟分析、制造到验证的完整的金属3D打印解决方案。

2. **武汉光电国家实验室制造出世界最大激光3D打印装备**

由武汉光电国家实验室（筹）完成的“大型金属零件高效激光选区熔化增材制造关键技术与装备（俗称激光3D打印技术）”顺利通过了湖北省科技厅成果鉴定。该项目深度融合了信息技术和制造技术等特征的激光3D打印技术，由4台激光器同时扫描，为目前世界上效率和尺寸最大的高精度金属零件激光3D打印装备。

该装备攻克了多重技术难题，解决了航空航天复杂精密金属零件在材料结构功能一体化及减重等“卡脖子”关键技术难题，实现了复杂金属零件的高精度成型，提高了成型效率，缩短制造时间。

项目提出并研制出成型体积为500mm×500mm×530mm的4光束大尺寸SLM增材制造装备，它由4台500W光纤激光器、4台振镜分区同时扫描成型，成型效率和尺寸是迄今为止同类设备中世界最大的。此前，我国在SLM技术领域与国际先进水平相比有较大差距，大部分装备依赖进口。

此外，项目还攻克了多光束无缝拼接、4象限加工重合区制造质量控制等众多技术难题，实现了大型复杂金属零件的高效率、高精度、高性能成型。首次在SLM装备中引入双向铺粉技术，其成型效率高出同类装备的20%～40%，标志着我国自主研制的SLM成型技术与装备达到了国际先进水平，所研制的零件不仅大大缩短了产品的研制周期，简化了工序，而且将结构-功能一体化，获得性能优良的、轻质的零件。

3. **美国3D打印超声速发动机燃烧室测试成功**

美国军工巨头Orbital ATK对外公布，该公司在美国航空航天局（NASA）

Langley研究中心成功测试了3D打印超声速发动机燃烧室。结果证明，该3D打印超声速发动机燃烧室不仅达到甚至超过了所有性能要求，而且也创造了同类设备中可承受最长持续时间推进风洞测试纪录，标志着超声速航空技术又进了一步。

3D打印的超声速发动机燃烧室，也被称为超燃冲压发动机燃烧室，是一项最具挑战性的推进系统部件，因为在非常动荡的环境下燃烧室内部必须保持稳定燃烧，所以这项测试十分严格。为了真正测试Orbital ATK的3D打印原型，系统模拟了长达20天的各种高温超声速飞行条件，其中包括最长时间的推进风洞试验的记录。图4-43为装有3D打印机的超声速发动机燃烧室的飞机在进行飞行测试。

图4-43　装有3D打印机的超声速发动机燃烧室的飞机

据报道，这个成功通过测试的推进系统部件是通过粉末床融合制造方法制造的，这项技术也归属为选择性激光融化技术。从本质上讲，金属3D打印技术如SLM技术允许复杂的几何形状和组件的构建，以前需要多个零件组装而成的部件，可以通过金属3D打印技术简化成单一的具有经济与成本效益的组件，而不影响整机或组件的强度或其他力学性能。

4. *美国科学家颠覆金属3D打印方法*

众所周知，目前主流的金属3D打印工艺采用的都是激光或者电子束烧结技术，使用高能量的激光或者电子束扫描金属粉末床，使金属粉末熔化然后粘结在一起冷却成层，进而逐层打印成型。然而，近日美国西北大学的一个科研团队开发出了一种全新的金属3D打印方法，可以说完全颠覆了以往的技术。该方法完全摒弃了激光或者电子束，而是采用了一种特制液体油墨和常见的熔炉分两步进行，其中第一步的成型方法和常见的FDM非常类似。

科研团队发明了一种混合了金属粉末、溶剂和弹性体粘结剂（一种医学领域经常会用到的聚合物）的特殊油墨，这种油墨可以在室温条件下直接用喷嘴挤出瞬间凝固，而其中因为使用了弹性体粘结剂，所以在这一阶段打印出的3D对象可以高度折叠或弯曲成更加复杂的结构，甚至可以高达数百层厚而不至于坍塌，研发人员称之为“Green Body”。图4-44为该方法挤出成型后的模型。

图4-44 特制油墨挤出成型后的模型

第二步则是将已经形成的“Green body”放在普通熔炉内进行烧结，金属粉末经过加热会融化进而永久地粘结在一起。

这种建造方式极大地扩展了3D打印结构，而且材料能够根据用户的需求进行灵活打印。尽管将金属3D打印分成了打印和烧结两个步骤，看似变得复杂，实际上可以使3D打印过程以更轻松的步骤来实现目标。

传统激光、电子束烧结虽然能形成极强的金属3D结构，但其成本高昂且耗时，某些结构的零件使用这种方法还会受到一些限制。另外，用激光逐层加热的方法会在不同的区域产生加热和冷却应力，破坏打印对象的微观结构。而使用这种在熔炉内进行加热的新方法，确保了均匀的温度和致密结构烧结，不会产生翘曲和开裂。并且，在这种新方法中，可以一次使用多个挤出喷嘴，以更快速度打印出高达数米的3D结构，唯一的限制可能就是熔炉的尺寸。

第5章　第三次工业革命的引导者

三千年的等材制造，三百年的减材制造，三十年的增材制造，这是上海大学快速工程制造中心主任胡庆夕教授归纳总结出人类发展史上制造工艺的基本呈现方式。接近三百年的减材制造可以说是整个大工业革命发展的缩影，它广泛采用车、铣、刨、钻、磨等切削加工方法制作出的工件精度高，表面品质好，成为机械制造业最常用的成型方法，同时也将人类文明发展推送到一个很高的顶峰。

但是，减材制造采用的毛坯通常需由铸造或锻造而成，并且往往还需要模具，加工周期较长，材料利用率较低，成本较高，另外还受刀具或模具的限制，有时甚至无法成型一些内外形状很复杂的工件。这些弊端在传统制造业已经高度发达的今天对生产力进一步提升形成了明显的阻碍，犹如一颗逐渐失去弹性的皮球让众多行业进入发展瓶颈期。此时必须要有一种新的生产关系出现来匹配新条件下的生产力，以期实现可持续发展的目标。

3D打印技术已经成功地将传统复杂的生产工艺简单化，将材料领域的疑难问题程序化，并开始渗透到我们生产、生活的方方面面。过去工业化最大的成就就是通过机械化实现了规模化大生产。而3D打印技术则将规模化大生产演变为若干个体，打破集约化生产的传统模式。只要一台3D打印机，我们就可以在家里生产任何需要的东西，而且可以不断变化款式、样式。那么，未来某些领域我们的服务对象可能就变成自己，自己既是生产商，也是顾客。新的生产方式已经发生了重大改变，传统的生产制造业将面临一次长时间的“洗牌”。

3D打印技术起源于制造业战略从规模化生产到个性化需求的变迁。以快速成型工艺为代表的材料累积式成型的增材制造技术出现之始的10年间，其快速原型的Fit/From/Function在新产品开发中的显著作用有力推动了制造业快速响应市场的需求。基于快速原型的快速模具技术，可以满足样件翻制及小批量产品的需求，顺应了批量小、品种多、改型快的现代制造模式。基于喷射技术的3D打印建造方式，进一步丰富了3D打印工艺的内涵，成型材料和设备的进一步发展也拓展了3D打印技术的应用领域，零部件的单件个性化制造显示了3D打印技术的优势，其设备操作的便捷性和小型化，使得3D打印技术走进了个人办公室及个性化设计爱好者的家庭。同时，SLM、LENS、EMB等3D打印工艺的实用化，使得金属结构件可以直接快速地制造，突破了原有快速成型与3D打印工艺制造产品材料及性能的限制，使得制造业又成为3D打印技术应用领域中的主战场。

3D打印技术在工业制造领域的应用主要体现在以下几个方面。

（1）新产品开发过程中的设计验证与功能验证　3D打印技术可快速地将产品设计的CAD模型转换成物理实物模型，这样可以方便地验证设计人员的设计思想和产品结构的合理性、可装配性、美观性，发现设计中的问题并及时修改。如果不进行设计验证而直接投产，一旦存在设计失误，将会造成极大的损失。

（2）可制造性、可装配性检验和供货询价、市场宣传　对有限空间的复杂系统，如汽车、卫星、导弹的可制造性和可装配性用3D打印方法进行检验和设计，将大大降低此类系统的设计和制造难度。对于难以确定的复杂零件，可以利用3D打印技术进行试生产以确定最佳的工艺。此外，3D打印技术中的快速原型还是产品从设计到商品化各个环节中进行交流的有效手段。

（3）单件、小批量和特殊复杂零件的直接生产　对于高分子材料的零部件，可用高强度的工程塑料直接增材制造，满足使用要求；对于复杂金属零件，可通过SLM等工艺获得。该项应用对航空航天及国防工业具有特殊意义。

（4）快速模具制造　通过各种转换技术将产品原型转换成各种快速模具，如低熔点合金模、硅胶模、金属冷喷模、陶瓷模等，也可以进行模具型芯镶嵌件以及铸造砂型的直接制作，进行中小批量零件的生产，适应产品更新换代快、批量越来越小的发展趋势。

3D打印技术的应用领域几乎包括了工业制造领域的各个行业，随着人们物质生活水平的不断提高，该项技术必将在制造工业得到越来越广泛的应用。

5.1　汽车领域

汽车制造业是3D打印技术应用效益较为显著的行业，在汽车外形及内饰件的设计、改型、装配试验，发动机、气缸头等复杂外形的试制中均有应用。世界上几乎所有著名汽车生产商都较早地引入3D打印技术辅助其新车型的开发，并取得了显著的经济效益和时间效益。

1. 一体式汽车车身

世界首款利用3D打印技术生产的汽车如图5-1所示。这辆叫作Urbee2的双座汽车由美国Stratasys公司和加拿大Kor Ecologic公司联合设计，包括玻璃嵌板在内的所有外部组件都是利用3D打印工艺中的熔融沉积工艺生产而成，是一辆三轮、双座混合动力车。先进的3D打印技术不仅使Urbee2具有时尚前卫的流线型外观，还减少了制造过程中对原材料的浪费。它使用电池和汽油作为动力，虽然单缸发动机制动功率只有8马力（约736W），但由于其小巧轻便，最高时速可达112km。Urbee2依靠3D打印技术“打印”外壳和零部件，研究人员的主要工作包括组装和调试。发布的视频显示，这辆汽车有3个轮子，除发动机和底盘是金属，用传统工艺生产，其余大部分材料都是塑料，整个汽车的质量为1200lb（约544kg），花费了大约2500h打印成型，原型车的造价约为5万美金。

图5-1 全球首辆利用3D打印技术生产的汽车Urbee2

无独有偶，来自比利时的鲁汶工程联合大学的16名工程师利用3D打印技术制造了一辆全尺寸赛车，名为“阿里翁”，如图5-2所示。这辆赛车从零提升至60mile/h（约合96km/h）只需要短短4s，最高速度可达到141km/h。从最初的外壳设计到最终完成打印，“阿里翁”车身的整个生产过程只用了3周时间。制造赛车所使用的3D打印设备由比利时的3D打印公司Materialise制造，名为“猛犸”。通过逐层添加塑料层，形成固态三维物体，“猛犸”能够打印尺寸达到210cm×68cm×80cm的零部件。“阿里翁”的内部结构包含在设计图中，整个打印过程非常复杂。车身左右两侧均采用复杂的冷却通道设计，左侧的冷却器和扩散器后面装有一个喷嘴，形成完美的空气流动穿过冷却器，让冷却实现最佳化。冷却器的后面还装有风扇，以便在低速和静止时确保气流通畅。“阿里翁”右侧的冷却通道能够形成龙卷风效应，清除空气中的水分和尘土，而后进入发动机舱。“阿里翁”集成了一些独特的性能，采用了包括电动驱动机构和生物合成材料在内的一系列先进技术。

开放式设计不仅促进爱好者进行小规模DIY产品的创新，而且为高科技项目的开发提供了框架，不再局限于单个公司，甚至单个国家。2011年，美国国防高级研究计划局（DARPA）向公众收集灵感，为标志性的军用悍马车设计替代品。DARPA发出集众人智慧的实验性作战支援车（XC2V）设计挑战，与开放式设计的汽车制造商Local Motors合作进行。Local Motors在短短14周内—— 约为汽车业平均制造时间的1/5，利用3D打印技术将获奖设计打造成了可运行的原型，彰显出开源社区惊人的实力和热情。图5-3为借助3D打印技术打印的悍马替代车。

图5-2　利用3D打印技术生产的赛车“阿里翁”

图5-3　3D打印技术制造的悍马替代车

利用3D打印技术制造汽车，首先生产出单个的、一体式的汽车车身，再将其他部件填充进去，而传统的汽车制造是生产出各部分然后再组装到一起。据称，利用3D打印技术生产的新型汽车需要约50个零部件，而一辆标准设计的汽车需要成百上千的零部件。Strati这款车（图5-4），只用了40h进行打印，由两名技工用3天的时间完成组装，其最高速度达65km/h，而车内电池容量允许该车行驶范围在190～240km。

3D打印技术在整车及其车身的制造只是近期才实现的，3D打印工艺在汽车领域众多的应用主要集中在零部件方面。

图5-4　3D打印的Strati汽车

2. 零件的原型制造与直接制造

现代汽车生产的特点就是产品的多型号、短周期。为了满足不同的生产需求，就需要不断地改型。虽然现代计算机模拟技术不断完善，可以完成各种动力、强度、刚度分析，但研究开发中仍需要做成实物以验证其外观形象、工装可安装性和可拆卸性。对于形状、结构十分复杂的零件，可以采用3D打印技术制作零件原型来验证设计人员的设计思想，并利用零件原型做功能性和装配性检验。图5-5a为采用光固化成型工艺制造的用于装配检验的汽车水箱面罩原型。

汽车发动机研发中需要进行流动分析实验。将透明的模型安装在简单的实验台上，中间循环某种液体，在液体内加一些细小粒子或细气泡以显示液体在流道内的流动情况。该技术已成功地用于发动机冷却系统（气缸盖、机体水箱）、进排气管等的研究。问题的关键是透明模型的制造，用传统方法时间长、花费大且不精确，而用SLA技术结合CAD造型仅仅需要4～5周的时间且花费只为之前的三分之一，制作出的透明模型能完全符合机体水箱和气缸盖的CAD数据要求，模型的表面质量也能满足要求。

进气道是发动机十分重要的一部分，由形状十分复杂的自由曲面构成，它对提高进气效率、改善燃烧过程有十分重要的影响。在发动机的设计过程中，需要对不同的进气道方案做气道试验，传统的方法是用手工方法加工出由十几个或几十个截面来描述的气道木模或石膏模，再用木模的砂模铸造出气道，对气道进行吹风试验找出设计不足后，还要重新修改模型。如此要反复多次，每一次都要手工修改或重新制作，费时费力，且受木模工技术水平影响很大，精度难以保证。采用3D打印技术可以一次成型多个不同的气道模型，而且形状和所设计的模型完全一致，和传统的手工制作木模的方式相比，不仅可以提高模型精度，而且能够降低制作、修改成本，缩短设计周期。图5-5b为用于冷却系统流动分析的气缸盖模型。为了进行分析，该气缸盖模型装在了曲轴箱上，并配备了必要的辅助零件。当分析结果不合格时，可以将模型拆卸，对模型零件进行修改之后重装模型，进行另一轮的流动分析，直至各项指标均满足要求为止。

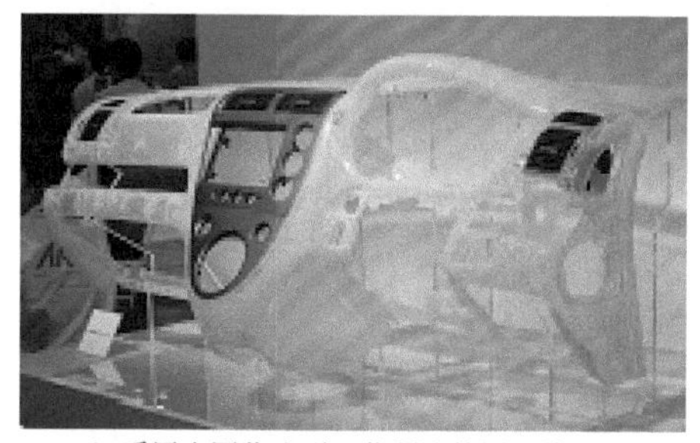

a）采用光固化成型工艺制造的用于装配检验的汽车水箱面罩原型

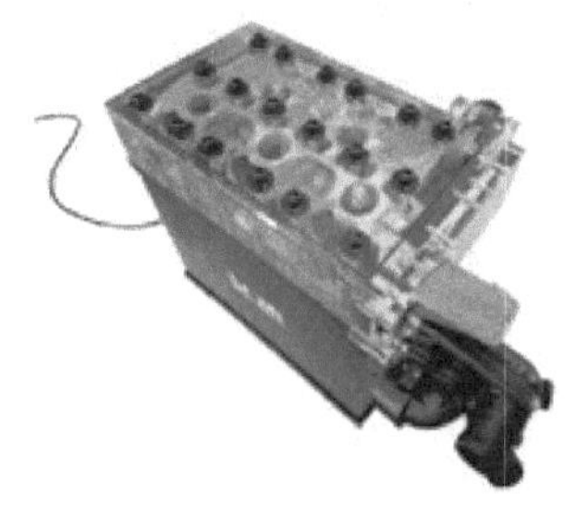

b）用于冷却系统流动分析的气缸盖模型

图5-5　光固化原型在汽车领域的应用

韩国现代汽车公司采用了美国Stratasys公司的FDM成型系统，用于检验设计、空气动力评估和功能测试。FDM系统在起亚的Spectra车型设计上得到了成功的应用，现代汽车公司自动技术部的首席工程师Tae Sun Byun说：“空间的精确和稳定对设计检验来说是至关重要的，采用ABS工程塑料的FDM Maxum系统满足了两者的要求，在1382mm的长度上，其最大误差只有0.75mm。现代公司计划再安装第二套RP成型系统，并仍将选择FDM Maxum，该系统完美地符合我们的设计要求，并能在30个月内收回成本。”图5-6为韩国现代汽车公司采用FDM工艺制作的某车型的仪表盘。

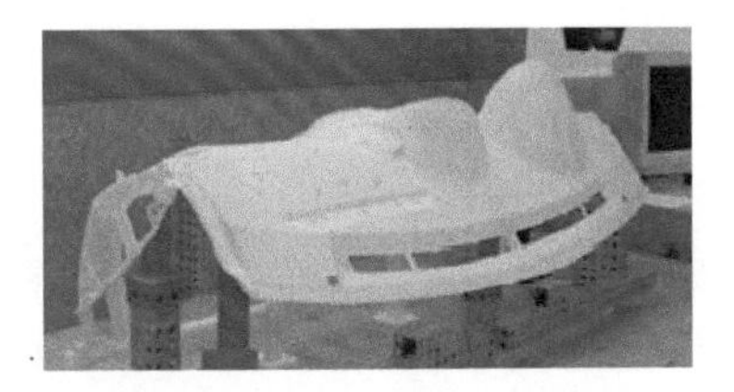

图5-6　韩国现代汽车公司采用FDM工艺制作的某车型的仪表盘

采用SLS工艺快速制造内燃机进气管模型，如图5-7所示，可以直接与相关零部件安装，进行功能验证，快速检测内燃机运行效果以评价设计的优劣，然后进行针对性的改进以达到内燃机进气管产品的设计要求。

捷豹路虎使用Objet Connex500生产了一个完整的仪表板通风口，如图5-8所示。这个仪表板通风口使用刚塑性材料的壳体和空气偏转叶片，橡胶类材料的控制旋钮和空气密封。制作完成后经过清洗和测试，证明所有叶片上的铰链和控制旋钮都符合要求。

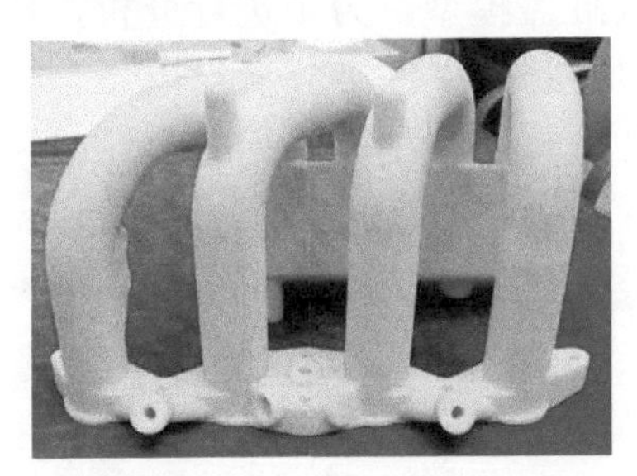

图5-7　采用SLS工艺制作的内燃机进气管模型

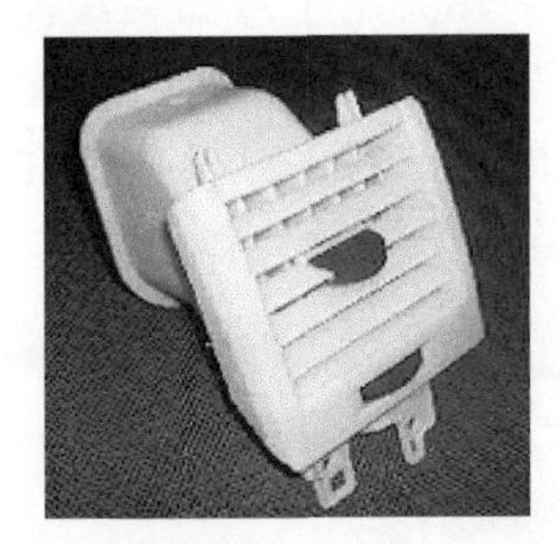

图5-8　利用Objet Connex500制作的仪表板通风口

派克汉尼汾的RACOR部门设计了一款用于尾气排放的过滤器，以满足柴油发动机制造商新的排放要求。该公司使用其Fortus FDM系统创建一个PPSF制作的过滤器的原型。利用该过滤器原型进行了功能设计测试，测试结果显示这个利用3D打印技术制作的过滤器性能非常好。图5-9为过滤器的数学模型及FDM工艺成型的过滤器。

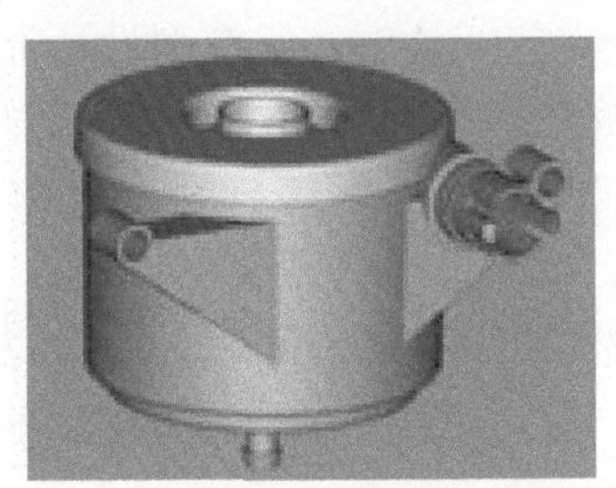

图5-9　过滤器的数学模型及FDM工艺成型的过滤器

法雷奥汽车空调湖北有限公司每年生产100万组汽车空调（A/C）系统或零件。因为经营环境中的竞争异常激烈，法雷奥必须确保其研发和设计过程的总体安全性，从而能快速且经济有效地将创新产品投放市场。传统的原型设计方式往往无法满足法雷奥空调在设计方面的精度和细节要求，加工周期非常长；而利用3D打印技术制作模型具有较高的精确度和结构强度，并且材料性能非常好，完全符合技术要求，并按组件和产品要求进行早期评估。如果生产中出现问题而需要对产品进行更改，研发团队可通过立即测试修改的设计来快速进行响应。图5-10为利用3D打印技术制作的汽车空调外壳。

图5-10　利用3D打印技术制作的汽车空调外壳

汽车车灯在新车开发中占据着非常重要的地位，其新颖性及其外观与整车的匹配等都是设计中必须考虑的因素。快速制造其样件并与车模安装进行整体评估，已经成为新车型开发中必需的环节。图5-11为利用SLS工艺制作的汽车车灯样机支架。

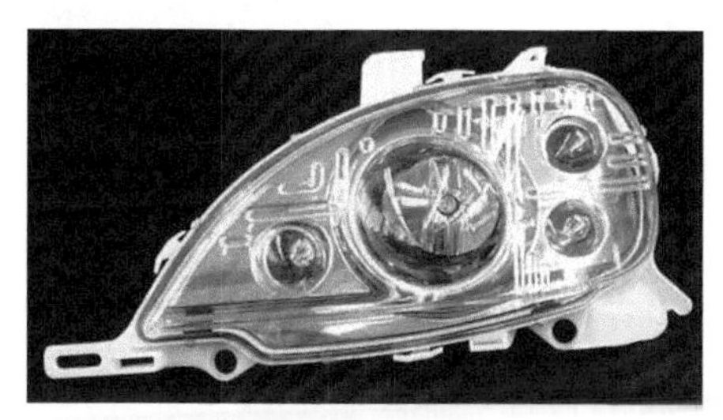
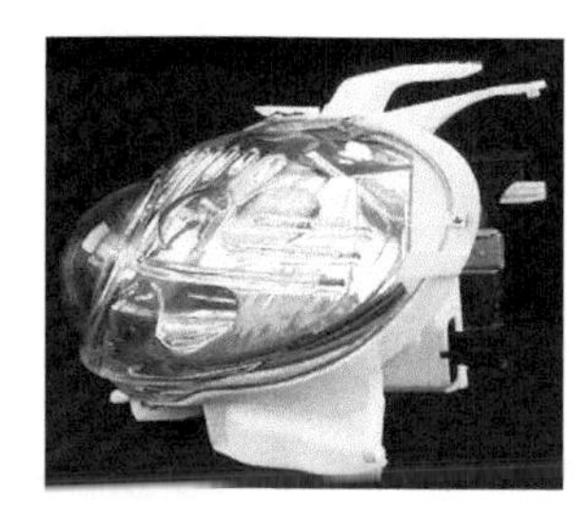

图5-11　利用SLS工艺制作的汽车车灯样机支架

不久之前，著名汽车品牌奔驰刚刚宣布将采用3D打印技术来制作2018款S级轿车的内饰。现在，该品牌的卡车也将跟随这个潮流拥抱3D打印技术了，因为奔驰的母公司戴勒姆集团宣布从2016年9月开始用3D打印技术来制造奔驰卡车的备用零部件。图5-12为装有3D打印零部件的奔驰卡车。此前都是先在德国生产出卡车的备用零部件，再将它们运往世界各地；而现在，只需就地委托3D打印服务商即可。这种模式能带来许多好处，比如省去昂贵的运输成本，缩短零部件的供应周期，还有就是可以按需制造，再也不需要大量囤积了。

这些3D打印零部件将会包括弹簧帽、电线槽、支架等许多种类，而根据奔驰的计划，它们全部会采用SLS技术制造。

图5-12　装有3D打印零部件的奔驰卡车

机械工程师埃里克·哈雷尔是汽车发动机模型设计专家。2015年1月，他完成了丰田22RE四缸发动机模型的设计、打印和组装，尽管不是一个真的汽车发动机，但是零部件都是按照真实发动机来仿制的。近日，哈雷尔使用SolidWorks设计了全部的EJ20发动机零部件，使用Reprap Prusa i3 3D打印机打印出了全部零件，并且进行了组装。图5-13为该发动机模型。该EJ20发动机模型连接上电动机之后，可以模拟真实的运转状况，特别适合在课堂教学、展览中使用。

图5-13　采用3D打印技术制造的汽车发动机模型

3. **零件翻模制造**

汽车整车结构十分复杂，包括大量的铸件、锻压件和注塑件等。在新型汽车开发过程中，各种零件模具的制造周期都很长，成本也较高。目前市场竞争日益加剧，要求缩短产品的生产周期，这就需要提供更快捷的模具制造。3D打印技术在汽车领域的快速模具制造方面取得了较好的应用。

（1）砂型铸造　砂型铸造的木模一直以来依靠传统的手工制作，其周期长，精度低。3D打印技术的出现为快速、高精度制作砂型铸造的木模提供了良好的手段，尤其是基于CAD设计的复杂形状的木模制作，3D打印技术更显示了其突出的优越性。用3D打印技术得到的LOM模型可以代替木模直接用于传统砂型铸造的母模。图5-14为铸铁手柄的CAD模型和LOM原型。图5-15给出的同样是砂型铸造的产品和通过3D打印技术制作的木模。

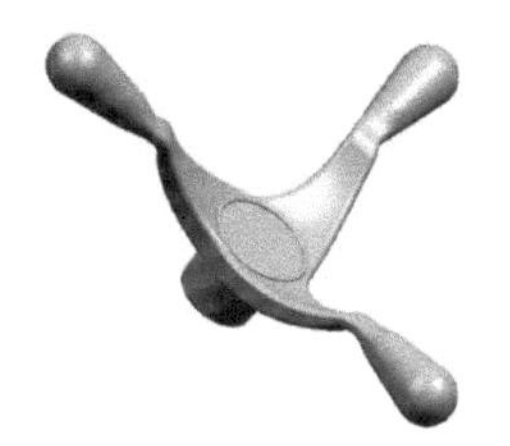

a）CAD模型

b）LOM原型

图5-14　铸铁手柄的CAD模型和LOM原型

图5-15　砂型铸造产品及木模

下面以图5-16为例介绍某铝质零件的砂型铸造过程。首先进行铸件的三维设计（图5-16a），然后通过布尔运算获得此铸件的砂型模具三维造型（图5-16b），并采用喷涂粘结成型的3DPG工艺直接制造砂型模具（图5-16c），之后合模固定（图5-16d），浇注铝水（图5-16e），凝固后开模打碎砂型（图5-16f、g），待铸件冷却（图5-16h）后，去掉浇注系统（图5-16i），将铸件进行后处理（图5-16j）后，得到最终的铝质铸件（图5-16k）。

a）三维设计

b）砂型模具三维造型

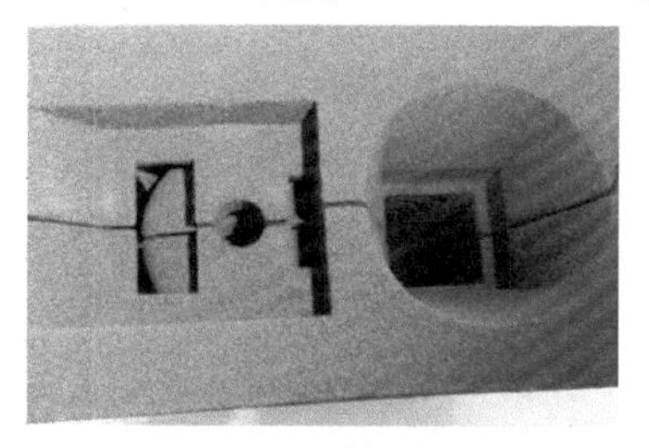

c）直接制造砂型模具

d）合模固定

图5-16　某铸件的砂型铸造过程

e）浇注铝水　f）凝固后

g）开模打碎砂型　h）待铸件冷却

i）去掉浇注系统　j）将铸件进行后处理

k）最终的铝质铸件

图5-16　某铸件的砂型铸造过程（续）

当前推出的许多系列型号的基于喷射粘结剂的3D打印机与原有的粉末激光烧结成型设备都可以直接将砂子制作成铸造用的砂模。图5-17a是用3D打印技术制作的Imperia GP跑车的变速箱砂型，图5-17b是利用砂型铸造出的变速箱。图5-18为铝合金车用离合器零件的3D设计、3D打印的砂型以及最后的铸件，铸件尺寸为465mm×390mm×175mm，质量为7.6kg；砂型尺寸为697mm×525mm×353mm，总质量为145kg，用时10h。

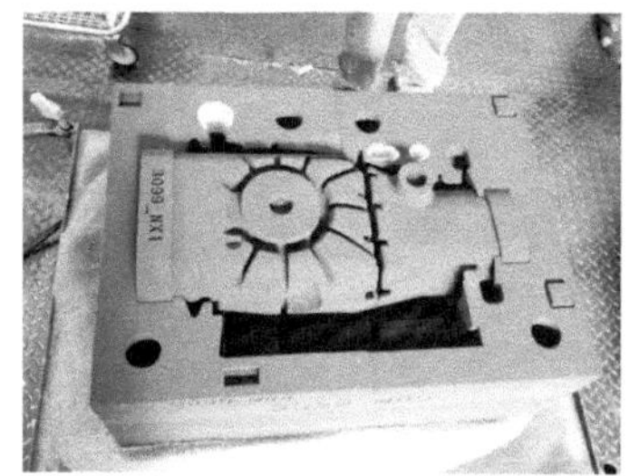

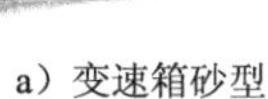

a）变速箱砂型

b）利用砂型铸造出的变速箱

图5-17　3D打印直接制作的Imperia GP跑车的变速箱砂型及其铸件

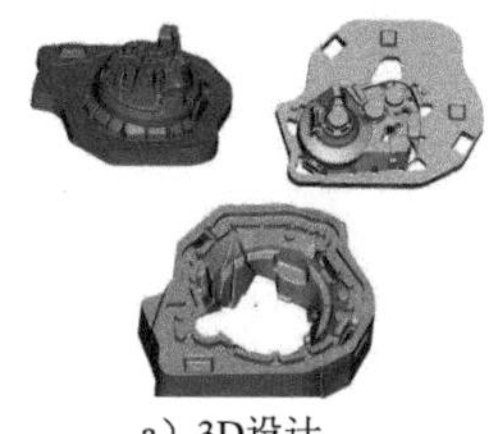

a）3D设计

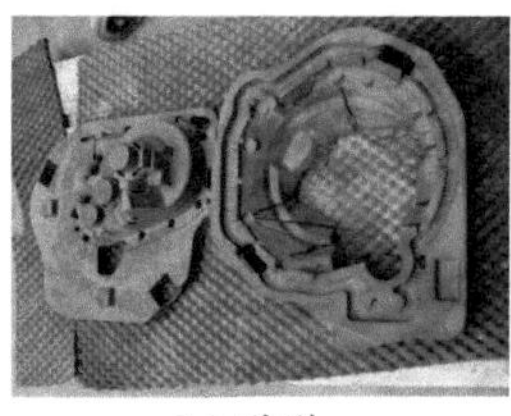

b）砂型

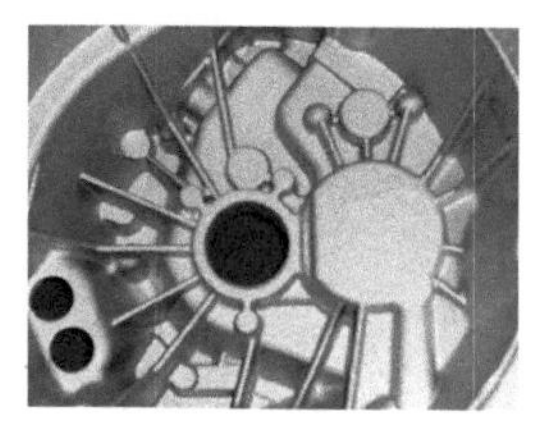

c）铸件

图5-18　铝合金车用离合器零件的3D设计、3D打印的砂型以及铸件

（2）熔模铸造　熔模铸造也称为失蜡铸造或消失型铸造，是一种可以由几乎所有的合金材料进行净成形制造金属制件的精密铸造工艺，尤其适合于具有复杂结构的薄壁件的制造。3D打印技术的出现和发展，为熔模精密铸造消失型的制作提供了速度更快、精度更高、结构更复杂的保障。尤其是3D Systems公司开发的QuickCast工艺，更加突出了3D打印技术在熔模铸造领域应用的优越性。

图5-19为某发动机壳体的熔模铸造过程。首先进行三维造型设计（图5-19a），然后采用SLS工艺制造PMMA材质的消失型（图5-19b），在消失型上附加蜡质的浇道等浇注系统（图5-19c），之后反复喷涂陶瓷浆制壳（图5-19d～图5-19f），制壳完毕后进行焙烧（图5-19g），形成可用于浇注的陶瓷壳（图5-19h），接着浇注熔化的铝水（图5-19i），凝固后进行后处理（图5-19j），最后去掉浇道（图5-19k），得到最终铝质的发动机壳体铸件（图5-19l）。

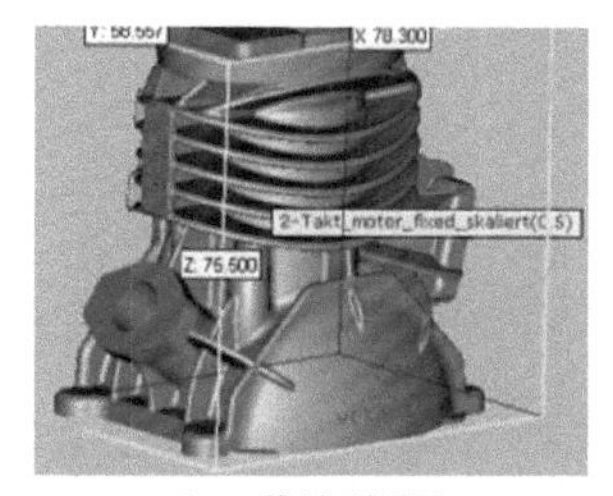

a）三维造型设计

b）采用SLS工艺制造PMMA材质的消失型

图5-19　发动机壳体熔模铸造过程

c）消失型上附加蜡质的浇道等浇注系统

d）反复喷涂陶瓷浆制壳1

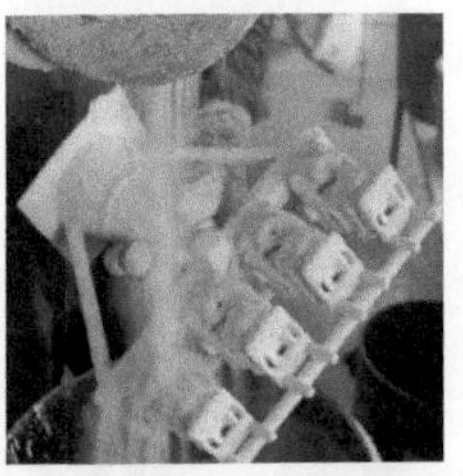

e）反复喷涂陶瓷浆制壳2

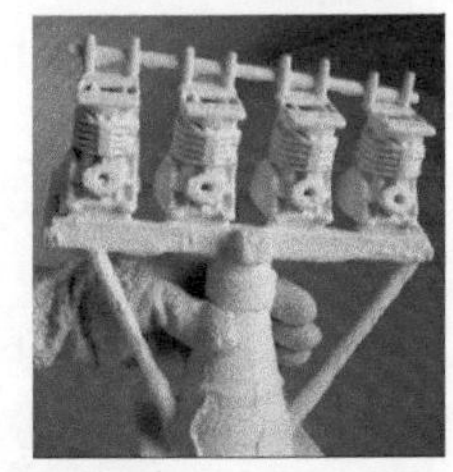

f）反复喷涂陶瓷浆制壳3

g）焙烧

h）形成可用于浇注的陶瓷壳

i）浇注熔化的铝水

j）凝固后进行后处理

k）去掉浇道

l）发动机壳体铸件

图5-19　发动机壳体熔模铸造过程（续）

在应用较广泛的3D打印工艺中，SLA、SLS、3DP等原型都可以用作熔模铸造的消失型。图5-20a为SLA技术制作的用来生产氧化铝基陶瓷芯的模具。该氧化铝基陶瓷芯是在铸造生产燃气涡轮叶片时用的熔模，结构十分复杂，包含制作涡轮叶片内部冷却通道的结构，精度要求高，且对表面质量的要求也很高。制作时，当浇注到模具内的液体凝固后，经过加热分解便可去除SLA原型，得到氧化铝基陶瓷芯。图5-20b是用SLA技术制作的用来生产消失模的模具嵌件，该消失模用来生产标致汽车发动机变速箱的拨叉。

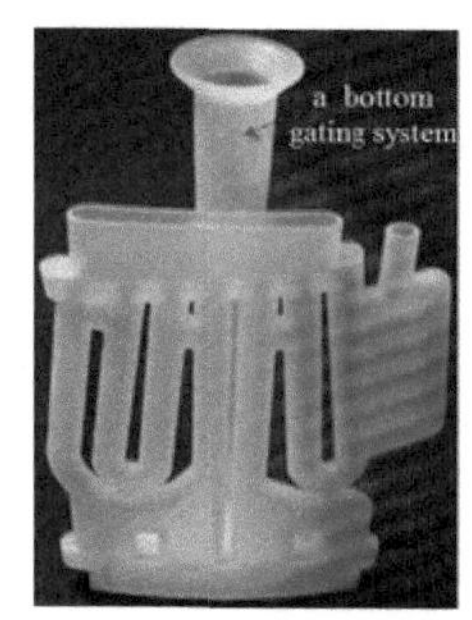

a）SLA技术制作的用来生产氧化铝基陶瓷芯的模具

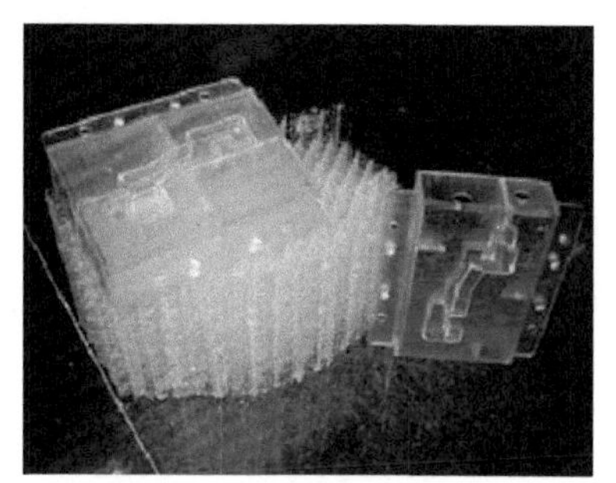

b）用SLA技术制作的用来生产消失模的模具嵌件

图5-20　SLA原型在铸造领域的应用实例

将SLS激光成型技术与精密铸造工艺结合起来，特别适于具有复杂形状的金属功能零件的整体制造。在新产品试制和零件的单件、小批量生产中，不需复杂工装及模具，可大大提高制造速度，并降低制造成本。图5-21是利用3D打印技术制作的涡轮增压器消失型及其铸件。图5-22为若干基于SLS原型由熔模铸造方法制作的产品。

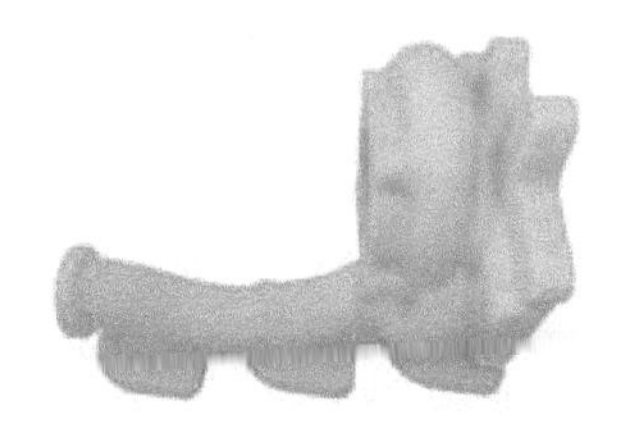

图5-21　3D打印技术制作的涡轮增压器消失型及其铸件

图5-22　基于SLS原型由熔模铸造方法制作的产品

（3）石膏型铸造　熔模铸造通常用3D打印的原型作为消失型来制造钢质件，但对低熔点金属件，如铝镁合金件，采用石膏型铸造，效率更高，且铸件质量能得到有效的保证，铸造成功率较高。在石膏型铸造过程中，增材方式制造的成型件仍然是可消失模型，由此得到石膏模进而得到所需要的金属零件。

石膏型铸造的第一步是用3D打印方法获得的成型件制作可消失模，然后将消失模埋在石膏浆体中得到石膏模，再将石膏模放进焙烧炉内焙烧。消失模通过高温分解，最终完全消失干净，同时石膏模干燥硬化。此过程一般要两天左右。最后在专门的真空浇铸设备内将熔化的金属铝合金注入石膏模，冷却后，破碎石膏模得到金属件。这种生产金属件的方法成本很低，一般只有压铸模生产的2%～5%。生产周期很短，一般只需2～3周。石膏型铸件的性能也可与精铸件相比，由于是在真空环境中完成浇注，所以性能甚至更优于普通精密铸造。图5-23为使用石膏型铸造得到的发动机进气歧管系列产品。

a）消失型　　b）石膏型铸造的金属件

图5-23　采用石膏型铸造的发动机进气歧管

日本丰田公司采用FDM工艺制作轿车右侧镜支架和四个门把手的母模，通过快速模具技术制作产品而取代传统的CNC制模方式，使得Avalon 2000车型（图5-24）的制造成本显著降低，右侧镜支架模具的成本降低20万美元，四个门把手模具的成本降低30万美元。

图5-24　丰田Avalon2000车型

利用FDM制作出的快速原型来制造硅橡胶模具是非常有效的，例如汽车电动窗和尾灯等的控制开关就可用这种方法制造，甚至可以通过打磨过的FDM母模制得透明的氨基甲酸乙酯材料的尾灯玻璃。它与实际生产的产品非常相似，与用铸造法或注塑法制作的零件没有什么差别。在整个新式Avalon 2000汽车的改进设计制造中，FDM为这一计划节约的资金超过200万美元。

4. 车型评估模型

利用3D打印技术制作出的车型模型能够非常直观地了解尚未投入批量生产的车型外观并及时做出评价，使汽车制造商能够根据消费者的需求及时改进车型设计，为新车型的销售创造有利条件，并避免由于盲目生产可能造成的损失。

图5-25为某新型豪华客车用于外观评估的经过喷漆等处理的LOM模型，该模型大小为客车实际尺寸的1/10。

图5-25　某新型豪华客车用于外观评估的LOM模型

兰博基尼的Aventador旗舰型号双座型跑车可以在2.9s内从0加速到60mile/h（约97km/h），最高时速约230mile（约370km），成本不足40万美元。Aventador的核心部件是它的碳纤维增强复合材料（CFRC）外壳，长81in、宽74.5in、高40in，是汽车上最大的碳纤维组件。外壳质量仅为324.5lb（约为147.19kg），整个车身和底盘质量更是令人难以置信的仅有505lb（约229.06kg）。利用3D打印技术，兰博基尼实验室在两个月内建立了完整的1/6比例的车身和底盘原型，大大节省了设计周期，缩短了从研发到推向市场的时间。图5-26为3D打印模型设计的数字Aventador模型。

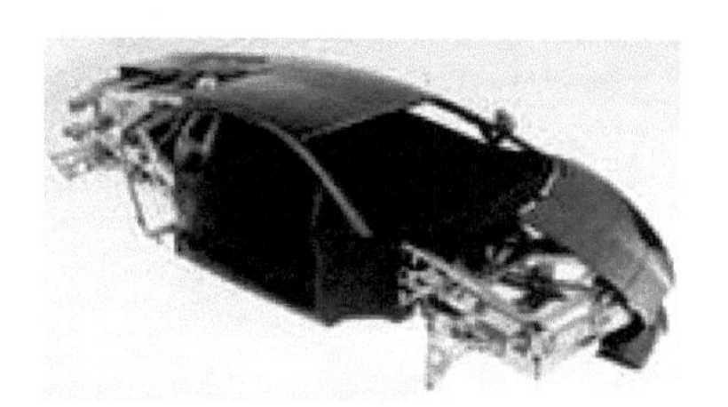

图5-26　3D打印模型设计的数字Aventador模型

5.2　国防、航空航天领域

国防和航空航天领域对3D打印也抱有很大的期望，希望能够通过3D打印技术的应用来削减成本和提高生产效率。航空航天产品具有形状复杂、批量小、零件规格差异大、可靠性要求高等特点，产品的定型是一个复杂而精密的过程，往往需要多次的设计、测试和改进，耗资大、耗时长，3D打印技术以其灵活多样的工艺方法和技术优势在现代航空航天产品的研制与开发中具有独特的应用前景。3D打印在航空航天和国防领域主要用于直接制造。其次，在设计验证过程中的应用也必不可少。相比传统制造，用3D打印技术进行设计验证省时省力。3D打印还可以应用于维修领域，不仅能够极大地简化维修程序，还可以实现很多传统工艺无法实现的功能。

通过使用更先进的打印机和金属材料，航空航天和军工制造企业正在试图制造传统技术难以实现的零部件，比如用于卫星或喷气式战斗机的支架或工具等。

1. **单件或小批量零部件产品直接制造**

航空领域需求的许多零部件通常都是单件或小批量，采用传统制造工艺，成本高，周期长。随着航空航天技术的发展，零件结构越来越复杂，力学性能要求越来越高，质量却要求越来越轻，传统工艺制造很难满足这些要求。借助3D打印技术制作模型进行试验，直接或间接利用3D打印技术制作产品，可以满足这些需要，具有显著的经济效益和时间效益。

中国C919大型客机风挡在高速飞行时要承受巨大动压，其窗框由钛合金制成。国内首创用3D打印技术成功制造了C919飞机窗框中央翼缘条钛合金大型主承力构件，如图5-27所示。该中央翼缘条最大尺寸达2.83m，是大型钛合金结构件，传统方法零件的加工除去量非常大，对制造技术及装备的要求高，需要大规格锻坯、大型锻造模具及万吨级以上的重型液压锻造装备，制造工艺相当复杂，生产周期长，制造成本高。西工大与中国商用飞机有限公司合作，应用粉末激光烧结工艺完成了中央翼缘条的制造，最大变形量小于1mm，实现了大型钛合金复杂薄壁结构件的精密成型。利用粉末激光熔覆工艺制造中央翼缘条，相比现有技术可大大提高制造效率和精度，显著降低生产成本。此外，传统锻件毛坯质量达1607kg，而利用激光成型技术制造的精坯质量仅为136kg，节省了91.5%的材料，并且经过性能测试，其性能比传统锻件还要好。

图5-27　C919飞机中央翼缘条

图5-28为中航工业一飞院在国家某重点型号研制中，将全三维数字化设计技术与最新的3D打印技术相结合，在北京航空航天大学的协助下，“打印”出

多个满足各项标准要求的飞机部件，使“将3D打印技术应用于飞机研制”成为现实。无须任何机械加工或模具，就能直接从计算机三维图形数据中生成任何形状的零部件，安装到飞机上还能满足强度、刚度和使用功能上的任何要求。

图5-28　3D打印技术应用于飞机研制

作为使用3D打印技术的先驱，波音公司已经打印了用于各类飞机上的22000个部件。例如，利用3D打印技术为新型787飞机制造了环境控制管道（ECD）。由于其内部结构复杂，使用传统工艺制作ECD时，需要制造20个部件。而利用3D打印技术，波音公司可以生产出一个完整的ECD。新部件可以减少库存，还无须装配，降低了检查和维护时间。由于3D打印的部件质量较轻，飞机的操作质量也随之减轻，从而节省了燃料。根据美国航空公司报道，飞机质量每减轻1lb（约0.454kg），公司每年就能省下11000USgal（约41.64m^3）以上的燃料。波音公司和其他航空航天巨头，如通用电气公司、欧洲航空防务航天公司（EADS）、空中客车的制造商，正在进一步研究优化部件，如机翼支架，如图5-29所示。Ferra Engineering是一家为波音公司和空中客车公司提供服务的澳大利亚航空承包商，它签下了一份利用3D打印技术制作2m长的人型钛合金零件的合同，用于F-35联合攻击战斗机上，以减少加工时间和材料浪费。波音公司甚至设想在未来能3D打印出完整的飞机机翼。

图5-29　空中客车3D打印的金属机翼支架

美国GE公司里面有800多个3D打印的机器在使用，且空客A320客机已经使用3D打印技术，其中一个活页零件就可以减少质量10kg左右。

3D打印技术的另一个优点是可以分布式制造，解决供应链问题。在某个地方大规模生产的组件需要数周才能运达装配工厂，但现场利用3D打印技术制作组件，便可以省去运输时间，减少供应链中可能出现的摩擦，降低工厂的库存量。长供应链较极端例子发生在太空探索中。“太空制造”与“月球建筑”两个团体组织正在研究在国际空间站上甚至是在火星上打印产品、工具或更换零件，以避免昂贵且花费长达10年之久的规划周期，来策划火箭发射需要携带的必要更换零件和工具。“太空制造”组织与NASA签订了合同，目前正在进行无重力试验，计划在国际空间站上试用3D打印技术。如果研制成功，宇航员就能在需要时直接在太空制作工具和零件了（图5-30）。目前，NASA的下一架太空探索飞行器“漫游者”约有70个部件是3D打印完成的。NASA工程师也使用3D打印工艺制作产品原型，在生产前进行部件测试。

图5-30　“太空制造”小组正在进行3D打印无重力测试

英国《每日邮报》网站报道，美国宇航局计划在轨道建造一个“太空制造厂”，利用3D打印技术和机器人技术制造天线、太阳能电池板等大型设备。这个“太空制造厂”名为“SpiderFab”，计划于2020年投入使用，是美国科技公司Tethers Unlimited在获得美国宇航局50万美元合同以后着手开发的。“SpiderFab”借助于3D打印和机器人技术，在太空建造和组装大型零部件，例如天线、太阳能电池板、传感器桅杆、轨道侧支索等。图5-31为“SpiderFab”项目拟利用3D打印和机器人技术在太空建造天线、太阳能电池板、望远镜等大型设备。

图5-31　“SpiderFab”项目利用3D打印和机器人技术在太空建造大型设备

目前，大型航天器零部件都是在地面上建造完成的，这些零部件可以折叠放入火箭保护罩，然后再发射到太空以后进行部署。但这种方法耗资巨大，建造的零部件尺寸还要受到保护罩体积的限制。而“SpiderFab”能以纤维制品或聚合物等材料，制造至关重要的太空零部件，并具有紧凑且耐持久“胚胎”的形态，以确保这些零件能够放入尺寸较小、成本较低的运载火箭中被发射到太空。一旦进入太空，“SpiderFab”机器人制造系统就会对材料进行处理，制造出适合太空环境的超大型结构。这种方法完全不同于传统技术，可制造大小是现在数十倍甚至数百倍的天线或天线阵列，从而提供适用于各类太空任务的较高功率、较高带宽、较高分辨率和较高灵敏度的大型设备。目前，采用火箭发射易碎设备的失败概率很高。“SpiderFab”可显著降低采用火箭发射易碎设备的风险性。美国宇航局在研究了这项技术的可行性以后，与Tethers Unlimited签订了初步合作协议。在协议的第二个阶段，Tethers Unlimited将提出和演示多种方法，确保制造高性能支持设备（如反光镜和天线）的3D打印等有关技术可有效运转。此外，根据与美国宇航局小企业创新研究中心（SBIR）签订的合作协议，Tethers Unlimited还正在研制一种名为“Trusselator”的设备，这种设备可以制造桁架结构，为在太空中建造大型太阳能电池板提供支持，如图5-32所示。

图5-32 “Trusselator”设备在太空中建造桁架结构

霍伊特说：“‘Trusselator’是实现‘SpiderFab’架构的第一个关键步骤，一旦这一设备展现了它的可行性，我们就能建造足球场大小的天线和望远镜，帮助寻找系外行星以及地外生命存在的证据。”在与Tethers Unlimited签订合作协议以后，美国宇航局还将开展一系列开发太空3D打印技术的项目。

某一航空领域公司的无人驾驶飞行器上一款电驱动四马达垂直起落架，通过CAD设计之后，采用3D Systems公司的sPro SLS设备，使用DuraForm EX黑色材料进行制作，如图5-33所示。与传统的采用纤维材料通过传统工艺制造相比，3D打印技术显著提高了生产效率和产品制作的速度，该公司称3D Systems公司为其主要的贡献者。

凯利制造公司是世界最大通用航空仪器制造商。仪器仪表制造业需要严格的测试设施和坚实的质量体系，以确保飞机的飞行员飞行安全系统的功能和可靠性。M3500仪器是一种为飞行员提供飞机转率的仪器。M3500仪器的一个重要组成部分是环形的外壳，是聚氨酯铸件。利用传统工艺很难准确获得外壳尺寸，并且需要手工打磨。另外，改变模具设计也会增加很高的成本。快速PSI公司是专门的代工制造商，它利用FDM技术使用Ultem9085材料为凯利制作了新的M3500仪器外壳，其使用的3D打印设备为FDM900mc，新的工艺尺寸公差严格控制在0.003in以内，无须装配，节省了制作时间和成本，且不需要模具，可以方便地更改材料和工艺。图5-34为利用FDM工艺制作的M3500仪器外壳。

图5-33 电驱动四马达垂直起落架

图5-34 利用FDM工艺制作的M3500仪器外壳

RDASS4是一个独特的无人驾驶飞行器（UAV），质量只有5lb（约2.27kg）。它有四个电池供电的电动马达，使它能够在100in高度盘旋。其典型的军事应用是为装甲车侦察可能会带来危险的地形或建筑物。为满足这种需求，RDASS4外壳层的塑料部件必须通过功能和碰撞测试，以确保其在碰撞后可以再次起飞。传统的方法是采用注塑成型来制作飞行器的外壳，这种工艺成本很高并且需要6个月的时间制造模具，工装后的任何设计变更，都需要昂贵和费时的修改。而3D打印技术中的FDM工艺可以满足RDASS4外壳部件的需求。研究人员现在利用FDM工艺，使用Dimension 3D打印机，可以非常迅速地制作出外壳部件，并且方便地根据制作出来的原型来更改工艺方案。图5-35为RDASS4无人机及其飞行器外壳。

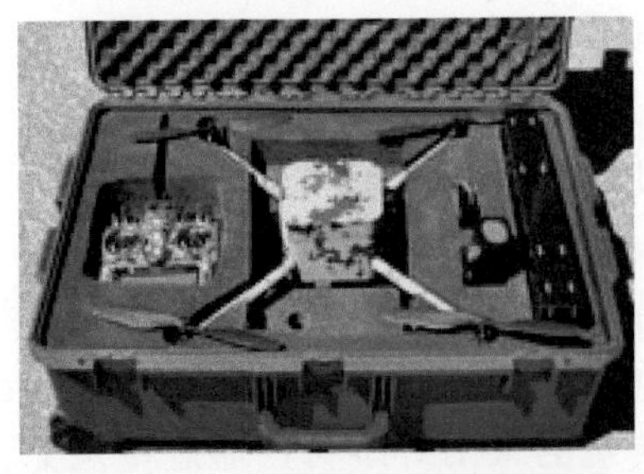

图5-35 RDASS4无人机及其飞行器外壳

在航空领域借助3D打印技术取代采用模具方法进行单件制作具有很大的优势，一方面节省了模具制作的成本和时间，另一方面复杂结构的制作也容易实现。据某一为航空领域提供零部件的公司统计，采用3D打印技术使得零部件本身制作成本降低50%～80%，制造时间减少60%～90%，零部件质量降低10%～50%，模具制作时间和成本降低90%以上。

2. 新产品开发过程中的设计验证与功能验证

在飞机或航天器的制作过程中，从设计阶段就开始全盘考虑减重和安全目标，通过一次次的改进设计和模拟测试来达到目标。在工业制造领域，通常生产成本的80%是在设计阶段决定的，设计阶段是控制产品成本的重要环节。这条原理在航空航天领域同样适用，也更加重要。航空航天产品开发中的问题都应当尽量在设计环节发现并加以解决，这是实现成本控制和质量控制的最好方式。为此，可利用3D打印技术制作具有功能测试性能的模型和样件，并模拟出产品的最终形态（功能形态、曲面形态等），以验证产品结构是否合理，运动配合是否顺畅等，甚至可以制作1:1的模型，将其放进风洞进行直观的空气动力检测。

在航空航天领域，SLA模型可直接用于风洞试验，进行可制造性、可装配性检验。航空航天零件往往是在有限空间内运行的复杂系统，在采用光固化成型技术以后，不但可以基于SLA原型进行装配干涉检查，还可以进行可制造性讨论评估，确定最佳的合理制造工艺。

众所周知，飞机发动机是非常复杂的部件，也是性能要求非常高的部件。蒙纳士大学增材制造中心主任华裔科学家吴新华教授率领团队采用3D打印技术制造出世界上第一台可以运行的飞机发动机，如图5-36所示。

图5-36　3D打印出世界上第一台可以运行的飞机发动机

利用光固化成型技术可以制作出多种弹体外壳，装上传感器后便可直接进行风洞试验。通过这样的方法可减少制作复杂曲面模的成本和时间，从而可以更快地从多种设计方案中筛选出最优的整流方案，在整个开发过程中大大缩短了验证周期和开发成本。此外，利用光固化成型技术制作的导弹全尺寸模型，在模型表面进行相应喷涂后，清晰展示了导弹外观、结构和战斗原理，其展示和讲解效果远远超出了单纯的计算机图样模拟方式，可在未正式量产之前对其可制造性和可装配性进行检验。图5-37a为SLA制作的导弹模型。

风洞试验是任何飞机研制必不可少的一个关键进程，以试验飞机各项气动外形性能和飞行性能等。低速风洞试验模型，要求模型数据准确，具备一定的强度，传统的加工方式加工周期长，成本高，由于比较重，试验操作也不方便，而利用SLA方式制作的风洞试验模型可以克服以上缺点，具有很高的经济效益。图5-37b为经过电化学沉积后的SLA飞行器风洞模型。

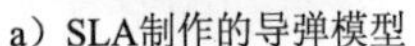

a）SLA制作的导弹模型　　b）经过电化学沉积后的SLA飞行器风洞模型

图5-37　SLA制作的用于风洞试验的飞行器模型

图5-38为利用3D打印技术按1:100的比例制作的C919缩比模型，主要用于多种机身涂装方案的效果快速评估。其制作过程为，首先将IGS格式的数据导入Magics软件进行缺陷数据的处理和修复，主要包括对法向方向定义相反的曲面、没有进行正常连接的曲面（曲面之间有交叉和缝隙）或在数据转换过程中出现轮廓缺失的曲面进行统一修整，将修整好的数据按2mm的壁厚进行抽壳后加载到RS6000设备上进行原型加工，原型制成后按不同的涂装方案要求进行表面喷涂处理。相比传统的手工制模，利用SLA工艺进行涂装模型的制作有两个明显优势：速度快，效率高。数据处理时间约为1天，SLA做缩比模型时间约为13h，后处理时间为4天。与手工模型相比，SLA原型的精度高、数据还原性高，如翼身融合部、发动机部分、舵面线等细节。

美国宇航局新一代宇航服Z-2为宇航员将来在火星生活、工作而设计，Z-2（图5-39）是史上首次用3D激光扫描宇航员人身并且用3D打印技术开发制造而成的宇航服。与旧款Z-1相比，Z-2宇航服的上半身比较坚硬，更加耐用，并且满足宇航员舱外活动的需求并嵌入了仿生学设计理念，未来这套宇航服将登陆火星。

图5-38　利用SLA技术制作的C919模型

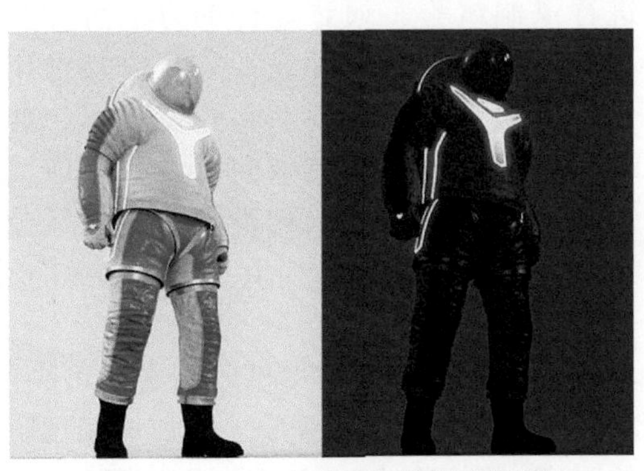

图5-39　3D打印技术开发的宇航服

美国GE公司曾通过长达10多年的探索将飞机发动机喷油嘴的设计进行不断的优化、测试、再优化，最终将喷油嘴的部件数量从20多个减少为单个整体的零部件，并通过金属3D打印技术实现了该零部件的制造。通常这种复杂的零部件无法通过其他传统的方式生产出来。目前这款3D打印的喷油嘴已成功地安装在了CFM LEAP飞机发动机中，这款发动机已经通过波音和空客的无数次飞行测试。图5-40为CFM LEAP飞机发动机及其3D打印的喷油嘴。

图5-40　CFM LEAP飞机发动机及其3D打印的喷油嘴

通过优化的设计方案和3D打印技术，GE不仅改善了喷油嘴容易过热和积炭的问题，还将喷油嘴的使用寿命提高了5倍，最终将提高GE公司生产的CFM LEAP发动机的性能。GE公司的该项应用将3D打印技术的价值提到了一个新的里程碑，不再局限于制造成本高低、生产速度快慢的讨论层面，而是包括发动机燃料效率提升在内的综合价值。GE公司全球研发中心副总裁兼技术总监Christine指出，燃料效率每提高一个百分点就能为航空业潜在节省数十亿美元。具有里程碑意义的3D打印喷油嘴，仅仅是GE增材制造战略的开始。GE计划到2025年，超过20%的零部件生产将应用3D打印技术。

3. 航空铸件

精密熔模铸造是一种常用的近净成型制造工艺，可以做到铸造件的少无切削加工而直接使用。此种方法生产的铸件尺寸精度高（可达CT4～6级），表面质量好（*Ra*1.6～3.2μm）。精密熔模铸造尤其适合生产形状复杂及难切削金属材料构成的关键构件，可以显著提高金属材料的利用率，缩短产品制造周期，降低产品成本，提高企业竞争力。

航空领域中发动机上许多零件都是经过精密铸造来制造的，对于高精度的木模制作，传统工艺成本极高且制作时间也很长。采用SLA工艺，可以直接由CAD数字模型制作熔模铸造的母模，时间和成本显著降低。数小时之内，就可以由CAD数字模型得到成本较低、结构又十分复杂的用于熔模铸造的SLA快速原型母模。图5-41为基于SLA技术采用精密熔模铸造方法制造的某发动机的关键零件。图5-42a为3D打印的螺旋桨砂模剖面，图5-42b为螺旋桨铸造成品。

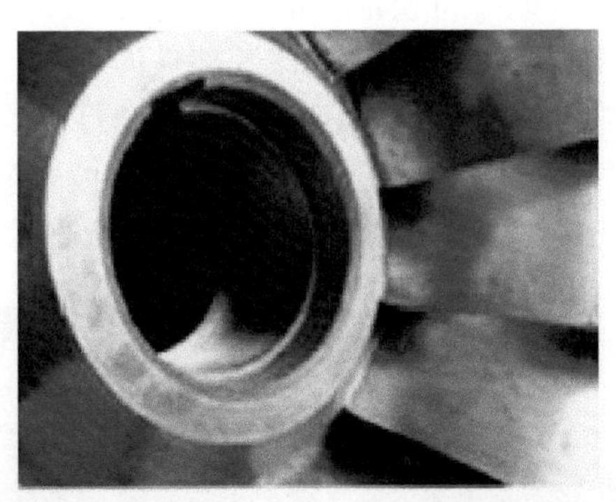

图5-41 基于SLA技术采用精密熔模铸造方法制造的某发动机的关键零件

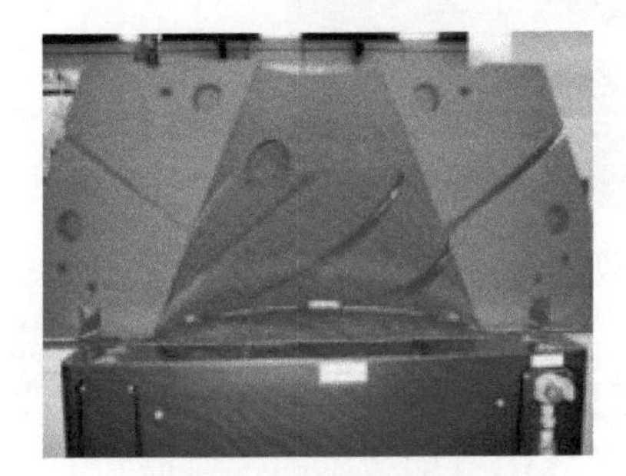

a）3D打印的螺旋桨砂模剖面

b）螺旋桨铸造成品

图5-42 3D打印直接制作的螺旋桨砂模剖面及其铸造成品

4. 零件修复

在飞机零件的加工过程中，常因各种原因形成的零件缺陷而导致报废，由于飞机关键零件对性能可靠性的要求极高，因此一般不允许修复使用。一些大型零件的价格昂贵，加工周期很长，通过3D打印技术，可以用同一材料将缺损部位修补成完整形状，修复后的性能不受影响，大大节约了时间和成本。激光直接沉积技术为航空航天、工模具等领域高附加值金属零部件的修复提供一种高性能、高柔性技术。由于工作环境恶劣，飞机结构件、发动机零部件、金属模具等高附加值零部件往往因磨损、高温气体冲刷烧蚀、高低周疲劳、外力破坏等因素导致局部破坏而失效。另外，零件制造过程中误加工、损伤是其被迫失效的另一重要原因。若这些零部件被迫报废，将使制造厂方蒙受巨大的经济损失。与传统热源修复技术相比，激光直接沉积技术因激光的能量可控性、位置可达性高等特点逐渐成为其关键修复技术。激光直接沉积技术对整体叶盘进行修复的过程如图5-43所示。图5-44为激光修复的航空发动机叶片。

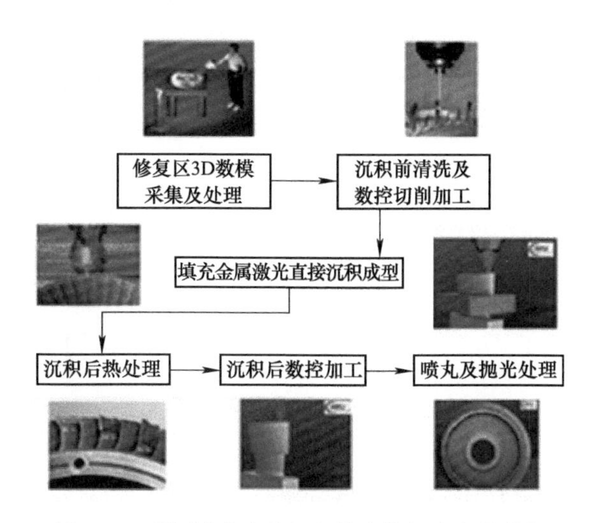

图5-43　利用激光直接沉积技术修复叶盘的流程

图5-44　激光修复的航空发动机叶片

5. 无人直升机机身制造

轻型无人直升机旋转翼系统的开发团队FLYING-CAM，联手意大利CRP集团的添加剂制造材料和激光烧结技术知名领导者摩德纳，开发了一个名为“SARAH”的自动直升机空中响应系统，如图5-45所示。这款轻型无人直升机FLYING-CAM的机身结构为复合型材料，是由CRP利用粉末激光烧结工艺成型的。这不仅为无人直升机提供了快速的响应时间，有效促进了生产的系列化，而且还为无人直升机提供了一个可以更容易定制的平台。此外，利用粉末激光烧结技术完成的无人直升机“SARAH”系统，前所未有地达到了厘米级精度的3D图像情报，灵活度和精度都有了质的提升。

航空航天领域希望获得质量轻、强度大（比强度高）的零件，目前正在研究符合要求的制造材料，制订材料及工艺标准，确保机器和构建零件的质量和一致性。据美国诺斯罗普·格鲁门公司预测，如果有合适的材料，该公司的军用飞机系统中将有1400个部件可以用3D打印技术来制造。各种3D打印的金属部件将在未来10年内成为飞行器的通用配置。

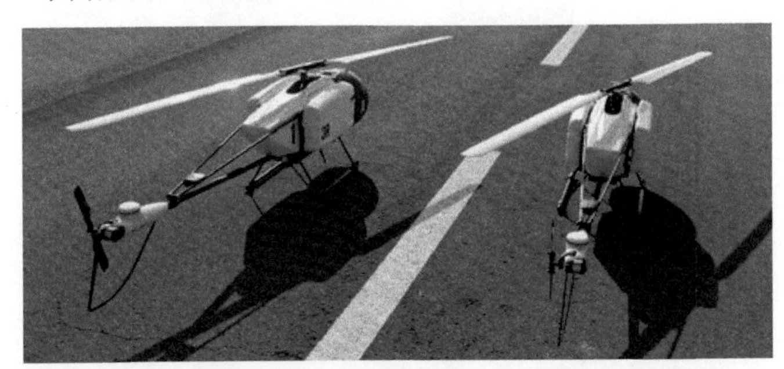

图5-45　利用粉末激光烧结工艺制造的轻型无人直升机

洛克希德公司在卫星制造中使用3D打印的部件。一些打印零部件已经安装在飞往木星的Juno飞船上。Juno飞船靠太阳能供电，已于2011年发射成功。洛克希德公司首席科学家Suraj Rawal说，Juno飞船上有十几个3D打印的托架。托架使用钛合金材料并通过被称为电子束熔融的3D打印工艺制造出来。

洛克希德公司计划将3D打印应用在其他航天器项目中，包括猎户座多功能乘员用车（Orion Multi-Purpose Crew Vehicle）。它们已经在着手制造某些零部件，包括一个直径为7in[㊀]的前向托架盖。

前向托架盖是有史以来航空航天业打印的最大的零部件之一。虽然就目前而言只是一个原型，但Suraj Rawal正在考虑直接用3D打印将其制造出来。猎户座被设想为一台在外太空运送人类的车辆，人类可以乘坐它探索小行星、月球和火星。Suraj Rawal认为这种实验制造非常适合3D打印大显身手，且是一个非常安全的、高效的组件原型制造环境。洛克希德公司还正在考虑在最先进的F-35联合攻击战斗机上使用3D打印零部件。一些用钛合金做的小部件可以安装在F-35战机的机翼或尾翼上。

5.3　电子电器领域

随着3D打印技术的发展，其应用范围越来越广泛。各种家电产品的外形与结构设计、装配试验与功能验证、市场宣传、模具制造等都可以应用3D打印技术。

电子电器是人们生活必备的用品，常见的如空调、液晶电视、冰箱、洗衣机、音响、手机、各种小家电等。这些产品为了赢得消费者的青睐，普遍追求外观的时尚和性能的稳定。厂商想要在竞争激烈的市场中获取利润，就必须不断推出更优、更好的新产品，更新换代的速度正逐年提高。而且在产品设计过

㊀ 1in=0.0254m。

程中，设计的可视化非常重要，是设计沟通和设计改进的基石。采用3D打印技术快速制作设计的实物模型，相比平面的2D模型或计算机中虚拟的3D模型，直观的3D打印模型能够体现更多的设计细节，更加直观可靠。

电子电器在人们生活中占据很重要的地位，而3D打印在消费电子行业占很大优势，在电子元件、电子电路等的生产中能省去模具制造的过程，大大节省时间和成本。

3D打印技术在电子电器领域中的应用有以下几个方面：

1）设计沟通、设计展示。在产品设计早期就使用3D打印设备快速制作足够多的模型用于评估，不仅节省时间，而且可减少设计缺陷。

2）装配测试、功能测试。可实现产品功能改善、生产成本降低、品质更好、市场接受度提升的目标。

3）模具原型。可加快交付周期、降低个性化定制价格、改善产品交付质量，以及提高生产效率。

1. 产品外壳零部件制造

随着消费水平的提高及消费者追求个性化生活方式的日益增长，制造业中对电器产品的更新换代日新月异。不断改进的外观设计以及因为功能改变而带来的结构改变，都使得电器产品外壳零部件的快速制作具有广泛的市场需求。在若干3D打印工艺方法中，光固化原型的树脂品质是最适合电器塑料外壳的功能要求的，因此光固化成型在电器行业中有着相当广泛的应用。

图5-46为电器产品开发中采用光固化成型技术制作的几个外壳件的原型。树脂材料是DSM公司的SOMOS11120，这些原型件的性能与塑料件极为相近，可以进行钻孔和攻螺纹等操作，以满足电器产品样件的装配要求。

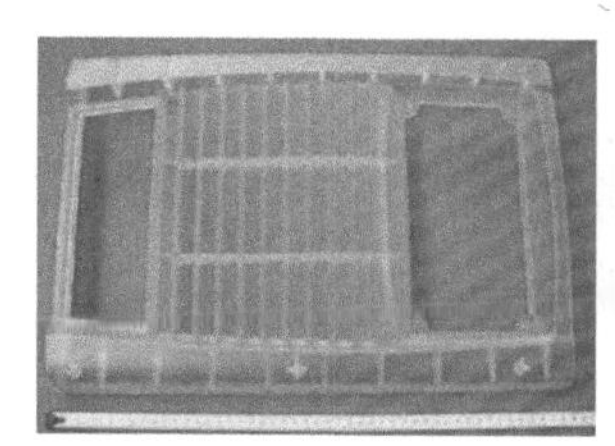

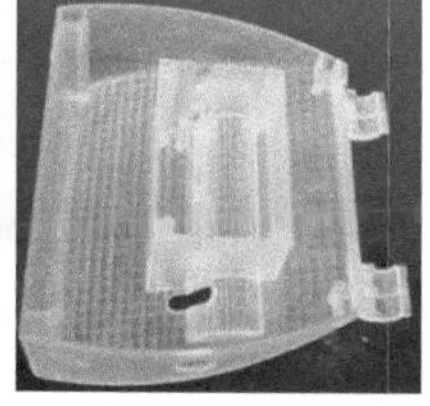

图5-46　电器产品外壳件原型

2. 产品原型制造

利用3D打印技术制造出的产品原型可以用作CAD数字模型的可视化、设计评价、干涉检验，甚至可以进行某些功能测试。另外，原型能够使用户非常直观地了解尚未投入批量生产的产品外观及其性能并及时做出评价，使厂方能够根据用户的需求及时改进产品，为产品的销售创造有利条件并避免由于盲目生产可能造成的损失。图5-47为验证电动工具把手的结构和功能是否符合要求，利用SLS技术制造出产品原型，提高了产品设计的效率和效果，保证了成品的品质。

图5-48为松下使用3D打印机将模具的制作时间缩短了一半，成本也大大缩减，从而降低了树脂产品的生产成本。

3D打印技术能够迅速地将设计师的设计思想变成三维实体模型，既可节省大量的时间，又能精确地体现设计师的设计理念，为产品评审和决策工作提供直接、准确的模型，减少了决策工作中的不正确因素。

图5-47　电动工具把手

图5-48　3D打印模型

3. 液态金属直接印刷电子电路

印刷电子技术若能突破材料与量产的瓶颈，将颠覆许多大型生产线的商业模式。中国科学院理化技术研究所的科研团队，首次研制出纸上直接生成电子电路的技术，并做出了桌面级3D自动打印原型样机。经测试，导电性、可靠性良好，实现了3D机电复合系统的直接打印。这意味着，新方法不但可以打印平面电路，而且还能完成立体复杂电路及其支撑件的直接生成。而打印一张A4纸大小的纸基电路板，目前只需要十几分钟，对于复杂电路图案，时间可能会长一些。图5-49为采用3D打印工艺打印在纸上的电子电路。

常规的电路板制造工序通常较为耗时、耗材、耗能，而印刷电子方法就像印刷文字一样，直接在基板上形成能导电的电路和图案，能将传统的7～8道工序缩短至3～4道，快速灵活。但这种方法受到“墨水”的束缚。为了让印上去的“墨水”导电，常常需要采用导电聚合物或添加纳米颗粒材料并通过高温固化或特定化学反应来实现。液态金属印刷电子方法则将印刷电子向前推进了一大步，它的基本观念在于：“墨水”就是液态金属，打出来就能成为电路。传统工艺下，电子工程师若需更改电路板，需用化学药水做处理，经过刻蚀等步骤才能形成自己的设计。而新的液态金属打印方法，让漫长的设计过程变得唾手可得。

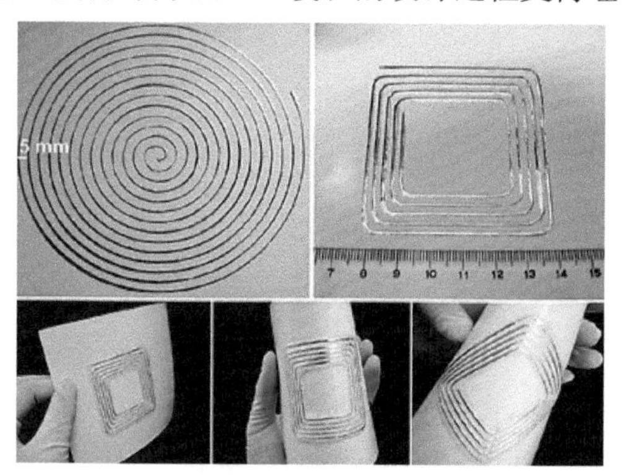

图5-49　纸上“打印”的电子电路

相比于常用的塑料基底，纸张具有成本低、便携、易降解、可折叠、回收利用方便等特点，是一种绿色、环保、价廉的电路材料。纸张代替塑料，直接打印取代集成生产，虽然离现实还很远，但这一技术有望改变传统电子电路制造规则。个性化的电路设计方法，使其在电子工程、个性化电子元件设计和制造加工、创意设计等方面有较大的应用空间。

4. Glove One手套形手机

如图5-50所示，这款Glove One手套形手机是设计师Bryan Cera的作品，是一部原型机，尚未投入商业用途。Glove One手套形手机的每个部件都是用3D打印机打印出来的，其关节可灵活转动，手掌边缘都有一个物理拨号按键，拇指和小指分别作为扬声器和话筒，背部可以插入SIM卡，还有USB接口用来充电。Glove One手套形手机已经具备基本功能，用户可用它来拨打电话。

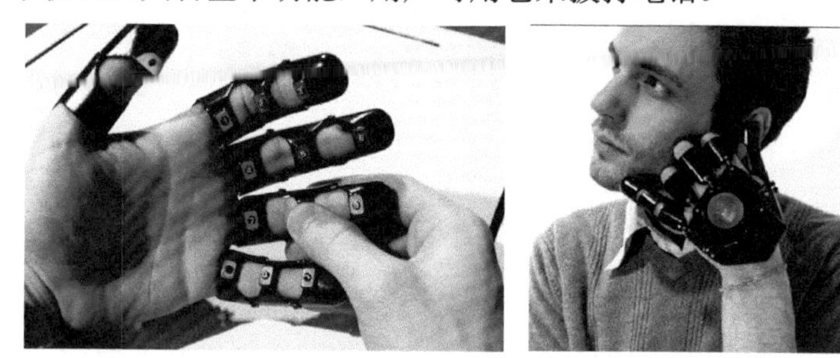

图5-50　Glove One手套形手机

5. 机器人电扇

哈佛设计院攻读博士学位的Andrew Payne使用Objet ABS材料利用Objet

Connex 3D打印机制作了一款机器人电扇，如图5-51所示。该风扇拥有内置的摄像机，并且使用面部识别软件跟踪用户脸部的位置以及做出相应的导向，将冷气引向可提供最大舒适度的区域。风扇内部有三个高转矩伺服电动机。一个伺服电动机使风扇左右摆动，另外两个伺服电动机使独立风扇上下摇动。风扇耗能极低，大约为普通桌式风扇的三分之一。此外，它还能通过无线发送和接收来自中央建筑系统和该环境中其他设备的信息。

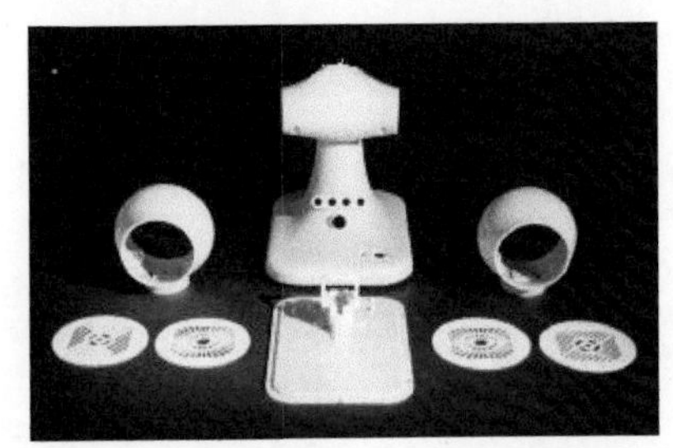

图5-51 机器人电扇

6. 相机

对于相机来说，3D打印技术可能会改变整个相机厂商的格局。3D打印技术可以大幅降低相机内外部所有零件的时间成本、设计成本以及制造成本，所以制造不再成为相机生产的重要环节，设计本身才是将来的主导。

根据国外媒体报道，法国一位名叫Léo Marius的24岁学生使用3D打印机制作出了一部能够工作的单反相机（SLR）OpenReflex。不同于数码单反相机（DSLR），OpenReflex使用胶卷进行拍摄。从图5-52中可以看出，这款通过3D打印技术制成的单反相机虽然外形并不美观，但重要的是它能够正常工作。

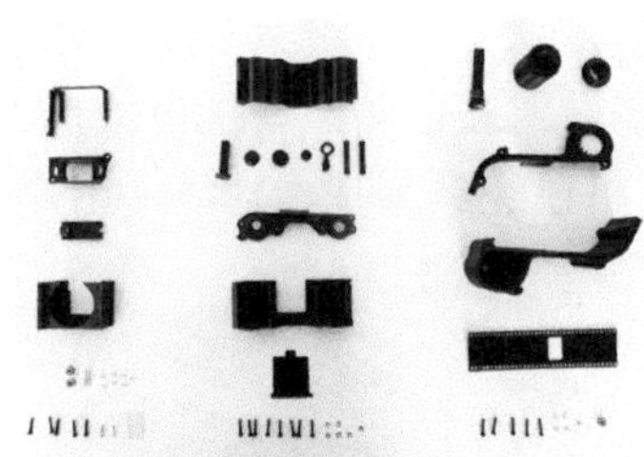

图5-52 3D打印的相机及其零件

该相机是使用35mm胶卷的单反相机，配备了1/60s固定速度快门，通过一个非常大的释放按钮来触发。它的所有部件均由Reprap-like ABS 3D打印机制作，无须辅助材料。除了3D打印机，还需要准备激光切割机和玻璃切割机、螺钉旋具、螺钉、螺栓、玻璃砂纸。零件打印时间为15h，所有零件处理后可以在1h内组装完成，总花费不到30美元。OpenReflex使用开源模拟照相机的取景器和机械快门，而且可以兼容任何摄像机镜头。

5.4 光伏领域

随着光伏产业的发展，晶硅太阳能电池技术呈快速发展趋势。晶硅太阳能电池技术主要集中在两大方向：一是在现有电池结构和工艺的基础上，在一个或多个工序中引入新的生产工艺来提高电池转换效率；二是改变现有的电池结构、工艺流程或材料来提高电池转换效率。3D打印电极技术，由于金属材料利用率高，工艺过程简单，适合用于薄片电池，能更大程度地节约电池生产成本，因而越来越受到业内关注。

目前，在3D打印电极方面开展研究工作的国外研究机构有以色列的Xjet公司，德国的Fraunhofer ISE研究所、Schimid公司、Q-cell公司，美国的NERL实验室，韩国的机械材料研究院等；国内有上海神舟新能源有限公司、江苏海润光伏科技有限公司和保定英利绿色能源控股有限公司。

上述研究机构中，除江苏海润光伏科技有限公司外，其他机构所采用的3D打印技术仍是3D打印种子层加电镀的方式形成电极。采用电镀的方式会导致栅线宽度增加、粗糙，银材料利用率低，生产成本高，此外，还存在环境污染的问题。这种3D打印技术被定义为“第一代3D打印技术”。“第二代3D打印技术”将采用全3D打印的方式，栅线电极一次3D打印成型，不但简化了生产工艺，同时还有助于提高电池转换效率，降低生产成本，实现精细化生产。

1. 3D打印电极技术简介

（1）3D打印电极技术原理 图5-53为3D打印电极技术的工作原理图。纳米银墨水通过打印机头上的小孔喷射到电池表面。每个打印机机头有200多个小孔，任何一个小孔堵住了，都有充足的替补。在打印过程中，小孔控制液滴一层一层喷射，每个小孔可控制不同的材料进行喷射。

（2）纳米银墨水的制备 在3D打印电极技术当中，需要采用专用的纳米银墨水，这种墨水包含的银微粒最大直径需小于喷口直径的1/10，以避免桥连和阻塞现象，考虑到喷口形状和运行次数等因素，这个比率实际上应该更小，传统的微米级导电浆料不能满足要求。而纳米银墨水所含（分散）的金属颗粒尺寸等级是1nm左右的产品，与传统正面银浆相比，其制备难度更大。

图5-54为纳米银墨水的制备原理，主要是利用醋酸银，通过湿化学的方法制备出平均颗粒直径为3nm的纳米银，再与玻璃相和有机溶剂按一定的配比进行混合，最后制备出特有的纳米银墨水。其中，有机溶剂由20多种材料组成，可使银颗粒均匀分散其中而不会发生凝聚，确保3D印刷的质量，同时也可保证打印机头具有较好的性能。

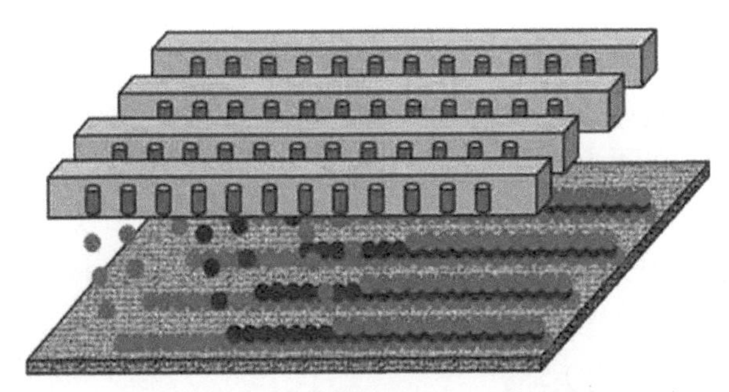

图5-53　3D打印电极技术的工作原理图

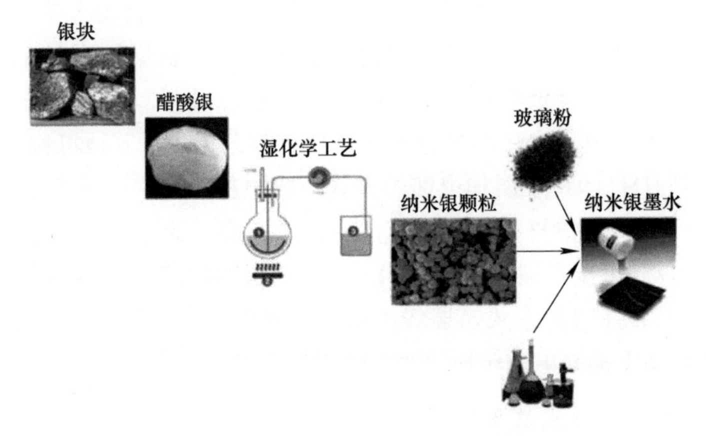

图5-54　纳米银墨水的制备原理

（3）电极打印装置　图5-55为打印设备外观图，打印设备带有真空吸盘，硅片由机械手放置于真空吸盘上吸住，通过激光对硅片进行定位后就可打印，6个机头一次打印6条细栅线（图5-56所示为机头），交错打印完所有细栅线，然后旋转90°，由照相机监测，打印主栅线（图5-57），最后在250℃下加热，完成打印过程。整个过程都在程序监控中，机头出现问题，程序会自动对机头进行更换。

另外，传统丝网印刷使用的银浆料中玻璃相与银完全混合在一起，并由于玻璃料颗粒的大小不均，在烧结过程中玻璃料下降的速度不一致，会造成如果烧结温度过高就会烧穿*n*层，温度过低则烧不穿氮化硅层而不能形成良好欧姆接触的情形。

而3D打印电极技术避免了上述可能，先在硅片上打印一层富含玻璃料和少量银的墨水，再打印上一层富含银的墨水，分两层打印，这样玻璃料都集中在下层，在烧结过程中就不会出现玻璃料下降速度不一致的情况，并能有效降低后续的烧结温度。

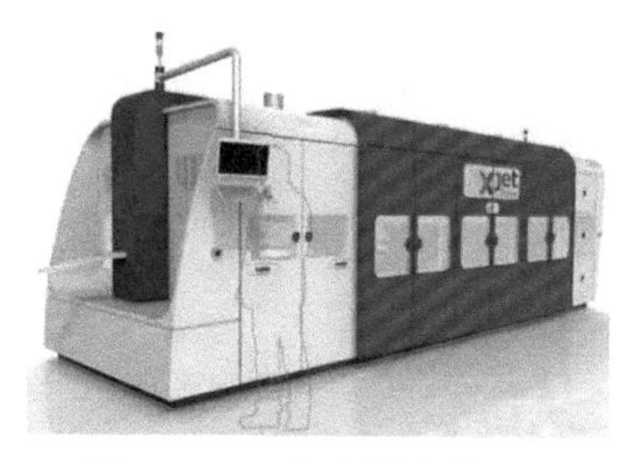

图5-55　3D打印设备外观图

图5-56　3D打印机头实物

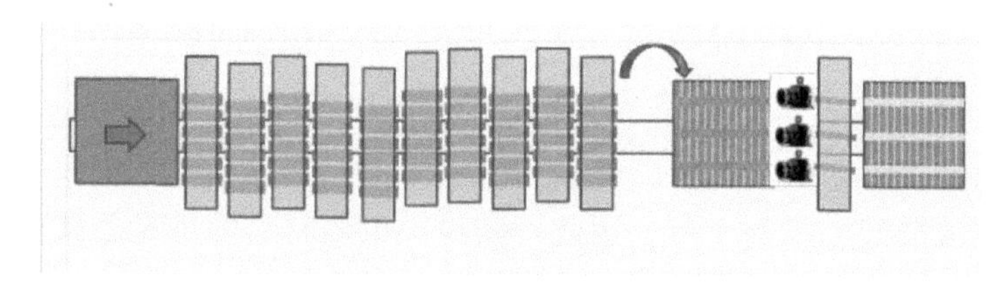

图5-57　主栅线打印示意图

2. 3D打印电极的优势

目前，商业化的晶体硅太阳电池有90%以上采用传统的丝网印刷技术形成栅线电极。然而受丝网印刷技术精度和电极材料银浆的限制，印刷细栅的高宽比很难再有提高的空间，这已经成为制约晶体硅电池降低成本、提升效率的主要障碍之一。

3D打印电极技术是一种新型的电极金属化技术。作为非接触式的电极制作方法，其具有以下两大优势：

（1）可提升太阳电池转换效率　太阳电池前表面的栅线电极越细，电极遮挡所带来的光学损失就会越小。受丝网印刷精度的限制，丝网印刷栅线的宽度有一定的极限，否则就会出现严重的断栅现象。目前栅线的设计宽度为35～45μm，烧结后栅线宽度在60～70μm，已接近极限值。栅线高宽比已很难再提高，同时由于印刷的栅线均匀性较差、印刷节点多等缺点，使其成为制约晶体硅电池降低成本、提升效率的一个主要障碍。高效电池的研究常采用光刻和蒸镀方法制备细栅电极，但是工艺步骤复杂，生产成本很高，无法实现产业化。

利用3D打印电极技术可直接在硅片上精确打印出3D正面栅线图案，细栅宽度可降低至40μm 以下，电极高度可以按设计要求做到非均匀分布，工艺简单，精度高。此外，还可实现分层打印不同材料，构成电极的不同功能层，并有助于形成高的高宽比，改善欧姆接触，提高电流强度和焊接性能。传统印刷结构与3D打印结构的比较如图5-58所示。

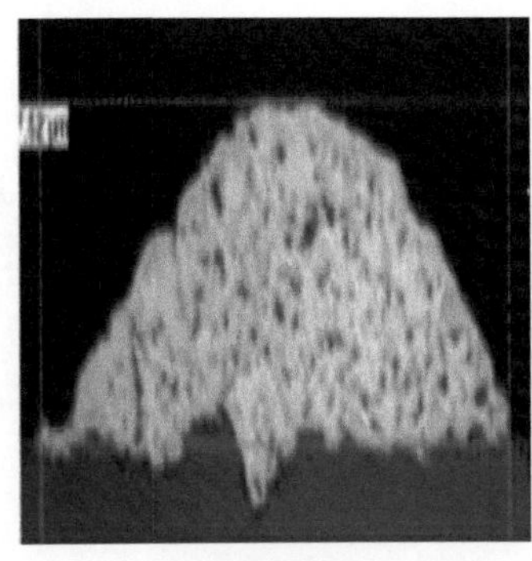
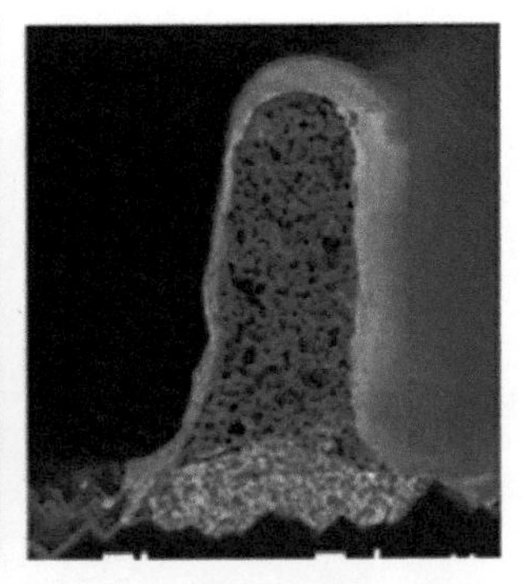

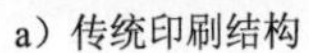

a）传统印刷结构　　b）3D打印结构

图5-58　传统印刷结构与3D打印结构比较

（2）可降低太阳电池的生产成本　常规晶体硅太阳电池的银电极材料成本约占太阳电池非硅成本的一半。因此，减少银电极材料的用量、采用贱金属取代贵金属银是降低太阳电池制造成本的关键。据保守估计，利用3D打印专用的纳米银墨水可节省银电极耗量50%以上。如能实现电极材料的贱金属化，则电极材料的成本至少可降低70%，太阳电池成本将下降0.3～0.5元/W。

此外，采用3D打印技术打印电极还具有如下优点：

1）金属材料利用率高，工艺过程更简单，形状及陡度可控制。

2）与丝网印刷相比，可以得到更细的栅线（<40μm），分辨率是丝网印刷的3～10倍，速度是丝网印刷的3倍。

3）非接触加工特征使得3D打印工艺适用于薄片电池或柔性电池的电极制作。

4）3D打印专用的纳米银墨水颗粒比丝网印刷浆料金属颗粒更小，易于形成更佳的欧姆接触。

5）可混合多种不同的金属材料，且可精确叠加每一层材料，银耗量可以降低50%，同时也有利于实现电极贱金属化。

总之，3D打印电极作为一种非接触电极的制作方法，与丝网印刷相比具有明显优势。作为新一代金属化技术，3D打印必将替代传统的丝网印刷，促进光伏行业的产业化技术升级。

3. 3D打印电极技术未来应用前景分析

1）3D打印电极材料可以和高方阻发射极完美结合。方块电阻越高，电池对短波响应越好，产生的电流强度就会越大。目前，常规电池的方块电阻可以做到80～90Ω/m^2，现有的银浆材料在更高的方块电阻下很难与发射级形成良好的欧姆接触。纳米银墨水材料，可以在低掺杂表面（如方块电阻达到120Ω/m^2）形成很好的欧姆接触；配合钝化工艺，电池效率可以达到20%以上。

2）可广泛应用于各类太阳电池新技术。随着电池新技术的开发，如背面钝化太阳电池、双面太阳电池、背结背接触电池等，太阳电池的生产方式将会发生革命性的变革，未来晶硅太阳电池将向更高效率、更薄硅片、更低成本方向发展。3D打印电极技术可与高效电池制造完美结合，简化高效电池的制备工艺，加快低成本、高效电池的产业升级。

综上所述，3D打印电极技术不仅能打印出分辨力高、导电性好的栅线，而且能够降低生产成本，可以和高方阻发射极完美结合并应用于各类太阳电池新技术。国内外都在积极研究及应用推广该技术的发展，所以，3D打印电极技术应用于太阳能电池的制造工艺将是大势所趋，这一技术也会带来太阳能电池质量和效率的大幅提高。

5.5　其他领域

经过20多年的发展，3D打印经历了从萌芽到产业化、从原型展示到零件直接制造的过程，发展十分迅猛，在各行各业均有了较为广泛的应用。2014年11月10日，全世界首款3D打印的笔记本电脑已开始预售。此外，还有3D打印手表、游戏手柄、键盘等。

1. 3D打印枪支

非营利组织Defense Distributed的全球首款利用3D打印技术生产的手枪已经面世，这支名叫“Liberator”的手枪是由Stratasys的Dimension SST 3D打印机制造出来的，在其全部16个部件中有15个都采用ABS塑料来制造，唯一的例外是手枪撞针（图5-59）。这款手枪可以使用标准的手枪弹匣，并支持不同口径的子弹。从技术上说，Defense Distributed的手枪还有另一个非打印部件。该组织在手枪枪身上安装了一个铁块，从而使金属探测器能发现这款手枪，从而符合《不可探测枪支法案》的要求。

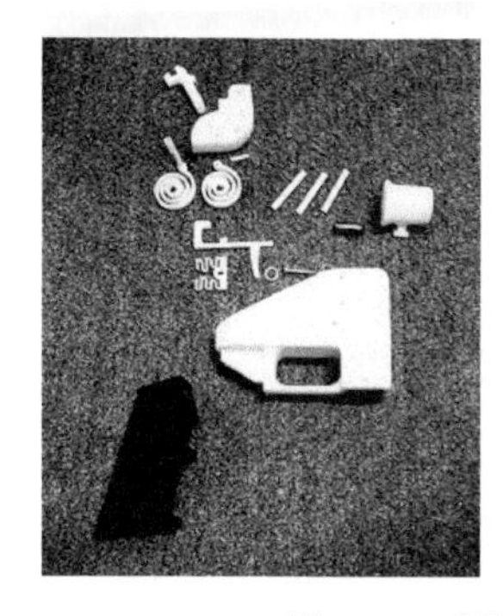

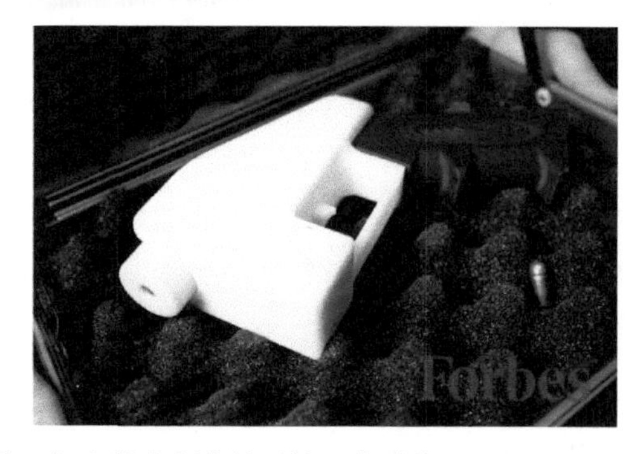

图5-59　利用3D打印技术制作的手枪及其零件

2. 折叠自行车

以色列的Ziv-Av Engineering公司，为了测试产品的机械结构是否设计得合理，用SD300Pro制作1:1的模型来进行全面测试。工程师将整架自行车的三维CAD文档以SDView软件切割成几个主要的部分，并分别交由SD300Pro打样，再以一般的快干胶轻松将各部位组合而成一辆完整的自行车。工程师惊讶地发现，PVC样件的韧性、强度皆可有效地模拟自行车的铝合金支架。Ziv-Av的工程师随即展开一系列的组装，替自行车安装刹车、椅垫、链条和踏板等。前后不到5天的时间，一辆完整，并可完全实现功能的自行车便出现在他们眼前。Ziv-Av快速找出设计的盲点，并及时在计算机上修改部件的尺寸及外形。随后，一辆无缺陷的自行车设计便获得公司内部以及客户的认可，并且准备立刻批量生产。

3D打印技术将原本需要数月的工作量，变成数周的工作量，不仅节省了成本，同时缩短了折叠自行车的研发周期。图5-60为利用3D打印技术制作的折叠自行车及其零件。

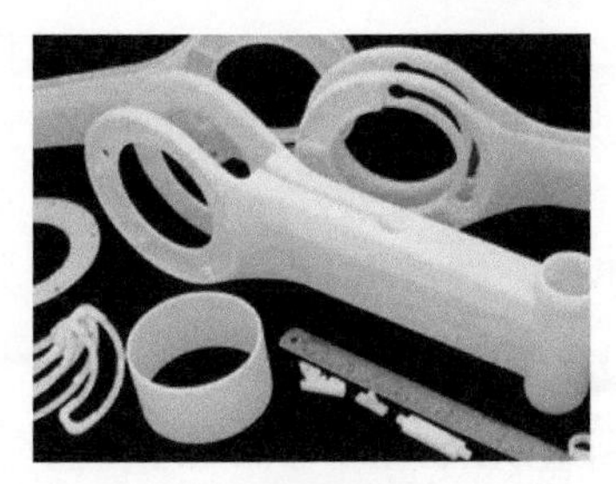

图5-60　3D打印技术制作的折叠自行车及其零件

图5-61是第一辆用3D打印机“打印”出来的可供真人骑乘的自行车，名为“Airbike”。它采用尼龙材料制作，其坚固程度堪比钢铝材料，但质量却比之轻65%。英国布里斯托尔的科学家在计算机上设计出自行车后，使用3D打印机制造了这辆自行车。打印过程就是把熔化的尼龙粉堆积，最后“堆砌”成一辆自行车。Airbike采用一体结构，车轮、轴承和车轴均在打印过程中制造。Airbike可按照消费者的要求打印，无须调整，也无须进行维修或者装配。这种增材制造方式让使用细小的尼龙、碳增强塑料或者钛、不锈钢、铝等金属粉末制造产品成为可能。

图5-61　第一辆3D打印的可供真人骑乘的自行车

3. 粗玻璃的制作

一般来说，制造玻璃制品和制造水泥一样是个高能耗产业。英国皇家艺术学院的Markus Kayser设计制作了一台能利用太阳光和沙子直接制造粗玻璃制品的3D打印机。这台设备是在Kayser之前的作品“太阳能切割机”的基础上改造而来，原材料只有阳光和沙子，十分环保。其最适合的使用环境是在沙漠里。图5-62为埃及南部撒哈拉大沙漠中的实际使用场景，阳光在计算机控制下经过聚集后直接将沙子层层烧结，直接制造出成品，但成品外观粗糙，需要深加工。这台3D打印机在撒哈拉沙漠的使用表明，3D打印技术可以在极端偏僻环境中使用基础资源。

图5-62 在撒哈拉沙漠使用沙子“墨水”打印玻璃

4. 高尔夫球

图5-63为使用EOSINTM 250 Xtended为成型设备，使用某种牌号的DirectSteel合金粉末为成型材料制作的高尔夫球模具及由模具制得的高尔夫球，该套模具可以生产两千万个高尔夫球，比传统的模具提高了20%的生产效率。

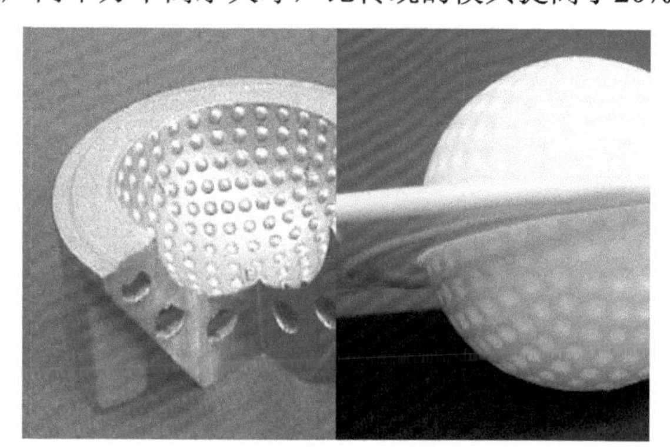

图5-63 3D打印技术制作的高尔夫球模具及生产的高尔夫球

5. 整体扳手

传统制造业和3D打印的区别在于成品的形成过程。传统制造过程通常使用削减的做法，包括对研磨、锻造、弯曲、成型、切割、焊接、粘结和组装过程的组合。以看似简单的物体生产为例，比如生产一个可调节的扳手，其生产工艺涉及锻造部件、磨光、铣削和装配。整个过程中会浪费部分原材料，在金属加热和再加热的过程中产生大量的能源消耗。几乎所有的日用品都是按上述过程制造出来的，而且通常会更复杂。

相反，3D打印只需要层层打印就能制造出可调节的扳手。打印出来的扳手已经组装成型，如图5-64所示。经过一些后期制作工序后，如根据材料的不同，进行清洁或烘烤，扳手就可以使用了。不过目前它还无法达到锻造金属的强度。

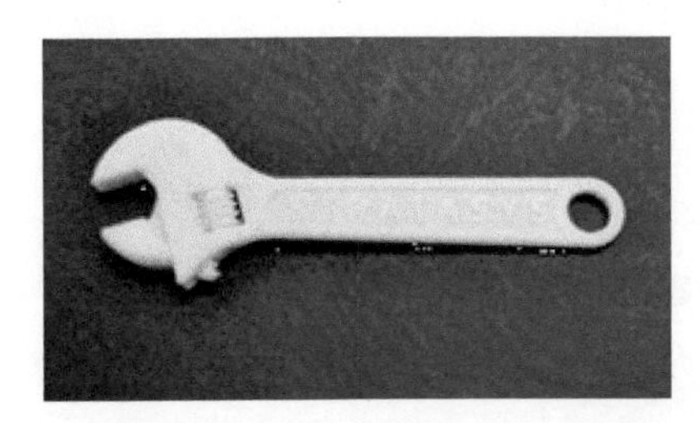

图5-64　3D打印的可调节扳手无须组装

6. **玩具水枪**

从事模型制造的美国Rapid Models & Prototypes公司采用FDM工艺为生产厂商Laramie Toys制作了玩具水枪模型，如图5-65所示。借助FDM工艺制作该玩具水枪模型，通过将多个零件一体制作，减少了传统制作方式制作模型的部件数量，避免了焊接与螺纹连接等组装环节，显著提高了模型制作的效率。

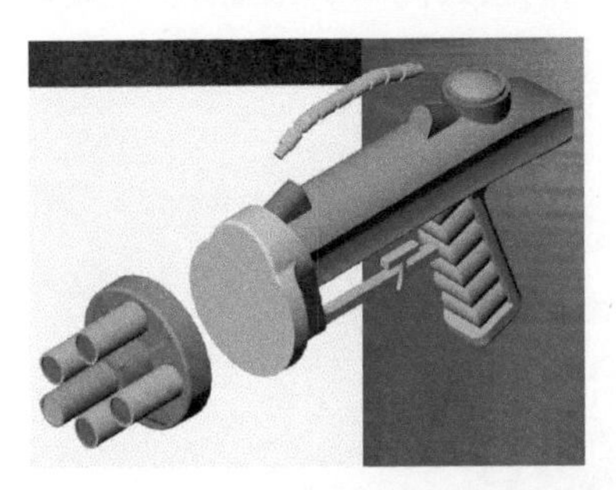

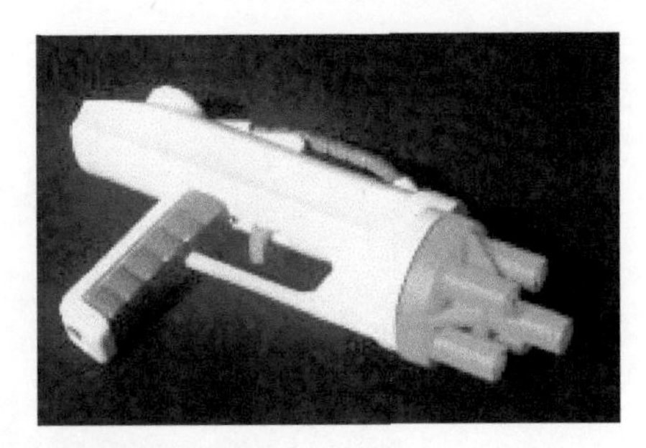

图5-65　采用FDM工艺制作玩具水枪

7. **3D打印金属自行车**

图5-66为首个3D打印的金属自行车框架。这个项目是雷尼绍公司和帝国自行车公司合作设计的基于帝国自行车公司的MX-6山地车。它看上去像一个现代艺术雕塑，但实际上是3D打印机制造的自行车框架。目前，英国两家公司基于该创新自行车框架设计，制造了首个3D打印金属自行车框架。

自行车框架采用钛合金材料制成，质量轻，硬度高，钛合金框架的拉伸强度达900MPa以上，但其零件仍需手动组合在一起。

图5-66　首个3D打印的金属自行车框架

自行车框架具有中空高强度特点，比原始材料轻三分之一。它采用“拓扑最优化”设计，意味着使用软件通过最智能化方式进行材料结构分配。雷尼绍公司指出，材料从低应力区域移除，实现承载最优化设计，从而取消一些不必要的材料，使自行车质量更轻。

自行车框架打印制造完成后连接到一个金属板，当它损坏时还可再组合在一起。雷尼绍公司指出，它采用改进型弹性设计，这一过程意味着自行车框架可依据个人的精确需求来量身定制。

8. 3D微型晶格结构

不久前，德国卡尔斯鲁厄理工学院（KIT）的科学家们采用3D打印技术制造出了世界上迄今为止最小的人造晶格结构，如图5-67所示。该晶格的所有部分都是由玻璃碳制成的，其长度低于1μm，直径不超过200nm。与接近的超材料相比，该3D打印晶格结构的尺寸是前者的五分之一。如此小的尺寸使其获得了前所未有的强度/密度比，可以用于电极、过滤器或光学组件等。目前这一成果已经被发表在《Nature Materials》中。

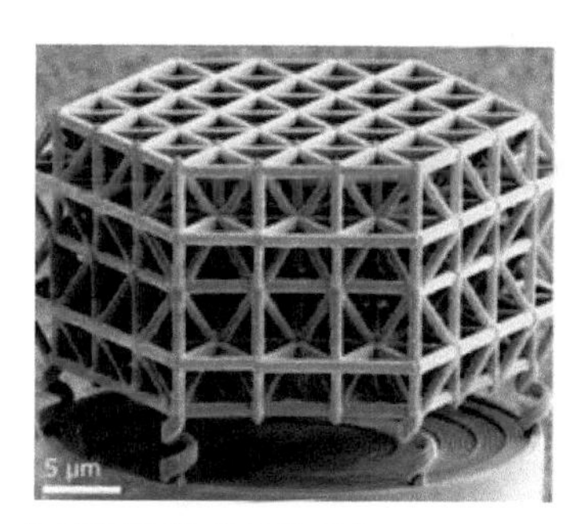

图5-67　采用3D打印技术制造的微型晶格结构

所谓的超材料是一种人造材料，其结构尺寸往往在微米水平上，而且是专门为了拥有某些特定的力学、光学属性而设计的，这些属性是非结构化的固体无法实现的，比如可以引导物体周围的声、光、热的“隐形斗篷”；或者对于压力或剪切力（拉胀材料）产生反直觉反应的材料；以及具有很高的特定稳定性的轻质纳米材料等。晶格结构是用一种已有的3D激光光刻工艺制造出来的。这种微米大小的指定结构是由计算机控制的激光束在一种感光材料中硬化而成的。不过，这种工艺的分辨率还有限制，目前还只能制造出长5～10μm、ϕ1μm的晶格支柱。

测试结果表明，这种晶格的承载能力非常接近理论极限，且远高于非结构化的玻璃碳。在特定稳定性方面，钻石是唯一比它高的固体材料。

3D打印技术最突出的优点是无须模具就能够成型，也不需要机械加工就能直接从设计好的计算机图形数据中生成任何形状的物体。而传统的制造业最核心的一个环节就是要造模，很多高端产品能够设计出来，最大的困难是生产不出来成品，原因就出在造模环节，且耗时很长，而3D打印技术则跨越了造模这个环节。

人类在经历了19世纪蒸汽机和20世纪电气化两次工业革命之后，谁将是第三次工业革命的引导者？

英国经济学家指出：3D打印技术市场潜力巨大，势必成为引领未来制造业趋势的众多突破之一。这些突破将使工厂彻底告别车床、钻头、冲压机、制模机等传统工具，改由更加灵巧的计算机软件主宰，这便是第三次工业革命到来的标志。

第 6 章　文化创意领域的多面手

3D打印技术在文化创意方向的应用近年来非常活跃，一方面促进了文化创意的快速展现，另一方面也扩大了3D打印技术的应用领域，同时3D打印技术在文创方面的应用也使这项技术被赋予了更深厚的内涵，拉近了公众与3D打印技术的距离。3D打印技术在文创领域的应用既包含了个性化的定制和制造，也包含像珠宝首饰这种现代艺术品的生产和制造，还有古代艺术的再现等高端艺术品的衍生品，其应用领域的市场前景十分巨大。3D打印技术应用于文化创意产业的意义有三个方面：第一，3D打印技术能够为独一无二的文物和艺术品建立一个真实、准确、完整的三维数字档案，利用3D打印技术可以随时随地并且高保真地把这个数字模型再现为实物；第二，3D打印技术取代了传统的手工制模的工艺，在作品精细度、制造效率方面都带来了极大的改善和提高，对于有实物样板的作品在编辑、放大、缩小、原样复制等方面都能够更为直接和准确，可以高效地实现小批量的生产，促进文化的传播和交流；第三，3D打印技术带来了大量的跨界整合和创造的机会，尤其是给艺术领域的艺术家们带来了更为广阔的创作空间，在文物和高端艺术品的复制、修复，衍生品开发方面的作用非常明显，对于文物和高端艺术品行业是一个革命性的进步。

6.1　3D打印影视道具

3D打印作为一种技术工具，已经在影视领域大量使用。电视剧《青云志》剧组将3D打印技术大幅度运用于影视剧制作当中，剧中的鬼王宗、炼血堂面具等都是通过3D打印技术制作完成的。据了解，3D打印工艺的制作过程从前期建模到3D打印的精雕细琢，耗时近一个月。同时为了提高面具的真实感以及脸的贴合度，团队更在3D打印材料的舒适度和金属质感上下了大功夫。图6-1为《青云志》剧组利用3D打印技术制作的角色面具。

影视道具需求太过个性化，千奇百怪，造型各异，但数量上往往只需要一个或者几个，在没有3D打印技术之前，从专业公司或作坊做肯定成本高，这时候3D打印的作用就显现出来了，只要画好模型，就可以打印出想要的道具，影视中常用到的花瓶、玉玺、宝剑、宫廷中各种宫灯，甚至各种小型建筑，都可以打印出来，节省了很多时间和制作成本。

图6-1 《青云志》剧组利用3D打印技术制作的角色面具

3D打印技术应用于影视行业已经很长时间了，由金海岸影视公司出品的电影《西游记之孙悟空三打白骨精》前期在筹备时，考虑到沙僧的武器表面造型奇特，靠传统切割工艺无法制造，为了令电影更逼真，制作方想到了通过3D打印来完成这个影视道具。图6-2就是“降妖宝杖”的3D打印原型。

图6-2 “降妖宝杖”的3D打印原型

大家可以看到，道具造型奇特，而且有特别的纹理，使用了CONNEX350打印机进行打印，使其精细的表面及丰富的细节表露无遗，样件得到了制片方的肯定，直接采用。样件经过后期的加工（电镀）就变成了大家在海报上看到的电影道具。

3D打印技术能够在道具制作领域得到成熟应用，这源于它层层叠加的成型原理，其个性化制作的神技，已被应用到建筑、无人机、医疗、教育、鞋子、衣服、家具、军工、珠宝、动漫等许许多多领域，也许未来我们还将住上3D打印的楼宇、驾驶3D打印的车辆等。随着新材料的不断涌现、价格走向平民化，它正在渗透我们生活的每个角落，改变大众对规则、传统、时尚的常规认识。

6.2 3D打印玩具

传统的玩具设计流程一般如下：构思—手工画平面图—计算机软件画三维图—试制玩具的零部件—组装验证—返工—再验证。经过若干次的反复，完成最终的设计，然后还需开模、试生产等一整套烦琐的流程。实践证明，上述传统的设计流程会造成人力、物力的极大浪费。利用3D打印技术不但可以简化玩具的制作流程，降低制作成本，缩短新产品从设计到实物的时间，而且可以根据个性化的创意来设计自己专属的玩具。3D打印技术在玩具行业的应用非常广泛。

玩具市场的需求逐渐呈现出多样化、多变化和个性化的特征。按需模式的3D打印服务能够提供全面私人化定制，精准地对接了个体的需求。

低成本、高效率的3D打印技术，与丰富的线上云平台共享的数字模型一起，给玩具设计、制造和使用方式带来颠覆性改变的同时，也启动了玩具市场商业模式的创新。

1. 设计验证模型

企业对玩具进行批量生产时可以对已有的玩具实物进行简单快速的扫描，获取玩具的三维数字模型，然后通过专业的逆向设计软件，实现各种设计构思并同步完成可行性验证，随后将CAD数据输入3D打印设备中，快速得到玩具样品，并对玩具样品进行验证，准确无误后进行开模。图6-3a为玩具实物，对其进行快速三维扫描后得到三维数字模型，经过可行性验证后输入3D打印设备，利用3D打印技术得到玩具样品，如图6-3b所示。

3D打印技术的应用缩短了产品研发到走向市场的时间，也降低了企业因开模不当造成不必要损失的风险。同时，使得产品更加个性化，个性化产品的定制对一般消费者来说也不再是难题。

a）玩具实物

b）利用3D打印技术得到的样品

图6-3 玩具实物及利用3D打印技术得到的样品

2. 变形金刚

日本机器人公司开发的最新模型——1/12缩小比例的7.2版“变形金刚”，是利用3D打印技术制作的，如图6-4所示。发明者石田健二花了数月时间制造“变形金刚”，该“变形金刚”为可以变成豪车的站立机器人。在一个无线手柄的遥控下，它可以“咔嚓咔嚓”地向前走，手臂可以发射小飞镖，还可以变身成为可以开动的汽车。此外，它还配备了一个WiFi摄像头和前大灯。除了可远程控制和可变形外，这种机器人可以通过WiFi连接发送现场实时视频。整个机器人套件包括了无线控制器、4个电池以及充电器等，同时还包括了动作编辑软件。

图6-4　3D打印制作的“变形金刚”

3. 在游戏里打印角色

FabZat开发了一种通用的商店插件，为游戏行业提供程序内（In-app）的3D打印物品销售服务。FabZat向游戏公司提供一个现成的系统，帮助其扩展外围产品，包括人偶、道具等，玩家在游戏内就能直接购买由3D打印机打印出来的周边产品。插件目前已能够支持Facebook游戏及网络、PC游戏等，并兼容Ios、Android等系统，如图6-5与图6-6所示。

图6-5　3D打印游戏角色

图6-6　3D打印游戏角色成品

4. 3D打印涂鸦

如图6-7所示，MOYUPI项目利用3D打印技术把孩子们的涂鸦作品变成实物，圆他们的神笔马良之梦。儿童只要在MOYUPI平台上传画作的照片，MOYIPU的设计师把它绘制成3D模型，再利用无毒和耐用的塑料进行3D打印，经过平滑处理以及手绘上色后，寄送给世界各地的买家。

图6-7　3D打印涂鸦画作及其玩偶塑像

6.3　3D打印文物

文物是传承历史的重要符号，是不可再生的文化资源，是进行传统文化教育的重要载体。保护文物对于研究历史发展过程具有重大作用。文物保护工作与开发经济的关系紧密相连，对文化产业和旅游业的发展都有很好的促进作用，是一种独特的文化消费。然而由于文物本身的脆弱性和不可复制性，如何在保护文物的前提下准确获取文物信息，使其得以传承并挖掘出文物的潜在价值，是全体文物工作者必须面对的难题。3D打印技术的出现使在不损伤文物的前提下进行文物保护、复制及衍生品开发成为可能。

在修复器物残缺部位时，传统的工艺是用打样膏或硅橡胶对文物器物直接取样、翻模，然后对残缺处进行修复。但是在某些特殊的案例中，例如修复质地疏松的陶器时，传统的翻模方法便不适合直接在其表面进行操作了。随着现代科技的迅猛发展，可以做到在不直接接触文物器物的前提下，通过高科技技术手段，如三维立体扫描、数据采集、建模、打印等，将复制件及残缺部分打印、复制成型。此类翻模方式不仅节省材料，提高材料利用率，可快速精准成型，更重要的是大大避免了翻模时直接接触文物而对文物本体造成的二次伤害。

利用3D打印技术，可以在不损伤文物的前提下快速获取文物整体数据，有效缩短文物扫描、记录周期；准确记录文物数据，为文物建立永久、真实、完整的三维数字档案，可以对文物进行细致的修复，延续文物的灿烂文化，并且制造文物衍生品，让人们能够共享精美文物中所蕴含的文明。

1. 两汉石雕

中国古代的大型室外石雕艺术起源于两汉，保存至今的西汉石雕不过二十多件，现主要存放于陕西茂陵博物馆等地，它们气魄宏伟、造型洗练，早已成为中华民族的精神象征。但它们因体量巨大，且分散于陕西各地，有的还在露天放置，集中显现比较困难。而单凭人工复制手段，难以把握原作的粗犷与精妙的造型特征。此外，他们大多是在天然花岗岩上略施雕刻而成的，两千余年的风霜雪雨已使其历经沧桑，表面开始风化剥落，传统的翻模复制方法会给原作带来不可逆的损伤。为了便于集中展示，工作人员利用3D打印技术在不接触、不损伤文物的前提下对文物进行复制工作。图6-8所示为《大汉十六品——卧牛》，是西汉“骠骑将军”霍去病大型石雕群中的一件。此卧牛复制采用了3D打印技术，在不触及、不损害原物的前提下，按1:1的比例制造模具，然后翻制成型，完美再现了原作品的形态、肌理和神韵。

图6-8 《大汉十六品——卧牛》及其复制品

2. 近现代工艺品双龙瓶修复

近现代工艺品双龙瓶，直口、细长颈、斜肩、鼓腹，腹部及颈部有弦纹、双龙耳、圈足外撇、平底。器物缺失一龙耳，整体施酱色釉。双龙瓶经双目光学测量机三维立体扫描后，其参数被传送至3D打印机（BJET30）并输出指令，3D打印机便根据计算机中的模型数据打印出最终成品。整个过程所需时间不过两三个小时，不仅用时少，而且可以扫描并打印出原器物损坏处断面的结构，提高了断面处塑形的工作效率。打印出的成品与原器物大小一致，模型的截面与器物本身断面相吻合，可直接拼接、粘结进行修复。最后在修复处喷涂一层透明釉，使光泽与原器物一致。图6-9分别为修复前后的双龙瓶。

3. 西汉长裙仕女

如图6-10a所示，西汉长裙仕女出土于汉长安城遗址，现存西安博物馆，高约31cm，仕女施白粉，但已剥落，面庞呈鹅蛋形，安详恬静，头裹风帽，身着右衽交襟宽袖长袍，抄手置腹前，衣下摆曳地，裙角外撇呈喇叭状，帽顶至裙角线条流畅单纯，无论从任何角度看去都极具现代感。工作人员对西汉长裙仕女进行了三维扫描及数据整理，再以3D打印技术配合古法琉璃工艺制作成仿制品，如图6-10b所示。仿制品不但完美地再现了原物单纯的体积感，洁白的玉质琉璃更强化了原作优美的曲线及轻盈的体态，堪称文物衍生品的典范。

a）修复前

b）修复后

图6-9　利用3D打印技术修复双龙瓶

a）西汉长裙仕女原品

b）仿制品

图6-10　西汉长裙仕女

4. 东汉辟邪

图6-11所示的东汉辟邪是洛阳博物馆的镇馆之宝，1992年出土于河南孟津会盟镇油磨坊，其雕刻技法精熟，圆雕、平调、线刻自然融汇，点、线、面、体结合天衣无缝，躯颈和四肢由五个S形组成，四肢和曳地的粗壮长尾形成5个支撑点，整体的S形弯曲是力量迸发的前奏。5个支撑点给人以稳定脚尖之感，硕大的头部、颀长劲瘦的身躯，更增强了威猛的气势。整个形象浑厚凝重、神气十足，是开疆拓土的东汉的完美象征。

a）东汉辟邪

b）东汉辟邪三位数字模型

c）东汉辟邪琉璃仿制品

d）东汉辟邪水晶内雕

图6-11　东汉辟邪

5. **石器复制**

2013年2月2日至3月17日由日本明治大学博物馆、南山大学人类学博物馆、名古屋市博物馆联合策划举办的“惊天博物馆藏品展——好奇心穿越时空、跨越世界”展出了日本埼玉县砂川遗迹出土的旧石器时代石器（日本国家指定重要文化财产）（图6-12a）。主办单位利用3D打印机制作了石器的复制品（图6-12b），给观展者提供了亲手触摸的机会。

a）古代石器

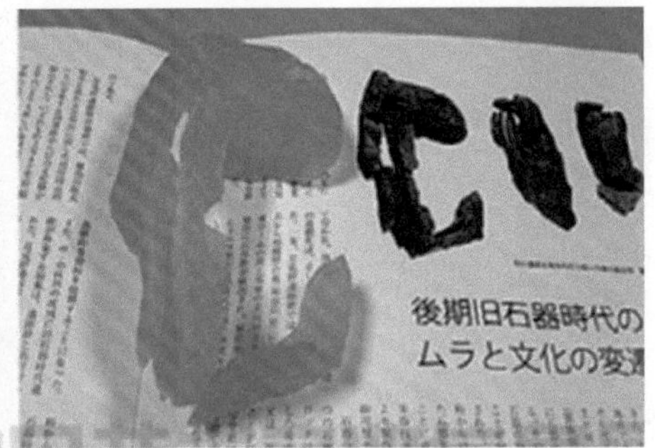

b）复制品

图6-12　古代石器及其用3D打印技术制造的复制品

6.4　3D打印工艺品

3D打印技术不受结构和形状的限制，能够从传统的制造工艺的束缚中解放出来，“以设计引导制造”，能极大地释放艺术家和设计师的创想与艺术理念；相比工业制造领域，工艺品更多关注外形而非材质，即使目前3D打印工艺可供选择的材料还不是足够丰富，也已经能够满足个性化创意产品在材质上的要求。当今的时尚设计大师们已经越来越多地使用3D打印技术来进行创意产品的设计和制造，比如礼品、灯具、艺术摆件、饰品等。

1. **灯具**

高功率LED灯具与3D打印技术相结合，催生出一个崭新的产业。Voxel Studio设计室利用3D打印技术为灯具设计创作出难以想象的奇幻外形，如图6-13所示的别致的蚕茧LED灯具。蚕茧是由蚕幼虫吐丝形成的，而灯具外形则是利用3D打印技术中的光固化工艺成型的。3D打印机的喷嘴精确控制喷出液体感光树脂，然后通过紫外线照射让其迅速硬化。这款LED灯总共使用了白、灰、黑三种颜色，其中白色感光树脂坚固，用于提供灯具结构，并具有良好的光漫反射性，十分适合作为镂空的灯罩。灰色材料软硬度折中，黑色则用于勾勒表面和线条，提供对比颜色并保护表面。整体LED灯具通过计算机设计，酷似鸟巢的独特造型，全都由3D打印机制作。LED灯泡放置其中，光芒具有似破茧而出的视觉效果。

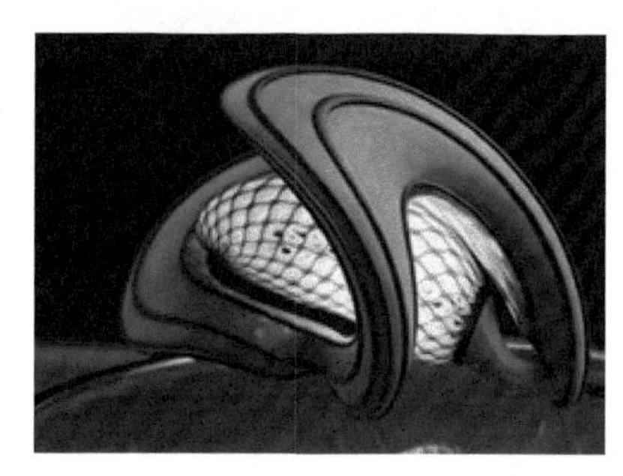

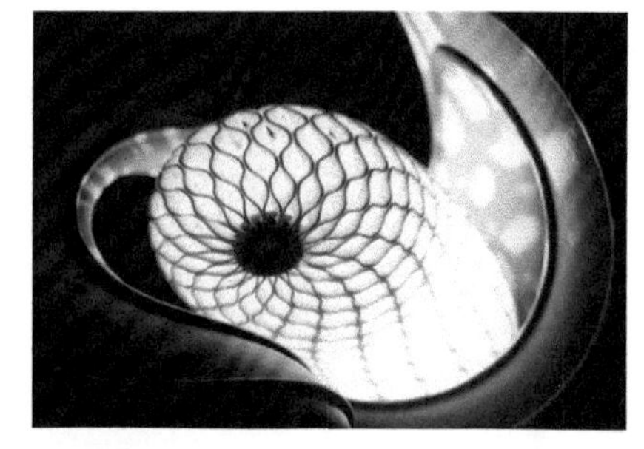

图6-13　蚕茧LED灯具

美国Nervous System设计事务所的设计一直以来都致力于模仿自然生成过程和形式。最近，它们运用生成算法创作了最新灯具——3D打印菌丝灯，如图6-14所示。菌丝灯是根据叶脉形成的方式和过程设计的，每根叶脉都从一个基本体量和一套根分点开始。设计师假定菌丝灯的根系正在一个充满植物生长素的环境中生长，其结构在特定的软件中通过交互作用而生成。独特设计的菌丝灯可通过SLS设备直接制作出来。所制作的灯具是独一无二的，每盏灯都有不同的图案，当其复杂而发散的枝叶形状的影子投射到墙壁和天花板上，美丽而神秘的氛围顿时生起。灯具是用尼龙材料制作，内置3盏LED灯，总耗电量3.6W，使用寿命超过5000h，相当于连续6年的使用时间。

图6-15展示了另外几款由PMMA材料经过三维打印技术制造的时尚灯具。

图6-14　菌丝灯

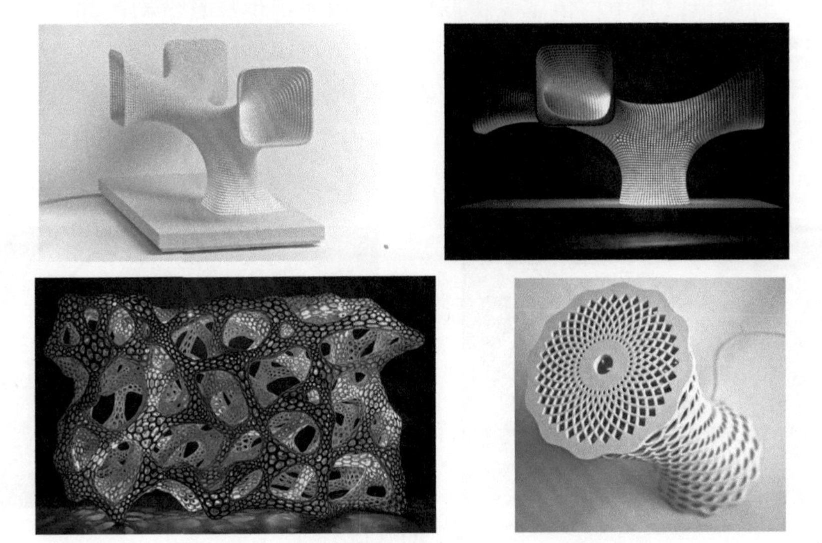

图6-15　由3D打印技术制作的各式时尚灯具

2. 创意咖啡杯

西班牙高产设计师伯纳特·屈尼借助3D打印技术，完成了他“每天一个咖啡杯”的计划，制作出了各种各样的咖啡杯。每个杯子从构思、设计到成型所花费的时间都控制在24h之内。此外，制作咖啡杯所使用的涂釉陶瓷也符合安全、耐热性和可循环使用的标准。从概念变身实物最重要的是构建3D模型，当咖啡杯的3D模型设计完成后，整个制作过程需要花费大约4h的时间。该系列咖啡杯的制作是采用3D打印技术中的3DPG技术，在平铺的陶瓷粉上的特定区域喷射有机粘结剂，每建成一层，在顶部继续添加陶瓷粉和粘结剂，直到整个模型完工，之后模型被送入后固化炉中加热固化以使杯子成型。出炉后扫掉外层的陶瓷粉末，一个实体的模型就做成了。为了使杯子永久地保持其结构外形，需要将杯子再次送入炉子中，继续进行高温烧结。通过使用一种水性喷雾对其预先上釉，可以减小表面粗糙程度值，然后再进行低温加热，为最终在表面上釉打下基础。层层加工之后，亮丽光泽的咖啡杯就制作完成了。图6-16为伯纳特·屈尼借助3D打印技术制作的咖啡杯。

图6-16　利用3D打印技术制作的造型各异的咖啡杯

3. **艺术品摆件**

3D打印技术的成熟使得一些原本难以用手工完成的工作变得容易实现，同时也激发了艺术家的创作灵感。Joshua Harker利用3D打印技术结合自身的创意制作出了一组摆件，如图6-17所示。这组摆件由聚酰胺（尼龙和玻璃用激光熔合为一体的材质）做成，是一组复杂而精美的艺术品。

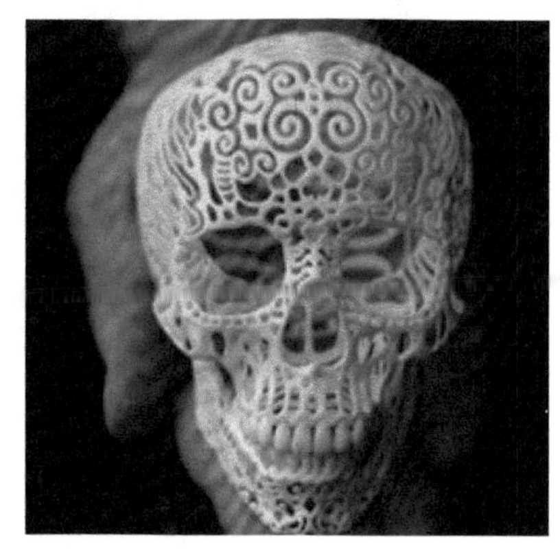

图6-17　利用3D打印技术制作的艺术品摆件

来自英国的设计师Michael Eden认为陶瓷容器具美观与功能于一体，他重新看待陶瓷与周围的关系，利用3D打印技术结合自己的创意制作了一系列陶瓷艺术作品，色彩绚丽，立体感十足，如图6-18所示。图6-19为其他一些利用3D打印技术制作的艺术品摆件。

图6-18　利用3D打印技术制作的陶瓷工艺品

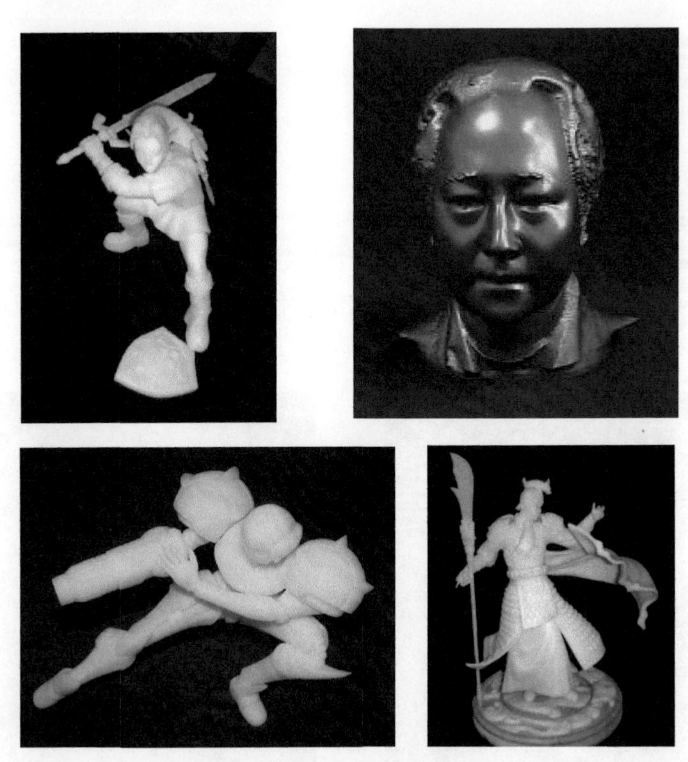

图6-19　利用3D打印技术制作的若干艺术品摆件

4. 珠宝首饰

珠宝加工一直都是个性化定制行业里的领跑者。但是苦于传统加工行业技术的局限性，而使得更多极具概念性的设计胎死腹中。3D打印技术所具备的优势正好可以平衡消费者需求与加工成本之间的矛盾，因其加工成本与造型复杂程度完全无关。有了3D打印技术，珠宝行业的加工技术、加工成本及造型复杂程度都可以不用担心了。使用3D打印机打印贵金属首饰，不仅仅可以缩短时间，最主要的是提高了设计师的设计自由度。设计师可以不用考虑加工工艺，随意发挥自己的创意了。此外，3D打印技术的运用还可以使消费者参与到首饰的设计中来，获得属于自己的个性化首饰。图6-20为利用3D打印技术制作的个性化首饰。

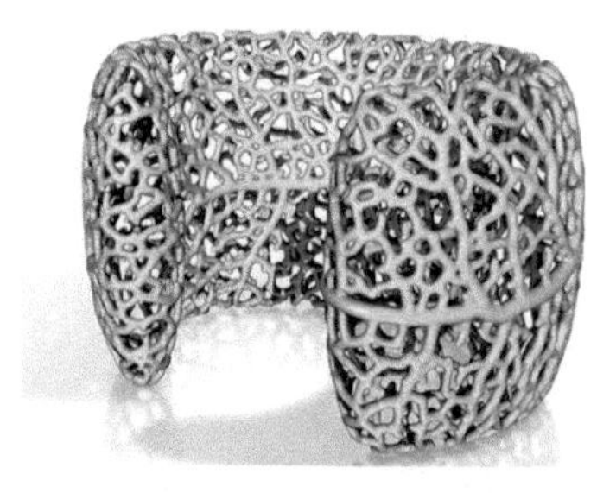

图6-20　利用3D打印技术制作的首饰

5. *活现作品*

荷兰阿姆斯特丹的凡·高博物馆利用3D打印技术，成功复制了画家凡·高的油画。通过3D打印技术复制再造的油画，不仅在图画内容和颜色上更加贴近原作，在油画质地和纹理上也能达到惊人的相似程度。博物馆馆长阿克塞尔·鲁格相信，这种类型的复制品将开创一个新时代，因为它们突破了二维的限制，延伸进了第三维度。凭借3D打印技术，博物馆已经成功复制了凡·高的《杏花》《向日葵》《麦田》《雷电云下的麦田》和《克里奇林荫大道》等，之后还将有更多凡·高作品的3D复制计划。

据悉，利用3D打印技术复制的作品被称作“活现作品”，是博物馆与富士胶卷合作的产物。利用“浮雕体层摄影术”，将油画的3D扫描与3D打印技术结合起来，“复制再造”凡·高的名作。高质量的照相技术用于捕捉油画的画面感，通过3D扫描更加深入探测每一笔、每一刷油彩厚度的细微变化，最后运用3D打印技术再造画家细腻笔触下的变化，使得复制品不仅神似更形似，具有相同的纹理质感。不仅如此，通过“浮雕体层摄影术”，原作的画框也能得到复制，画作背面的信息也能得以保留。为了防止3D打印的复制品被当作真品交易，博物馆在每幅复制品上打印了特殊的标记用于防伪。

通过3D打印技术再造的复制品不仅对于热爱油画却无法承担艺术品高昂价格的艺术迷来说是个福音，而且还可以用作辅助教育，给学生一个近距离接触艺术名作的机会。对于真正的凡·高迷来说，这是他们能够接触到的、最逼真的复制品。据悉，富士胶卷与凡·高博物馆方面签订了独家协议，在接下来的3年中，运用“浮雕体层摄影术”的艺术复制品将仅存在于凡·高博物馆中。图6-21为利用3D打印技术复制的《向日葵》。

图6-21　3D打印的《向日葵》

6.5　3D打印建筑

3D打印技术的适应面日益广泛，不仅可以打印小件物品，甚至可以彻底颠覆传统的建筑行业。利用3D打印技术“打印”建筑与其他3D打印技术的应用不同的是，它需要一个巨型的三维挤出机械，通过与计算机相连接，将设计蓝图变成实物。虽然在概念上设计起来很简单，但实际实施起来却相当复杂，要解决的技术问题非常多。利用3D打印技术“打印”的建筑与传统建筑相比，其优势不仅体现在速度快——可比传统建筑技术快10倍以上，不需要使用模板，可以大幅节约成本，而且具有低碳、绿色、环保的特点；不需要数量庞大的建筑工人，大大提高了生产效率；可以非常容易地打印出其他方式很难建造的高成本曲线建筑；可以打印出强度更高、质量更轻的混凝土建筑物；还可能改变建筑业的发展方向，更多地采用装配式建筑。

目前3D打印技术还不能完成较大体积的建筑，而只能通过打印构件来进行拼装，所以对于广泛使用的高层建筑还无法进行打印，而要将几十层的建筑物打印出来，需要设计出巨型的3D打印机，解决大型建筑物结构强度问题，以及建筑物中钢筋的打印问题。

1. 直接打印建筑

意大利发明家Enrico Dini发明了世界首台大型建筑3D打印机D-Shape，这台打印机用建筑材料打印出了高4m的建筑物。D-Shape的底部有数百个喷嘴，可喷射出镁质黏合物，在黏合物上喷撒沙子可逐渐铸成石质固体，通过一层层地黏合物和沙子结合，最终形成石质建筑物。工作状态下三维打印机沿着水平轴梁和4个垂直柱往返移动，打印机喷头每打印一层仅形成5～10mm的厚度。打印机操作可由计算机操控，建造完毕后建筑体的质地类似于大理石，比混凝土的强度更高，并且不需要内置钢筋进行加固。目前，这种打印机已成功地建造出内曲线、分割体、导管和中空柱等建筑结构。

荷兰建筑师Janjaap Ruijssenaars与Enrico Dini合作打印出6×9个由沙和无机结合料组成的房屋骨架，然后利用纤维混凝土材料填充骨架，而最终的成品是一座拥有流线型设计的两层建筑。这个建筑是一个“莫比乌斯环”式的建筑，天花板延伸成为地板，建筑内部则可以延伸成为外墙。Ruijssenaars用D-Shape分段打造这幢房子。由于担心D-Shape的沙层不能支撑整个结构，因此一次只打印部分建筑，组成外部轮廓，并用钢筋混凝土加固。该项目耗时约18个月，图6-22是该建筑的打印效果图。

图6-22 3D打印房屋效果图

瑞士苏黎世联邦理工大学的两位建筑师Michael Hansmeyer和Benjamin Dillenburger宣布了全球首个3D打印房屋“数字穴怪（Digital Grotesque）”。这是一个面积16m²、高3.2m的房间，用了11t砂岩。整个工程设计阶段用了一年时间，打印过程花了一个月，组装只用了一天。按照Digital Grotesque网站的说法，制造房屋所用的算法在可以预见与无法预见、控制与放手之间找到了微妙的平衡。依靠设计师们开发出的一种算法，虽然打印过程不都是随机的，但最后的成品依然不能被预测出来。最终的成品让人大吃一惊，有些惊悚，但也有美感。图6-23为此房屋经过3D打印成型分块制造后的组装（图6-23a）、房屋整体（图6-23b）及其局部细节（图6-23c）。

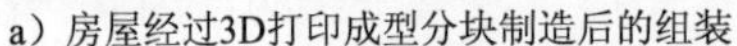

a）房屋经过3D打印成型分块制造后的组装　　b）房屋整体

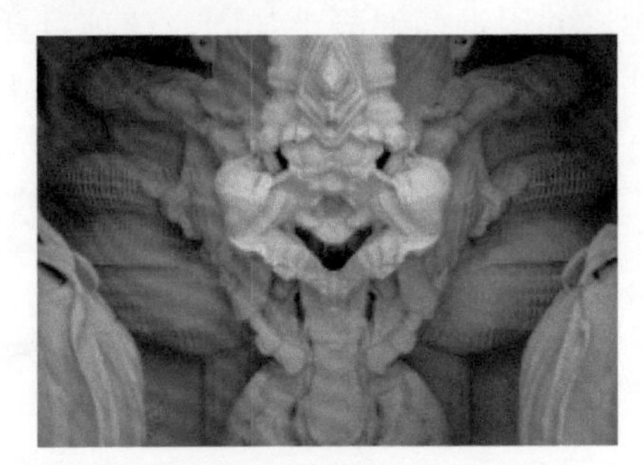

c）局部细节

图6-23　3D打印房屋“数字穴怪（Digital Grotesque）”

2. 建筑模型

路易斯维尔大学3D打印中心为一个行动困难的盲人制作了一个房子的SLS模型。这位名叫Patrick Henry Hughes的盲人今年19岁，在克服重重困难之后成为一名音乐家，他的努力激励了周围所有人。为了使行动不便的Hughes“看得到”自己家房子的样子，“Extreme Makeover”节目组用7天时间利用3D打印技术为他重建了他家房屋的模型。图6-24是Hughes家房子的三维数据模型和SLS模型。

图6-24　盲人借助3D打印技术“看到了”自己家的房子

由于建筑设计的日益复杂，传统的模型制作已经不能满足设计师的需求。在国外，3D打印技术已经成为建筑设计师不可缺失的工具。制作建筑模型的目的一般只有一个，那就是“交流”。使用3D打印技术打印建模模型，可以达到以下目标：

（1）赢得项目　赢得更多的建筑项目有很多途径，其中非常重要的一点就是要有好的设计理念并且能够把这种理念展现出来。3D打印模型在这点上是非常实用的。一般来说，人们需要花费大量的时间看图样以了解一项建筑设计。而通过平面图样想象出建筑的三维形象的能力却往往需要大量的训练和经验才能获得。3D效果图对于这点有些许帮助，但是也有它的局限性。3D效果图的不容忽视的缺点便是，它仅仅只是作品最后的外观照片而已，所以整个想法就定形了，反而失去了更多的改进空间。而3D打印的建筑模型则恰有可以实现在项目设计过程中实时交流想法并改进的优点，这点在与客户沟通的过程中是非常必要的。

（2）初步设计之整体规划　一个建筑物不可能自己矗立起来，它总是有背景的。即使它矗立在空旷的土地之上，这片土地也是它的背景。一项好的设计必然要将此考虑在内，并且对此做出处理。因此在建筑群初步设计阶段，设计师必须充分考虑好这些。做到这点的一条非常好的途径就是通过3D打印技术制作建筑全景式模型，比如可以随意转换组合的模型。这样做的优点在于，你只需要通过不同的组合来改变设计规划，不需要反复从头开始。

（3）建设细节规划　随着建筑项目的进度，3D模型的性质也变了。之前已经确定了初步的宏观想法，紧接着便要优化细节了。室内设计往往涵盖了硬件、表面材料和装饰材料。设计师需要使用3D打印机制作出1:1的等比例的专门设计的室内特征模型，作为向客户展示并确认设计是否真的符合客户心意的方式。

Rietveld Architects公司于1994年成立于纽约市，因其提供大规模、创新的商业和住宅空间而享誉整个美国和欧洲。手工方式构建这些模型通常需要两名员工花上超过两个月的时间来切割、装配和修整由硬纸板、泡沫板和树脂玻璃构成的组件。手工制作这些复杂零件所花费的时间和费用决定了这些模型不够精细，创造力有限，因此有时展示的模型没能充分突出其设计的卖点。而3D打印技术的应用使快速制作高精细度和准确性的模型成为可能，更好地诠释了设计师们的设计理念。图6-25为Rietveld Architects公司利用3D打印技术制作的建筑模型。

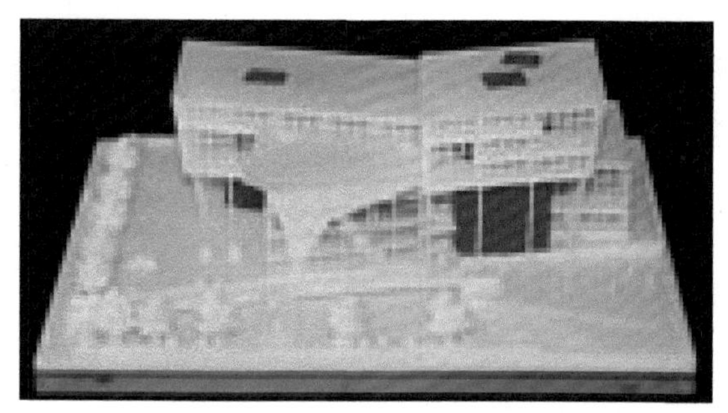

图6-25　Rietveld Architects公司利用3D打印技术制作的建筑模型

芝加哥建筑协会与Google街景地图合作，使用3D打印技术，将原本只能从计算机或手机屏幕上瞧到的Google街景地图做成三维模型（图6-26），并向市民和游客免费开放。除了让市民和游客更直接地熟悉芝加哥的城市风貌，该模型也为设计师和建筑师使用3D打印技术来展示他们的作品指明了方向。

图6-26 根据Google街景地图借助3D打印技术制造的芝加哥城区模型

图6-27为设计师们利用3D打印技术制作的其他一些各种各样的建筑模型。图6-28为采用3D打印技术制造的可以穿在身上的建筑模型。

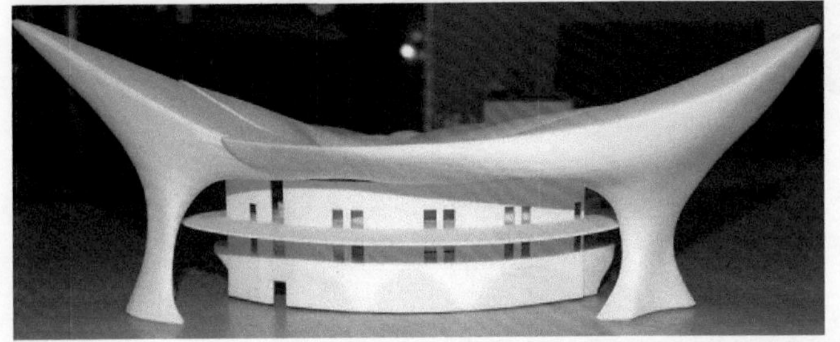

图6-27 利用3D打印技术制作的建筑模型

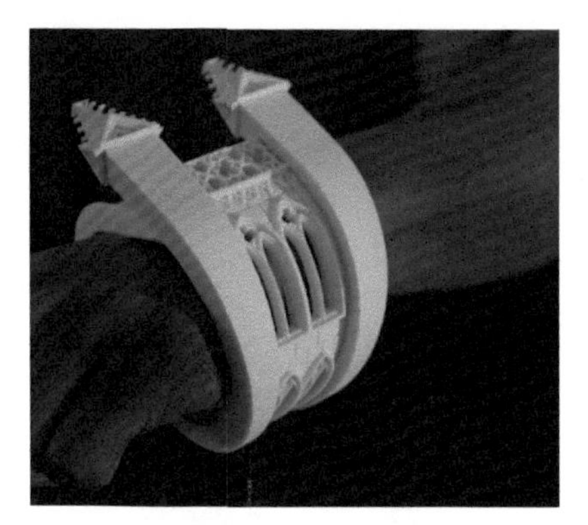
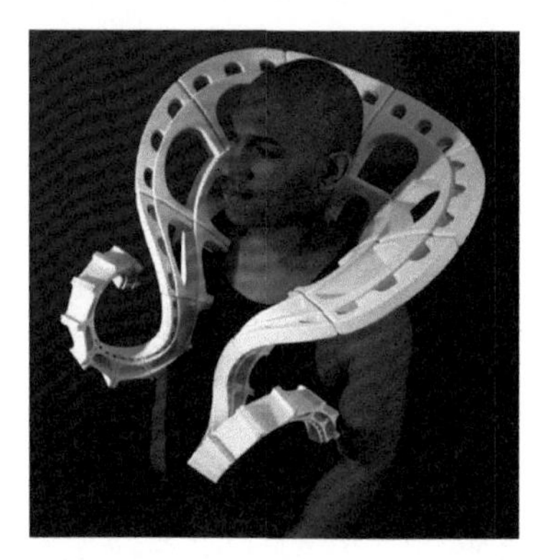

图6-28　利用3D打印技术制作的可穿在身上的建筑模型

6.6　3D打印文体娱乐用品

滑雪板在20世纪20年代就已经出现，传统的滑雪板主要由木材、树脂、层压板和P-Tex制成。现在，随着3D打印技术的发展，Signal与GROWit 3D两家公司在制作过程中使用一台型号为Connex500的打印机制作了一块滑雪板，如图6-29所示。在制作这块滑雪板的过程中，遇到的最大问题就是3D打印机能打印出的物体大小受限制。于是将滑雪板分成一小块一小块地打印，然后再将它们拼接起来，拼接后加入金属条固定就制成了滑雪板。

图6-29　利用3D打印技术制作的滑雪板

击剑的剑柄必须与击剑选手的手相互契合，剑柄形状上细微的差别往往可能会左右击剑比赛的胜负。在3D打印技术出现前，世界上只有一种类型的击剑柄，因此每位击剑选手都必须亲自对剑柄进行再加工，使之与自身相契合并添加防滑表面。同时，如果击剑损坏，运动员就很难找到一个完全一样的替代品。3D打印技术的出现为解决这一难题带来了突破性的解决方案。在备战2012年奥运会期间，筑波大学的研发人员对击剑选手的用剑进行了实体3D扫描，并将数据整合到3D CAD中。然后采用Objet350 Connex 3D打印机进行剑柄的制造，如图6-30所示。研发人员能够根据运动员的使用反馈对每柄剑都做出精确的调整，并制作出了70件剑柄供运动员使用。3D打印技术帮助日本击剑队在

2012年奥运会上取得银牌。

图6-31为名叫“ODD Spider”的吉他，外形酷炫，是使用德国EOS公司的SLS 3D打印机（塑料粉末烧结系统）打印的，其使用的Polyamide 2200原料可以染成任意颜色。制作出身躯后就可以在上面安装所需要的琴颈和琴弦了。使用3D打印的好处之一就是可以完全按照需要定制所需的造型。

图6-30　采用3D打印技术制造的剑柄

图6-31　利用SLS 3D打印机制作的吉他

Fender乐器公司是设计和制造弦乐器及音响的企业，例如实心电吉他（包括Stratocaster和Telecaster）等。公司的设计小组紧跟市场趋势，探索使用不同的颜色、图形和金属及塑料零件。Fender现在使用3D打印技术为几乎每个产品创建零件、实物模型和原型，以便在投入生产前进行大量的概念性工作和研究，以确保提供真正适合的产品。3D打印技术的使用使新音响的上市时间缩短了6～12个月，制作原型成本的降低促进了更频繁的原型制作，从而有助于改进产品设计。图6-32为利用3D打印技术制作的乐器和音响。

图6-32　利用3D打印技术制作的乐器和音响

图6-33所示的精美的日本竹笛是由3D打印技术采用不锈钢材料做成的，其成品可以为镀金表面或磨砂青铜表面。这个竹笛长9.4in，近距离观看可以看到有精致的龙纹雕刻。

3D打印技术日渐成熟，而各种利用3D打印技术生产的产品也层出不穷。日前，著名运动品牌耐克公司设计了一款足球鞋。这双3D打印的耐克足球鞋名为Vapor Laser Talon Boot，整个鞋底都是采用3D打印技术制造的，如图6-34所示。足球鞋不仅外观看起来很炫，而且还拥有优异的性能，能提升足球运动员在前40m的冲刺能力。这双足球鞋鞋底采用了选择性激光烧结技术，通过一个大功率激光器有选择地将塑料颗粒烧结成型。该技术能使鞋子减轻自身质量并缩短了制作过程，整双鞋子只有150g。

图6-33　利用3D打印技术制作的日本笛子

图6-34　SLS工艺打印的耐克足球鞋

巴西鞋业巨头Macboot公司采用先进的3D打印技术提高了其产品的性能，如防水性、通风性和耐久性等。Macboot公司以前的设计和原型制作都是人工进行，没有软件，也没有3D打印设备，结果总是去处理精确度和产品质量问题，既浪费了时间，又提高了成本。图6-35为Macboot公司采用3D软件进行设计并采用3D Systems公司的Projet3500 HDplus光固化设备制作的鞋样。

此外，3D打印技术在鞋品开发中作为设计评估和验证也发挥着重要作用，图6-36是另外两款鞋品的造型及其3D打印的原型。

始建于1913年的英国奥斯顿马丁（Aston Martin）是国际著名豪华轿车、跑车的制造商，在最新的James Bond影片《Skyfall》中有一段James Bond的轿车在燃烧中爆炸的场景，为了达到逼真的效果，奥格斯堡的3D打印服务中心采用Voxeljet 3D打印技术制作了3台Aston Martin DB5模型车，模型车为真实车型尺寸的1/3。奥格斯堡的3D打印服务中心采用世界上最大的3DPG设备VX4000打印了18个零部件组装车模，喷漆后镀铬，非常逼真。图6-37为用于James Bond在其影片《Skyfall》中爆炸场景使用的Aston Martin DB5模型车。

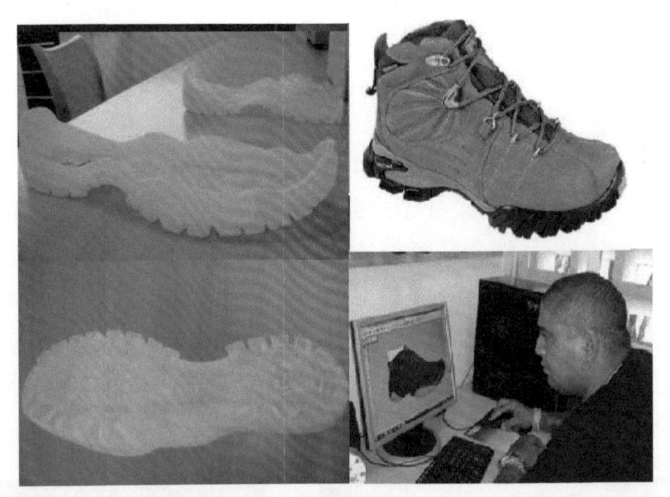

图6-35　Macboot鞋业公司借助3D设计与打印技术辅助其新品开发

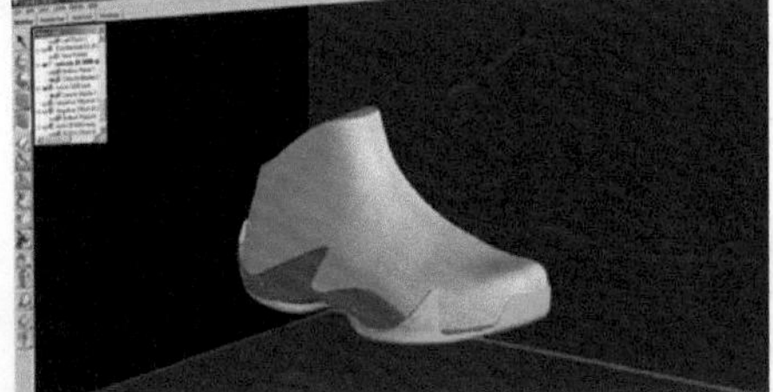

图6-36　3D打印的样品用于设计评估和验证

a）组装中

b）镀铬后

图6-37　Aston Martin DB5模型车

6.7　3D打印食品

3D打印技术已加入美食制作的行列中。或许你早已听说了巧克力3D打印机，但你是否听说过意大利面3D打印机呢？图6-38～图6-47所示实例为人们利用3D打印技术打印食物的最新创意应用。

图6-38　3D打印人脸冰棒

图6-39　美国3D Systems公司全球首款家用3D食物打印机打印出的食物

图6-40　3D打印的逼真蛋糕

图6-41　3D巧克力打印机

图6-42　法国烹饪学院利用3D打印技术制作的拖拉机巧克力

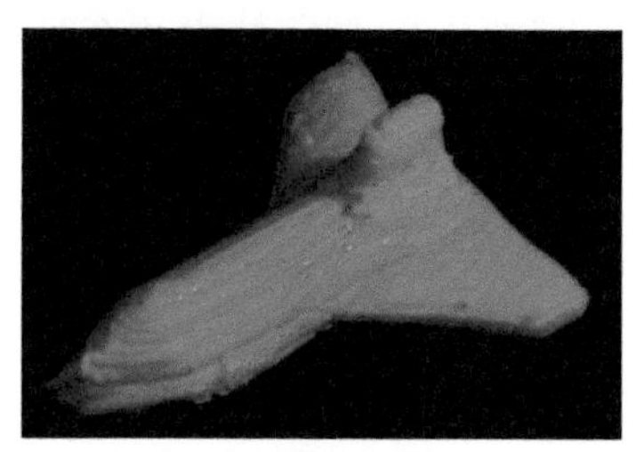

图6-43　法国烹饪学院利用3D打印技术打印的奶油飞机

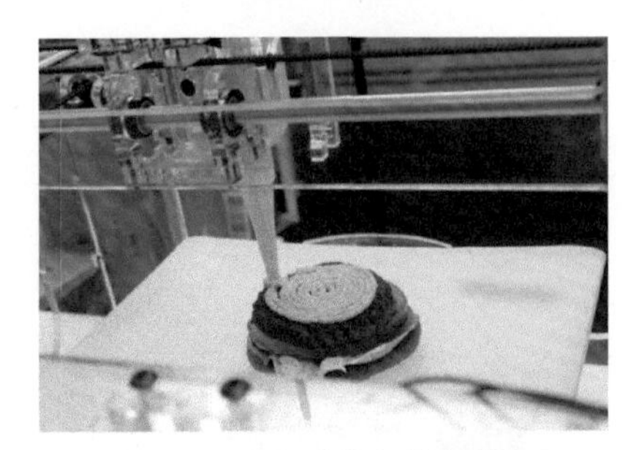

图6-44　西班牙推出的首款3D食物打印机

图6-45　意大利食品制造商Barilla的3D食物打印机正在打印意大利面条

图6-46　西班牙Natural Machines出品的“Foodini”3D食物打印机及成品

图6-47　咖啡3D打印机完美呈现球星头像

6.8　3D打印其他应用

3D打印技术在文化创意领域的应用虽然才刚刚起步，但有着巨大的发展空间。除了在玩具的生产制造，文物保护、复制及衍生品开发，工艺品制造以及建筑等领域外，3D打印技术还在3D照相、雕塑、时尚服装、实用创意小工具等方面有了广泛的应用。

1. 3D照相

几乎每个人都有自己的照片，不过自己的微缩雕塑却不是每个人都能拥有的。3D打印技术在3D照相上的应用可以为你实现这个梦想。首先，需要花大约一刻钟的时间将自己的全身外形扫描至计算机，然后工作人员通过计算机得出数据，并进行处理得出三维模型，利用3D打印机将模型打印出来，从而得到个人的三维实体。经过大约2h的制作过程，三维立体模型就能打印出来，顾客后期还可以按照自己的喜好对其进行上色。微雕塑像的原料可以是有机或者无机的材料，例如塑料、人造橡胶、铸造用蜡等，不同的打印机厂商所提供的打印材质不同。3D真人肖像艺术创意在高端礼品行业的应用，开创了一个新的局面，即高度私属定制时代，也可以称为“信物时代”。图6-48为3D照相馆采用3D打印技术打印的个人微缩肖像模型。

图6-48　3D真人肖像模型

2. **雕塑**

雕塑是为了美化城市或用于纪念意义，具有一定寓意、象征或象形的观赏物和纪念物。在传统工艺流程下，完成一件雕塑作品通常会经反复修改、删添、起草等流程，然后再进行手工雕琢，一件作品往往要历时几个月。直到数码雕塑艺术的出现，艺术家不再受重力、粘连、切割等干扰，在前期构思中提供了更为宽阔的想象空间。但仅仅有计算机的数字技术还不够，因为它满足的是艺术家们的前期构思，也只能在计算机中呈现自己所想要的艺术作品。数码雕塑的另一里程碑源于3D打印技术的应用，它与数字样机技术完美结合。运用3D打印技术，在计算机中呈现的艺术样品可以不受工艺的限制而被完美地制造出来。

美国博物馆与红眼3D原型制造商合作打印出了跟人等身高的作品——杰弗逊3D雕像，如图6-49所示。这座雕像被放在了史密森尼博物馆。为了展出方便，博物馆制作了杰弗逊雕像的复制品。工作人员通过3D激光扫描现有的雕像，向3D原型制造商发送三维数据。雕像打印结束以后，再经过多次加工让它看起来像铜像作品。后期制作包括抛光、上漆等，再喷涂上金色涂料。

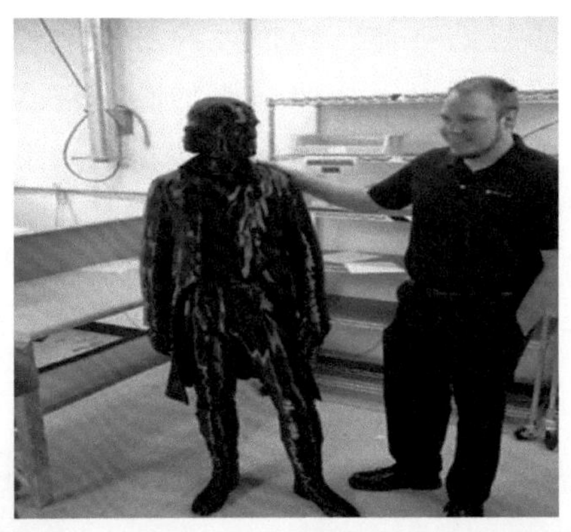

图6-49　利用3D打印技术制作的杰弗逊雕像

来自达拉斯（Dallas）的著名画家和雕塑家Heather Gorham采用动物塔雕塑（图6-50）来诠释人们对不莱梅音乐家的怀念，他在计算机上使用自由造型软件，赋予每一个动物栩栩如生的形象。动物塔雕塑是利用奥格斯堡（Augsburg）服务中心的高性能3D打印机Voxeljet由沙子制作完成的，整个雕塑高1.2m、质量66kg，用了22h打印完成。

图6-51是2012年在韩国展出的雕刻家名和晃平的巨型作品《Manifold》（13m×15m×12m）的1/30模型，采用3D打印机成型。制作微缩模型是为了研究光线效果和仰望时的感受，作品前方是人的1/30模型，通过制作微缩模型，可以对展示方式进行模拟探讨。

图6-50　Heather Gorham的动物塔雕塑

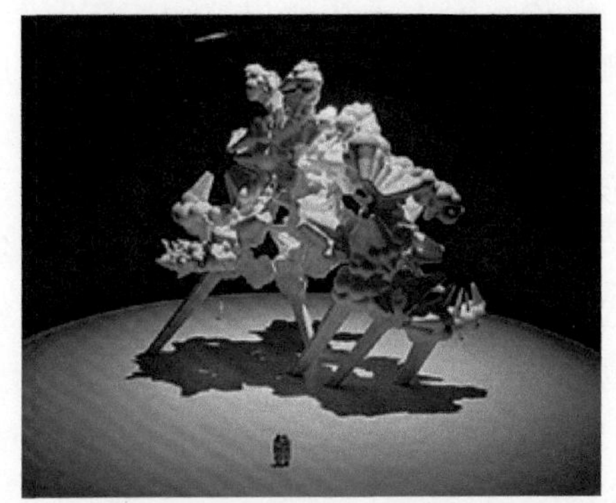

图6-51　3D打印的《Manifold》雕塑的缩比模型

3D打印技术在雕塑艺术品创作的可视化展示中得到了非常好的应用效果。许多离奇的雕塑艺术品的创作灵感来源于海洋生物的形貌、有机化学的晶体结构、细胞结构的生长图形、数学计算演变的结构等。图6-52为基于某种螺旋环面生物的基本形貌而创作的叫作“棘皮动物”的雕塑。图6-53为一种基于细胞生长算法构造的有机体结构图的雕塑模型。图6-54示意的雕塑形式来源于一本关于立体有机化学书籍中对某种网格的描述。后来该晶体结构被普及传播而被称作K4晶体。这个结构在各个方向上的投影存在着巨大不同，需要通过实体模型辅助才可看清其复杂的构造。

图6-52　基于海洋螺旋环面生物形貌创作的雕塑模型

a）原始模型

b）着色模型

图6-53　基于细胞生长算法构造的有机体结构图的雕塑模型

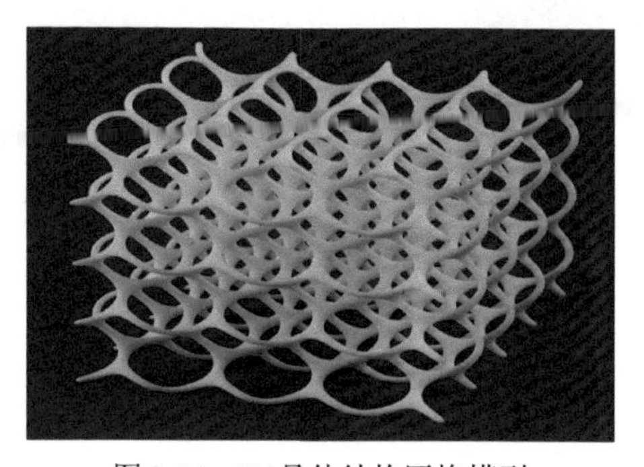

图6-54　K4晶体结构网格模型

3. 别致手机壳

一位来自荷兰的文身绘图设计师，利用3D打印技术打印出了别具异域风情的手机壳，如图6-55所示。这些手机壳采用了新西兰原住民毛利人文身图案，适用于iPhone 4S和iPhone 5。文身设计师从原住民部落人身上的文身图案风格受到了启发，单纯从审美的角度，利用当前最热门的3D打印技术，成功设计并制作出了带有异域风情文身图案的iPhone手机壳。这些手机壳分别有红色、蓝色、白色和黑色不同颜色可供选择。整个文身风格手机壳的制作过程，都是首先用手工绘制文身风格的图案，之后将其转化成高分辨率的Polychemy文件，再转换成三维模型，然后用坚固有弹性的聚酰胺塑料利用3D打印机打印出来模板，最后经过雕刻而制成。这款手机壳一旦安装到你的iPhone手机上，就会与手机结合得非常牢固，并不妨碍所有端口和按钮的使用，也不会对摄像头和闪光灯造成影响。

除了文身图案的手机壳之外，设计者们还利用3D打印技术制作了各种各样的别致手机壳。3D打印和设计公司Polychemy推出的iPhone 4、iPhone 4S和Blackberry专用的手机壳就用了3D打印技术，将较复杂的指纹、复杂的漩涡和迷宫等图案打印出来，有白色、黑色、红色或紫色可供选择，更可把自己的名字融入设计中，使其更具个性化，如图6-56所示。

图6-55　带有文身图案的手机壳

图6-56　利用3D打印技术制作的别致手机壳

4. **工艺用具**

3D打印技术还可以制作充满创意的小工具。如图6-57a所示的卷线器，这个齿轮形状的卷线器是3D打印作品，可帮助省下整理繁杂数据线的时间。图6-57b所示的3D打印iPad支架，不仅实用，而且外形充满力量感和美感，可作为艺术品摆放在家中。图6-47c所示的3D打印鸡蛋搁架，造型独特，为鸟巢形状，虽然用途不是很大，但是一个能增加生活情趣的创意厨具。

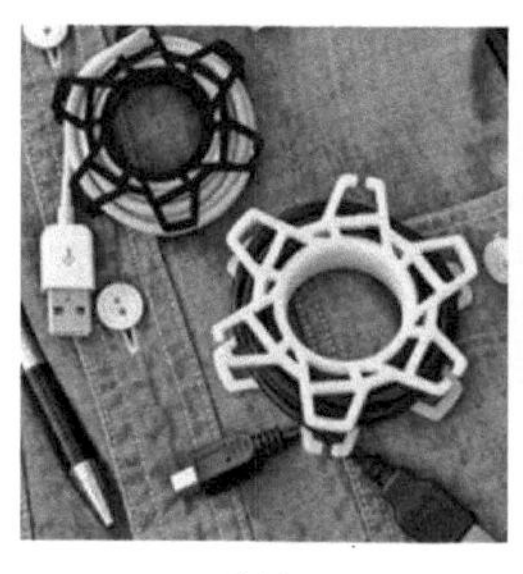

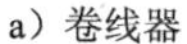

a）卷线器　　b）iPad支架　　c）鸡蛋搁架

图6-57　实用工艺品

5. **服装**

近年来，3D打印技术成了一些服装设计师创作时的重要工具。荷兰服装设计师伊利斯·赫本利用3D打印技术设计并制造出了“结晶”主题时装。3D打印技术由此正式跨入时尚设计界，成为潮流思维的环节。图6-58为赫本利用3D打印技术设计制作的服装。

图6-58　赫本利用3D打印技术设计制作的服装

3D打印技术为时尚界带来的冲击，不仅使以往布料难以诠释的立体造型得到实践，更重要的是3D打印制作时所使用的3D扫描图、尼龙材料为“合身”下了全新的定义，即它可以完全服贴身形定制。虽然时装秀的概念不知多久之后才会付诸实现，但已有品牌将利用3D打印技术制作的服饰量产。Continuum Fashion公司将“串联”“大小圆点”等设计元素，放入名为N12的全球首款量产的3D打印比基尼中，让它能够更服帖于人体线条，不再受限于传统剪裁。

除了服饰设计之外，讲究时尚外形的家装、制鞋，甚至是艺术创作等，都是3D打印技术的用武之地。美国Continuum Fashion工作室最近设计了一款可穿戴的3D

打印鞋“Strvct”，如图6-59所示。这个带有未来主义风格的网状结构主要由3D打印的尼龙组成，在制作过程中要连续不断地给材料分层，直到堆积完成，制作出精细复杂的成品。鞋子从外形上来看十分精致易碎，但实际上不仅轻便而且强韧。内部附加了获得专利的皮质鞋垫，鞋垫上面还涂有一层合成橡胶以增加摩擦力。

此外，设计师们还设计了3D打印制作的塑胶鞋，具有金属质感的高跟鞋，可以带给使用者真正的凉爽，造型别致，夺人眼球。图6-60为造型各异的3D打印的鞋子。

图6-59　3D打印鞋“Strvct”

图6-60　造型各异的3D打印鞋子

6. 花盆

三伏天是一年中气温最高且潮湿、闷热的日子，燥热的天气里人们更应注意心情的“降温”，养几株绿植在讨喜的花盆里，是个不错的选择。因此，D.Age公司推出了两款来自“给植物一个家”设计征集活动的3D打印花盆，给人们的心情“降降温”。“留下来做一件不灭的印记，好让那些不相识的人也能知道，我曾经怎样深深地爱过你”，这情感的诉说来自于席慕蓉的《印记》。D.Age旗下设计师正是被这深情所感动，并由此迸发出灵感，设计出了“印记”这两款寄托情感的花盆，如图6-61所示。

图6-61　采用PLA材料3D打印的“印记”花盆

“印记”采用3D打印技术，选用PLA材料制作而成。顶部留有小孔，可以用绳子挂起来，简便、灵活又节省收纳空间；底部留有出水口，有助于滤水透气，给植物创造更好的生长环境。另外，设计师在花盆形态上对男女的体态进行了抽象提取，其造型婉如一对含情脉脉的恋人。

这两款D.Age盛夏白色风3D打印花盆不仅素净淡雅、清新养眼，而且能带来视觉和心理的双重舒适感，更暗含着让我们学会“尊重”的人生哲理，尊重爱情，尊重生命。

7. 地理空间信息

3D打印技术在地理空间信息上有了初步应用。在技术方面，地理空间信息使用的3D打印工艺最多的是3DPG技术。该工艺利用粉末材料进行成型，例如陶瓷粉末或金属粉末等。在成型阶段，这些材料粉末不是通过烧结连接起来，而是通过喷洒粘结剂将零件的截面“印刷”在材料粉末上面，再用高压不断紧固，如此循环操作，最终3D模型就能按照设计的需要打印出来。

在整个打印流程中，对地理模型三维数据的掌握是打印出精准模型的关键。获取三维数据主要有两种途径，一是借助CAD三维软件，直接对地理模型进行设计；二是直接通过GIS软件和从卫星3D影像数据中导出三维DEM（数字高程模型）或3D打印机兼容的VRML/PLY文件。获取地理模型3D数据后，便可直接对目标进行打印。

传统的制造工艺相当耗费人力及物力，制作人的水平则更是要非常精湛。但3D打印技术的使用完全可以摆脱在工艺成本上的一些负担，只需要全方位的三维数据或一位三维设计师，再配置一台3D打印设备，就可以完成地理模型从设计到生产甚至是量产。

3D打印技术在地理空间信息领域的应用有如下三个新方向：

（1）房地产3D沙盘模型　比如对于传统的房地产沙盘模型来说，购房者在看建筑沙盘时，往往会发现这些沙盘结构（建筑外体或室内结构剖面）是缺乏标准的比例尺衡量而失真的。而在3D打印技术的支持下，只要前端3D设计流程中提供标准三维设计数据，打印出来的3D沙盘模型不仅外观精细准确，内部结构也是标准的比例，从而极大地提升了其对于购房者的参考价值。

（2）地理信息科研领域　目前，国外的3D打印技术已经在地质研究、地下结构可视化、野外环境分析以及军事指挥等方面有了许多成熟的应用。而在国内，一些测绘装备类企业，也积极为国内的3D打印技术在地理信息领域的应用提供着硬件、软件技术以及数据上的支持，通过精准的测绘数据，便能够清晰地打印出高标准的模型。

（3）地理文化产品领域　地理文化产品可以说是最为亲民的地理空间信息的发展方向。如英国和美国都有专门出售一些3D地理结构的商品和提供3D地形定制化服务的3D打印商。利用3D打印技术制作地图对于客户来说可能意味着，比如某一天这些人征服了一座山峰，他们希望打印一份3D地图来表现他们对这座山“了如指掌”，那么委托3D打印商制作这么一块3D地图将对这些客户有着特殊的意义。另一方面，3D地图也可以作为纯粹的居家展览品、学校的教学工具或者小孩子的玩具。

图6-62为利用3D打印技术制作的地理信息模型。

图6-62　利用3D打印技术制作的地理信息模型

8. 机器人

法国一位名叫盖尔·朗葛文的雕塑家仅花了800美元自制了一台真人大小的机器人，所需工具仅包括一台3D打印机、一些电动机以及电路板等，可以实现抓东西、摇晃头部、伸展手臂以及识别人的语音命令等功能。朗葛文为这个机器人取名为“InMoov”，如图6-63所示。

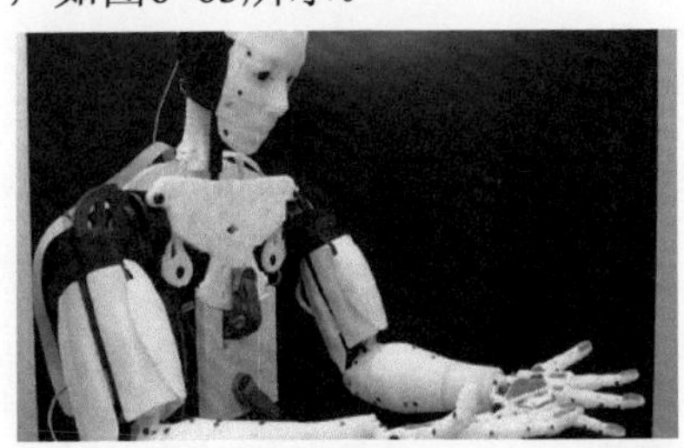

图6-63　利用3D打印技术制作的机器人“InMoov”

9. 钥匙保存

粗心大意的人总是丢了钥匙或忘记放在哪里。针对这种情况，比利时保险公司DVV和其代理福布鲁塞尔（Happiness Brussels）推出了一项新的服务，使用3D扫描和3D打印技术来帮助这些经常丢钥匙的人们。

这项服务被称为“钥匙保存”，如图6-64所示。客户可以用3D扫描仪扫描出自己钥匙的3D模型，并将其保存在一个安全的服务器上。当钥匙不见了的时候，他们便可以从服务器上下载自己的钥匙3D文件，然后用3D打印机打印出来，最后就可以用这把3D打印的钥匙进入家门。DVV声称这项服务将为这些用户省钱，因为每年都有很多人丢了钥匙后被迫换锁。

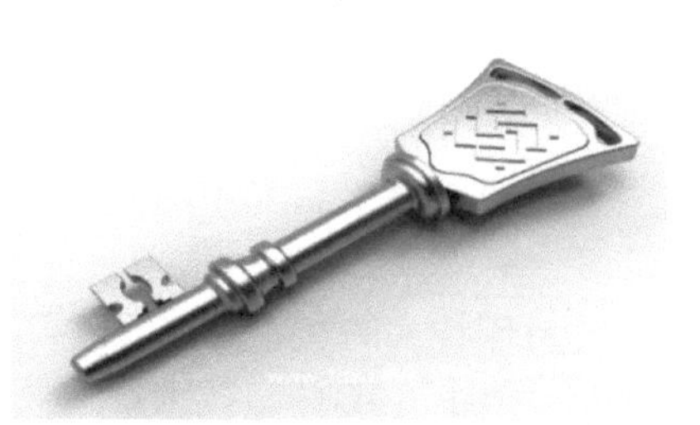

图6-64　3D打印技术可以提供“钥匙保存”服务

10. 胚胎模型纪念品

日本工程公司Fasotec将3D打印技术和核磁共振扫描相结合，打印出胎儿模型为准妈妈们留做纪念。准妈妈需要先通过核磁共振扫描，然后3D打印设备利用扫描数据打印胚胎模型。这种服务被Fasotec称为“天使的形状”或“雕刻天使”。在签下协议后，Fasotec会对怀孕妈妈的子宫进行CT和核磁共振扫描，获得子宫内胎儿的3D模型，然后开启3D打印机，用树脂打印出一个完全相同的胎儿3D模型，完成后模型将被包裹在90mm×60mm×40mm的方形礼盒中送给准妈妈们作为纪念。3D打印的胎儿模型如图6-65所示。

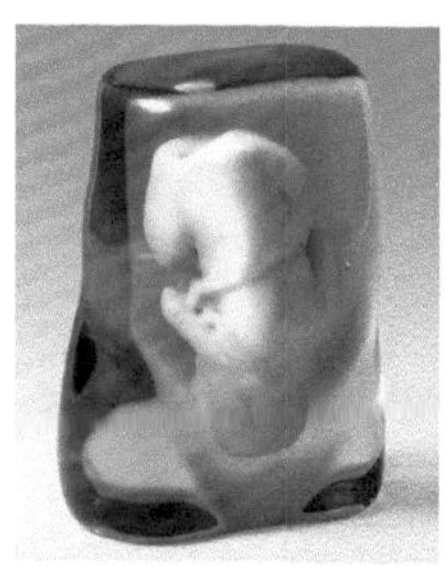
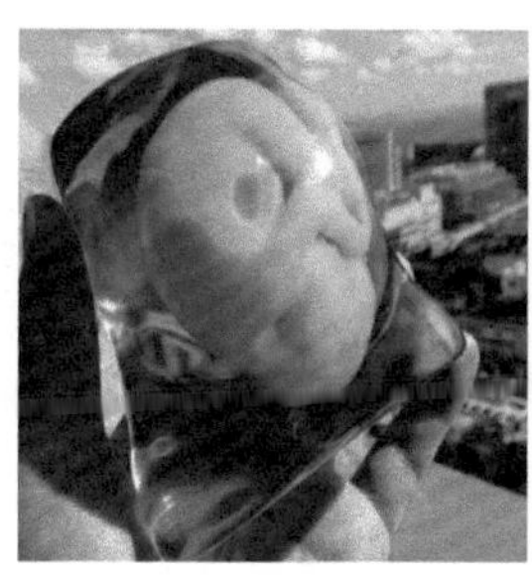
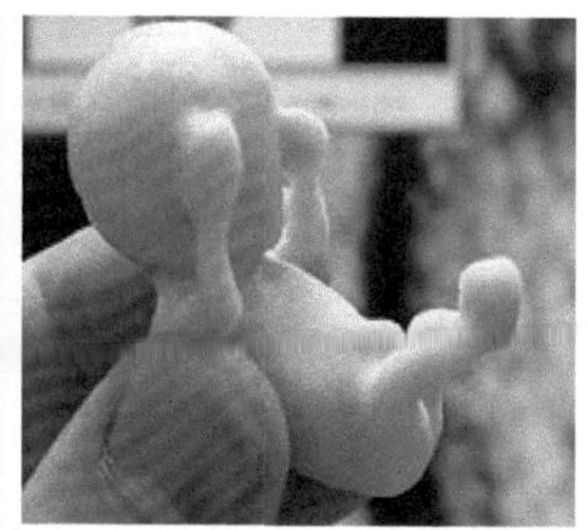

图6-65　采用3D打印技术打印的坯胎模型

第 7 章　人类健康的福音

3D打印技术自20世纪80年代末推出以来，首先在制造业得到了迅速应用和发展。虽然早期的医学应用只占不到10%的3D打印制造市场，但医学领域的应用对3D打印技术的发展提出了更高的要求。运用生理数据采用SLA、LOM、SLS、FDM、3DP等3D打印技术快速制作物理模型，对想不通过开刀就可观看病人骨结构的研究人员、种植体设计师和外科医生等能够提供非常有益的帮助。同时，LENS、EBM、SLM等金属结构件3D打印技术，对医学植入体需求的钛合金等生物相容性较好的构件实现了完美的定制化快速制造。在医用模型和种植体制造、颌面与颅骨修复、辅助诊疗以及医疗器具制造等方面，3D打印技术表现出独特的优势，显著地提高了医疗水平。3D打印技术所具有的个性化制作的快速性、准确性及擅长制作复杂形状实体的特性使它在医学领域有着广泛的应用前景。

组织工程是3D打印技术目前最前沿的研究领域。尽管3D打印技术在组织工程领域的应用起步稍晚，但发展势头迅猛。现阶段已形成：多孔支架及人工骨制造、细胞及器官打印、医疗植入体打印制造等多个应用发展方向，而细胞及器官打印无疑最具有想象空间。国外医疗研究机构采用生物3D打印机已经成功打印出耳朵、皮肤、肾脏、血管等人体组织与器官。人们在惊叹于3D打印技术的神奇的同时，也寄希望于它给人类生物医疗的发展带来更加光明的前景。

3D打印技术在医疗领域的应用以及在组织器官打印方面的前景，已被人类为自身的健康和生命的延续赋予了众望，3D打印技术在医学领域与组织工程领域的每一项应用都成为人类健康的福音。

7.1　3D打印医用模型

利用3D打印技术，可将计算机影像数据信息形成实体结构，用于医学教学、辅助诊断、手术方案规划和手术演练等。传统医学教学模型制作方法时间长，搬运过程容易损坏，且传统方法无法逼真地制作出具有精确内部结构的人体模型。使用3D打印技术，可在工作现场根据需要随时制作与解剖结构一致的教学模型和手术模型，使教学讲解与学习更为明确和透彻，使手术操作人员能够更好地制定和掌握手术方案，减少手术风险。

图7-1为采用3D打印技术制作的人类大脑模型。图7-1a显示了大脑的每个功能区域与其他区域是如何连接的，以及采用不同的颜色给出与大脑各部分之间的信号相关的血流模式。图7-1b为人体大脑白质纤维的精确模型，是采用聚酰

胺按照1∶1制作的。

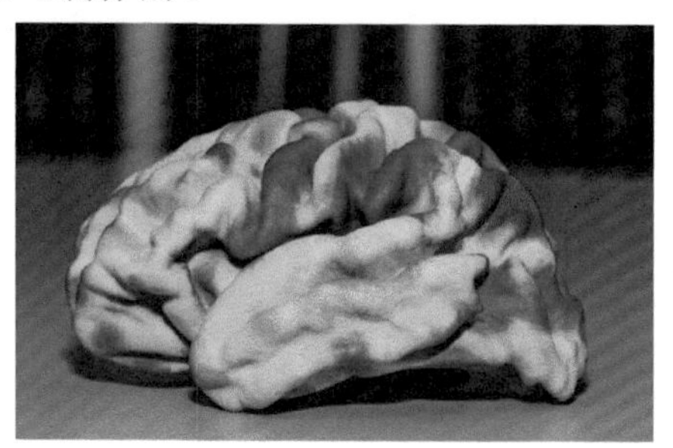

a）3D打印技术制作的人类大脑模型　　b）人体大脑白质纤维的精确模型

图7-1　人体大脑模型

科学家已利用3D打印技术打印了第一个人类心脏的模型，并使这颗心脏能像正常人类心脏那样跳动，如图7-2所示。该心脏模型由塑料制成，是患有不寻常并发症病人的心脏的精确解剖副本。该心脏模型对于演练复杂手术是非常理想的对象，它使得外科医生能够看清他们要进行手术的精确解剖情景。

图7-2　利用3D打印技术打印的人类心脏模型

3D打印技术帮助日本一家医院的外科医生解决了一个难题。他们在给一名儿童进行以其家长为供体者肝脏移植手术之前，需要对供体肝脏进行切割的同时又要保留其功能，下刀稍有闪失后果将不堪设想。他们在3D打印机制作的供体肝脏模型上进行模拟操作并制定出手术方案，最后成功完成了这台手术。图7-3为利用3D打印技术制作的供体肝脏模型。

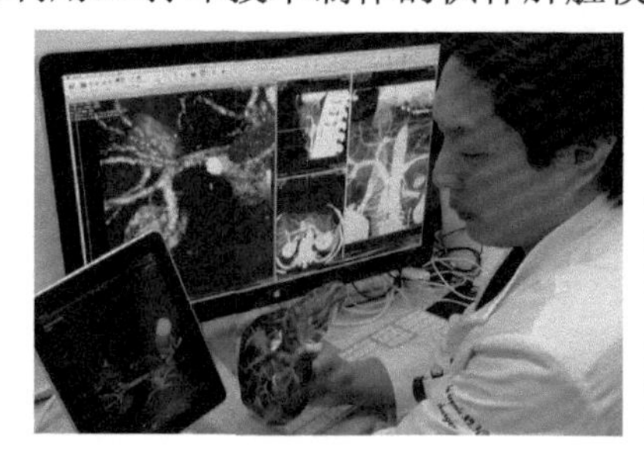

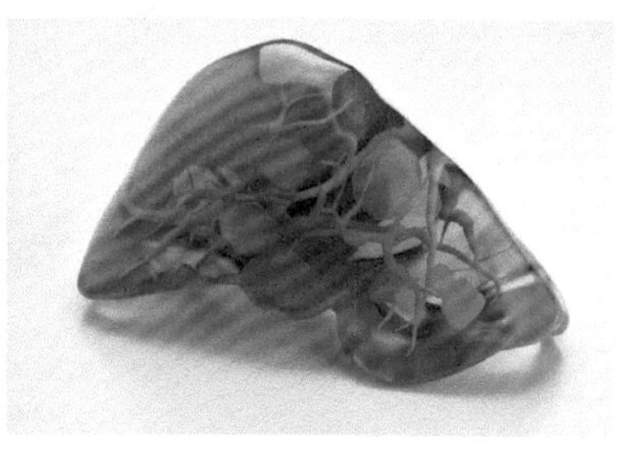

图7-3　3D打印技术制作的供体肝脏模型

这个肝脏模型是利用3D打印技术采用丙烯酸树脂做出的半透明模型，能帮助外科医生了解肝脏的内部结构，例如血管方向或肿瘤的确切位置。这个肝脏器官模型外观逼真，而且具备真实器官的湿润度和质感，更加便于外科医生对其下刀。

美国加州大学洛杉矶分校马泰（Martel）儿童医院成功地为一对头颅连体双胞胎婴儿（图7-4a）实施了头颅分离手术。其中引人注目的是手术前医院采用了以色列Object公司的3D打印机制作出精确的连体头颅模型（图7-4b），然后根据手术分离的位置切开头颅骨模型（图7-4c），获得手术分离位置层的脑血管分布等信息（图7-4d），据此进行了缜密的手术方案研究，使手术顺利进行，只用了22h便完成了连体婴儿的分离手术（图7-4e），而以往类似的手术则长达72h。手术主刀医生，医院儿童颌面外科主任Kawamoto博士说："3D图形再好，其作用也无法和我手中的这个模型相比。"

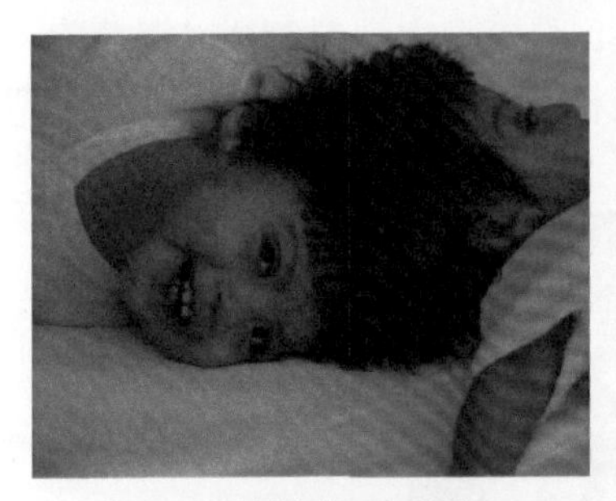

a）一对头颅连体双胞胎婴儿

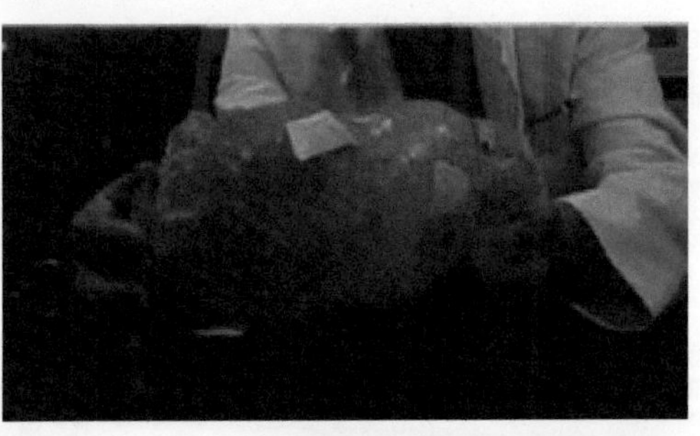

b）3D打印连体头颅模型

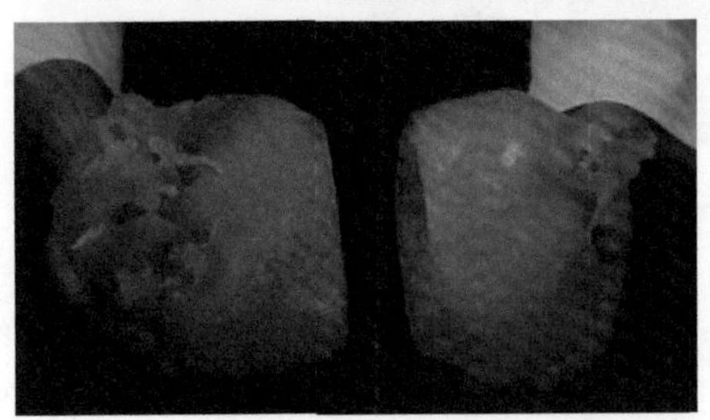

c）在手术分离的位置切开头颅骨模型

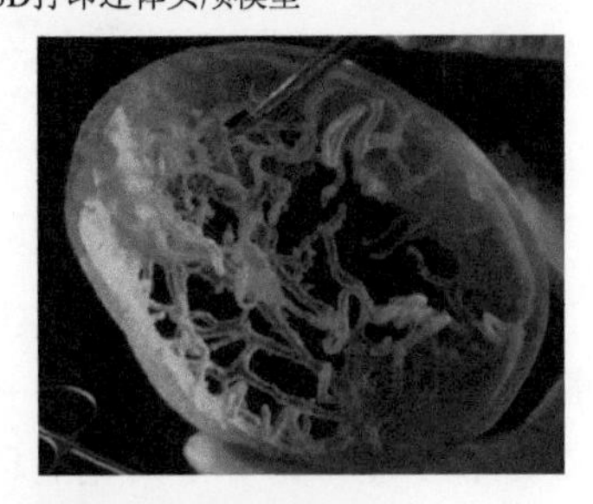

d）获得手术分离位置层的脑血管分布等信息

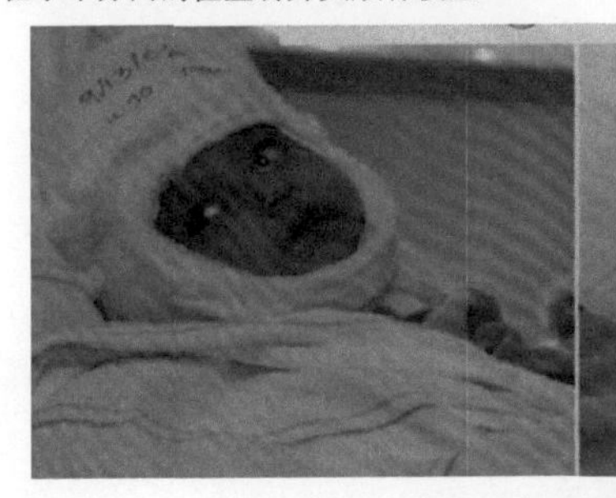

e）分离后的婴儿

图7-4　利用3D打印技术辅助颅骨分离手术

为了熟悉医疗器械的功能和操作练习，各式各样的人体仿真模型是必不可少的。传统方法制作复杂的盆腔和胸腔模型是比较困难的，若采用3D打印技术制作，不但非常方便，而且也会制作得十分逼真。图7-5为腹腔镜手术使用的骨盆仿真模型（图7-5a）和胸腔镜手术使用的仿真模型（图7-5b）。

a）腹腔镜手术使用的骨盆仿真模型

b）胸腔镜手术使用的仿真模型

图7-5　3D打印技术制造的用于手术演练和教学的仿真模型

Stratasys公司最新出品的一款全彩多材料3D打印机J750，超过360000种不同的色彩，能同时装载6种材料，可以在同一模型上体现混合刚性、柔性、透明或不透明等材料，可以打印出超光滑的表面和精致细节。对于内脏等组织器官，可以直接通过CT数据而未经任何处理进行多材质、多色彩、不同透明度等的一体化打印，支持医疗认证的生物相容材料，在医学模型制作方面具有无可比拟的独特的优越性。图7-6为采用该机型打印的头颈及肝脏模型。

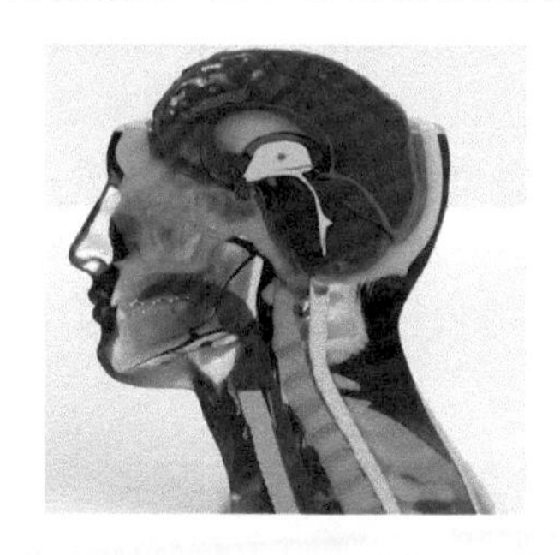

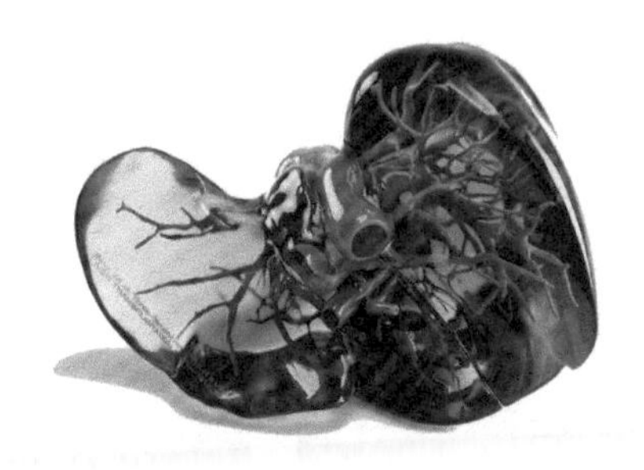

图7-6　多材质多色彩医学模型

7.2　3D打印人工假体

目前，3D打印技术在人工假体方面的应用主要有义肢、义耳和种植体等，其中义肢应用较多。

1. 个性化膝关节

全膝关节置换术（Total Knee Arthroplasty，TKA）是迄今为止恢复因关节炎病变而受损的膝关节功能最成功的外科手术方式之一。然而，手术技术及假体位置安放的失误会明显影响TKA术后的长期疗效。利用3D打印技术制作的膝关节手术植入体，其外形能很好地与病人原有的组织相吻合，术后效果较好。

这种个性化的膝关节的制造通常是根据植入体的3D数据进行模型制作，之后利用模型制作浇注模具，通过浇注工艺成型钛合金膝关节，图7-7为组装好的个性化膝关节。

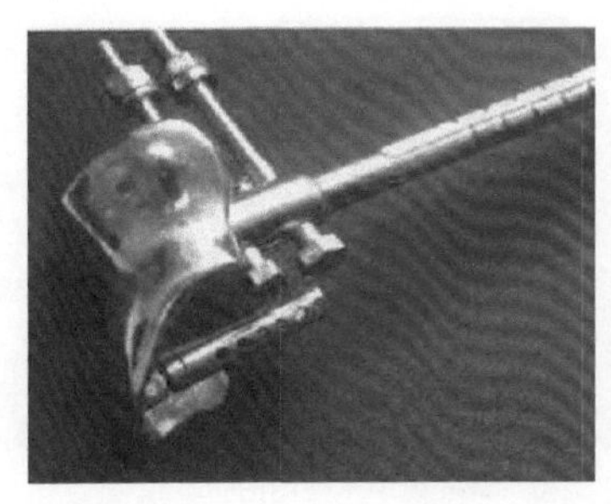
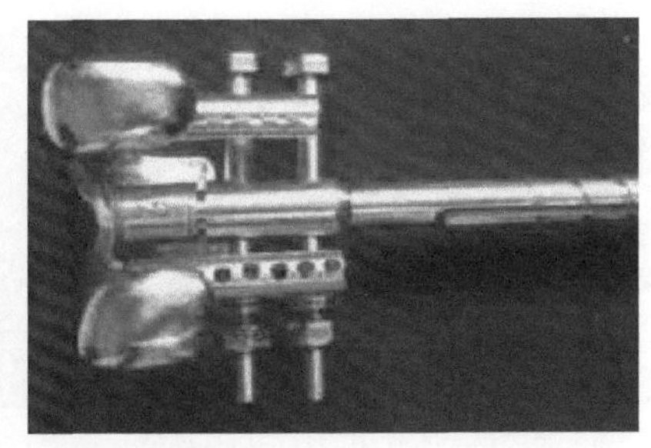

图7-7　组装好的人工膝关节

2. 义肢

随着外科修复手术科技的日益发展与手术理念的日渐人性化，越来越多的残疾患者从中受益，即使是义肢也能够保证在舒适的同时变得时尚。美国旧金山的Bespoke Innovations 3D科技工作室公布了他们的个性化3D打印的新型义肢。这一新型义肢不仅可根据不同客户情况量身裁定，而且还十分时髦，如图7-8所示。

项目研发负责人表示，他们通过对常见的义肢制作材料、整流装置进行改进，研发出新一代整流罩，为他们的新型义肢项目奠定了坚实的基础。Bespoke Innovations 3D工作室首先使用3D扫描仪取得客户腿部详细数据，然后该公司的设计师会根据客户自身数据、年龄、性别、特殊要求等信息，为客户设计自己独有的义肢款式，并在客户过目后，根据客户的意见及依据设计图样和客户信息，通过3D打印机进行义肢的直接制作。

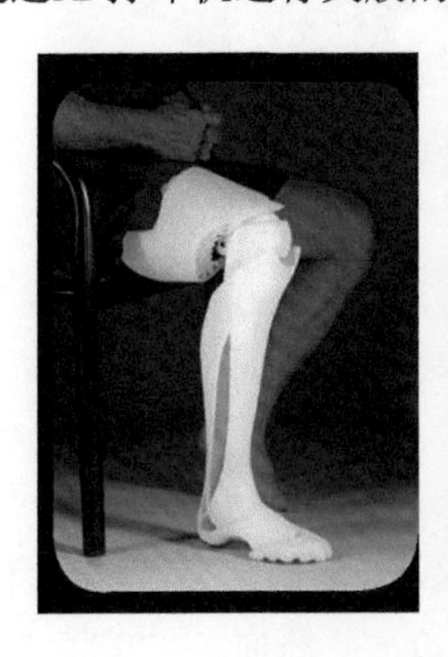
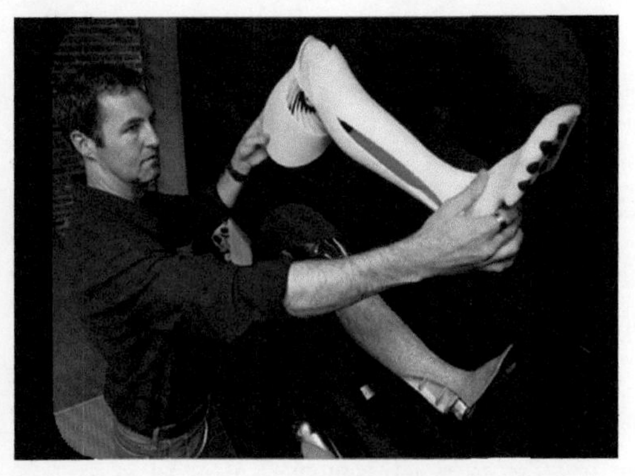

图7-8　Bespoke Innovations 3D工作室制作的义肢

由于各种原因，有相当数量的人需要装配义肢，但是每个人的身材都是不同的，必须进行完全个性化的定制。图7-9为Bespoke Innovations 3D工作室采用3D 打印技术制作的其他不同形式的定制化义肢。

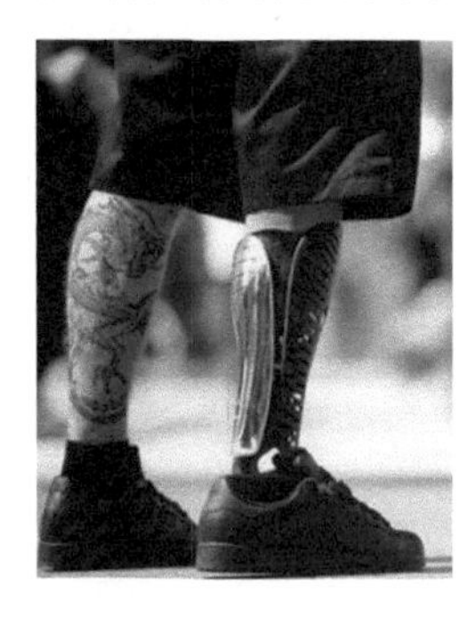

图7-9　不同形式的义肢

为了使腿部截肢的残疾人享受水下运动的乐趣，德国Voxeljet公司利用3D打印技术生产了一种义肢，如图7-10所示。这种义肢由两部分组成：鳍和适配器，它能够使拥有稳定健康状况的一条腿截肢的残疾人享受水下运动。

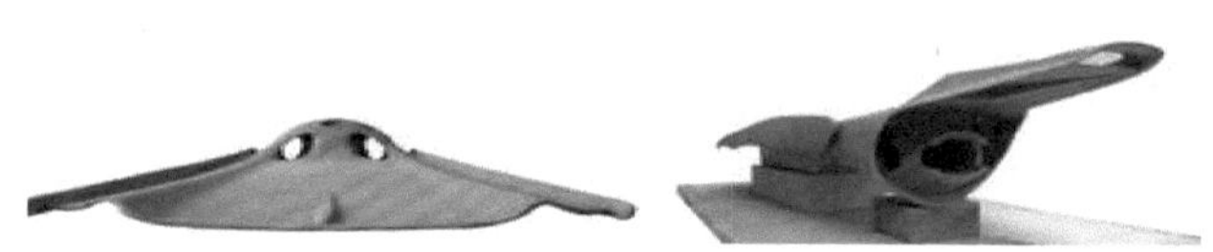

图7-10　可使一条腿截肢的残疾人享受水下运动的义肢

3. **义耳**

先天性耳朵畸形，即小耳症的发病率大约在万分之一至万分之四，患者的外耳表现为发育不全。许多具有小耳症的患者其内耳是完好的，但是会因为外耳的结构缺陷出现听力丧失的问题。在常规的外耳修补或替换中，一般利用具有类似泡沫聚苯乙烯稠度的材料，或是外科医生利用患者的肋骨来制作义耳。但这些方法相当困难且对于儿童来说过于疼痛，制成的义耳在外观和功能上也与真耳相差甚远。随着CT图像处理和三维重构技术的迅速发展，同时伴随着3D 打印技术的成熟，两者结合为义耳的制作提供了一种新工艺。

传统义耳赝复体形态制作一直存在仿真程度不高的问题。基于医学CT三维重构技术进行数据处理，得到义耳及义耳注型模具的三维模型，采用3D打印技术进行义耳注型模具的快速制作。同时对浇注的硅橡胶材料进行配色，再利用3D打印技术制作的义耳注型模具进行义耳赝复体的真空注型，便可得到几何形状仿真度比较满意的义耳赝复体。之后，可根据个体肤色的需要，对硅橡胶材料配色，不满足要求的义耳再次进行外表人工涂色，以满足个体肤色对义耳配色的要求。

基于螺旋CT图像的义耳模型构建的过程如图7-11所示。扫描患者正常一侧的耳朵，将CT数据存储成DICOM格式，如图7-11a所示；使用专用的三维重建软件将患者耳部CT数据重建，生成三维模型，如图7-11b所示；将三维模型进行光顺处理，并将数据格式转化为3D打印系统接收的STL文件格式，如图7-11c所示；镜像得到患者缺损耳朵的三维数据模型，如图7-11d所示。

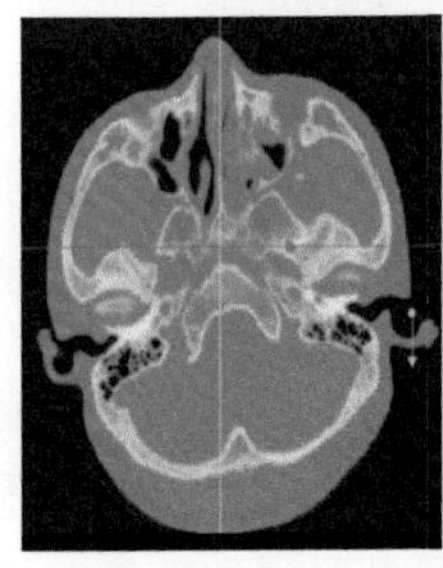
a）CT图像

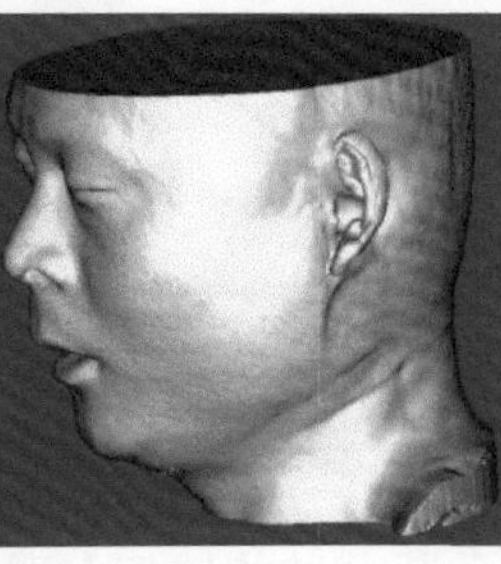
b）三维重构

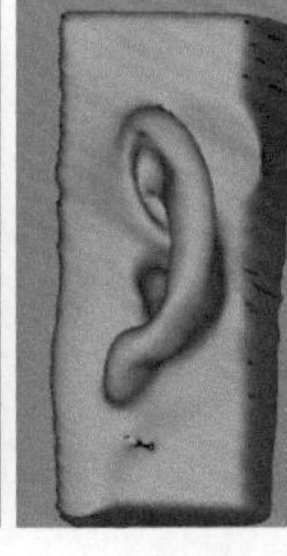
c）光顺处理

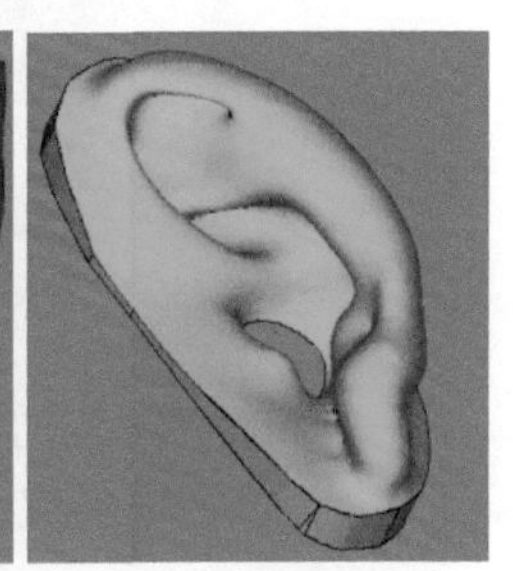
d）三维模型

图7-11　基于CT图像处理技术的义耳模型构建过程

当获得义耳三维模型后，通过布尔运算及根据真空注型工艺要求，得到义耳注型的上下模具，并根据注型工艺要求设置了浇道和合模定位装置。义耳注型上下模具如图7-12所示。图7-13是采用SLA工艺制作的用于硅橡胶浇注的义耳模具。

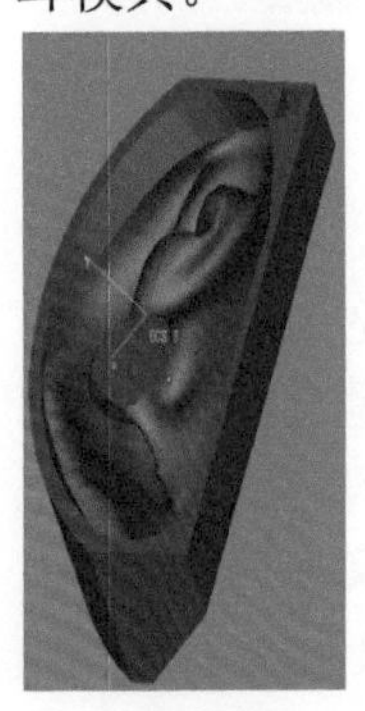

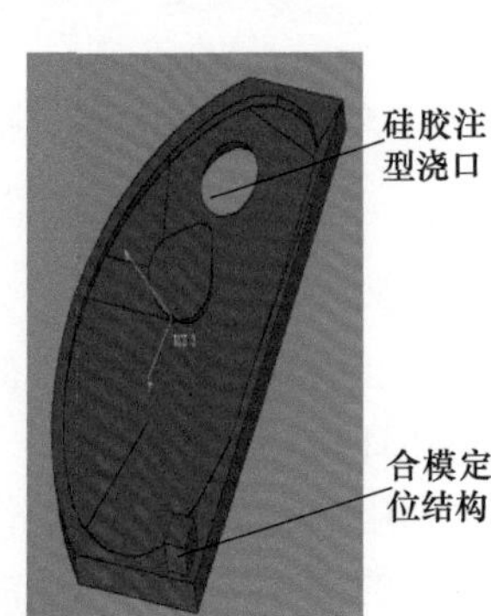

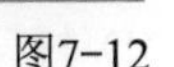
图7-12　义耳注型上下模具

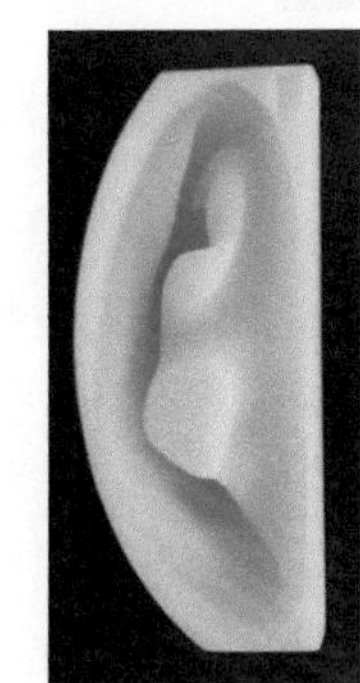

图7-13　SLA工艺制作的用于硅橡胶浇注的义耳模具

采用SLA成型技术制作的义耳注型模具，利用医学硅橡胶材料进行义耳的真空注型。在注型之前，需要对硅橡胶材料根据个体肤色进行配色。义耳赝复体的颜色应该在整体上能够与颌面部颜色相协调，这就需要与患者肤色进行精确匹配，而这项工作以往通常是由医技人员根据患者肤色或肤色记录按照经验进行配色，操作者颜色辨别能力的差异和修复材料固化后颜色的变化一直影响着赝复体颜色的准确性。最新的研究是以色度学为基础，建立肤色值、颜料配比值、赝复体的颜色色度值及色差之间的数学关系，借助色度测量仪器对个体肤色进行测量，得到与个体肤色比较精确的科学配色方法。图7-14便是对硅橡胶材料进行配色后使用SLA成型的模具通过真空注型技术得到的义耳赝复体。

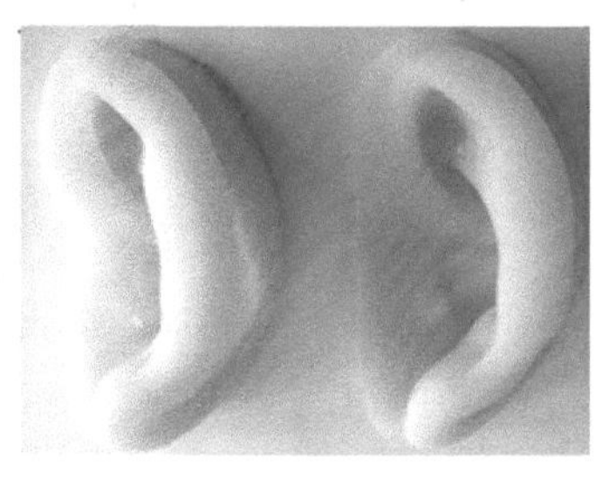

图7-14 义耳赝复体

4. **面部假体**

英国一名男子因患鳞状细胞癌，癌细胞迅速扩散而不得不切除脸部的大部分，手术使其失去了它的左眼、颧骨和一大部分下巴，他只能依靠饲管进食，必须用手托着脸才能够说话。这名男子借助3D打印技术终于实现了面部重建，拥有了属于自己的“新脸”。医生们对他剩余的头盖骨进行CT和面部扫描，通过数字处理技术重新整合出他原来的相貌。重构的面部数字模型满足3D打印制造技术要求后，医生们使用尼龙塑料“打印出”一个非常合体的逼真面部假体。利用3D打印技术制造钛合金支架，并通过手术植入该男子脸部残留的骨头上。随后将3D打印技术制作出的一个与头骨模型吻合的塑料板固定在支架上，将他的嘴部周边密封起来，这样他就可以像正常人那样喝水进食了。最后，通过3D打印技术制造一个硬尼龙材质的脸部外壳，并在外壳固定一个和人脸相似的硅胶面具。硅胶面具通过磁性固定，因此晚上睡觉时可以方便地取下。即使是支撑这块假体的螺钉也是利用3D打印技术做出来的。

该应用被认为是3D打印技术在面部修复方面最为成功的案例。图7-15为利用3D 打印技术制作的脸部假体。

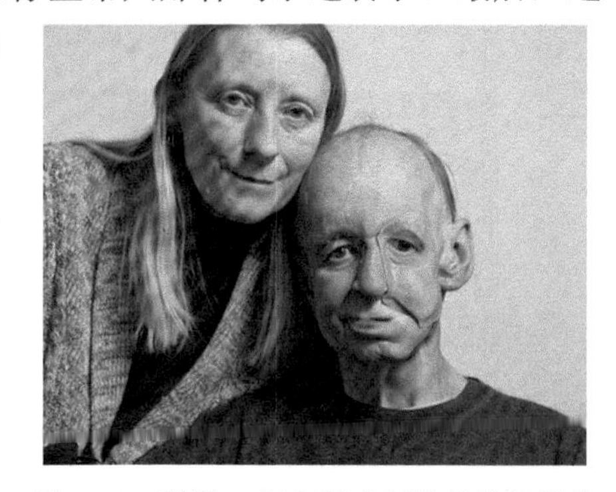

图7-15 利用3D打印技术制作的脸部假体

7.3 3D打印种植体

3D打印技术用于种植体模型的制作已经有很长一段时间了，工程师利用CAD软件可以很快地设计一个种植体模型，然后利用3D打印设备快速准确地制作出与设计形状和尺寸一致的种植体模型，设计师据此在很短的时间内多次验证并修改其设计，节省了大量的设计时间。借助3D打印技术制作种植体的模型来进行匹配验证，可极大地减少种植体设计的出错空间。通过制作适合每个病人解剖结构的种植体，能够预先设计更好的手术方案，节省对病人的麻醉时间，还能减少整个手术的费用。

随着金属3D打印技术的发展，采用具有生物相容性的钛合金粉末，可以直接打印出可植入的钛合金植入体。

1. **钛合金植入物**

自从SLM、LENS以及EBM等工艺出现以来，能够直接对钛合金等粉末材料进行定制化成型制造，既避免了以往借助快速原型进行翻模浇注法制造植入体较多的工艺流程，又能够非常精准地根据植入体设计的外形进行快速精确制造。如图7-16所示，采用EBM工艺制造的TiAl4V钛板，其尺寸为5mm×20mm×5mm。与肢体CT数据构型吻合的定制化外形设计以及EBM精确的3D打印技术，确保了植入手术的良好效果。

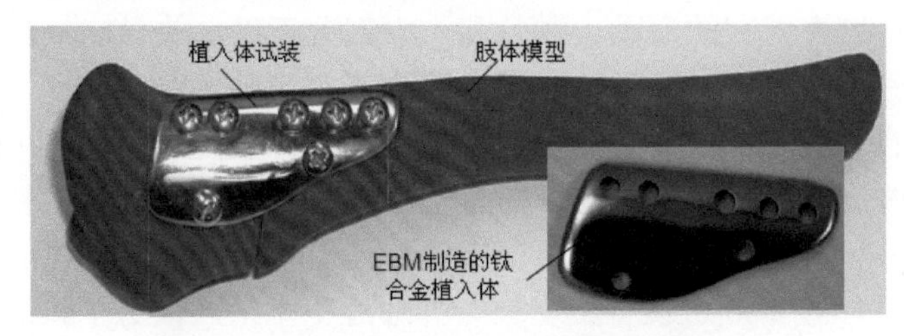

图7-16　采用EBM工艺制造的钛合金植入体

图7-17为钛合金金属粉末材料采用3D打印技术制造的外表面不同密度的髋臼杯植入体。图7-18为有利于人体组织与植入体结合的钛合金网板及多孔结构体。

a）全密度

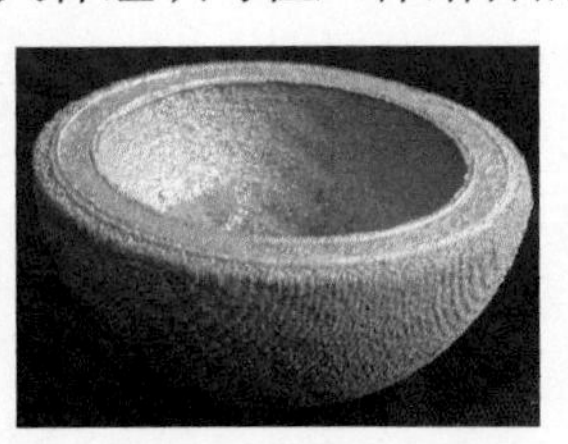

b）低孔隙率

c）高孔隙率度

图7-17　根据定制化要求制造的不同密度的钛合金髋臼杯植入体

图7-18　有利于人体组织与植入体结合的钛合金网板及多孔结构体

2. 气管

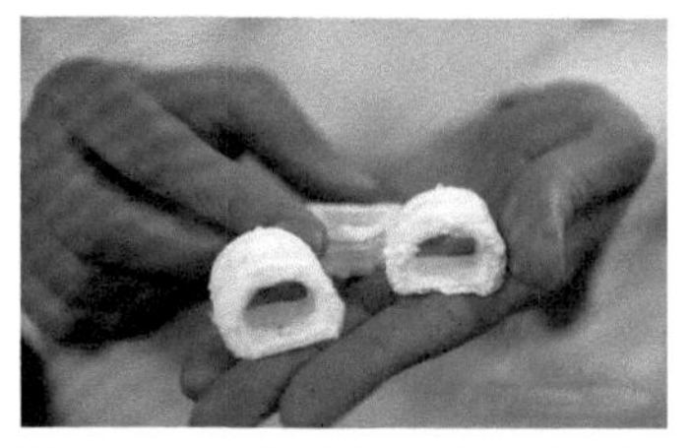
图7-19 3D打印技术制造的能够用于移植的气管

美国圣卢克罗斯福医院Daiz Bhora医生领导的科研团队首次用3D打印技术制造出了能够用于移植的气管（图7-19），并将很有可能在临床试验中取得成功。这个3D打印气管是用生物材料制作的，在打印过程中还使用了干细胞来帮助其生长。

3. 骨盆

英国纽卡斯尔医院的整形外科医生Craig Gerrand使用3D打印技术帮助一位男性癌症患者更换了一半他严重受损的骨盆。这位患者已经60多岁，患了一种罕见的骨癌，名为软骨受损，为了防止癌症扩散，他的一半骨盆必须被取下来。由于这种癌症无法进行药物或放射治疗，唯一的选择是去除一半骨盆。

Gerrand的团队通过CT扫描来评估到底有多少骨头需要更换，并生成需要更换骨盆的3D模型，然后3D打印出一个钛骨盆，如图7-20所示。钛骨盆涂有矿物以保障剩余骨头的正常生长。这位世界首例3D打印骨盆移植手术的患者术后不久就能够依靠拐棍进行行走。

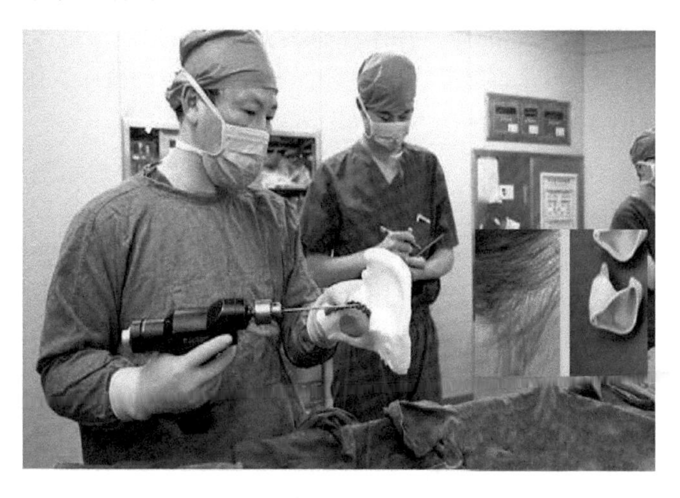

图7-20 3D打印制作的钛骨盆

4. 骶骨

北京清华长庚医院成功地为一名高位骶骨骨巨细胞瘤患者实施了根治术。据北京清华长庚医院骨科主任肖嵩华介绍，该手术整块切除了高位骶骨肿瘤，并植入了3D打印的个体化适型假体（图7-21），重建脊柱骨盆稳定性，成功为患者保住下肢及二便功能，为世界首例。

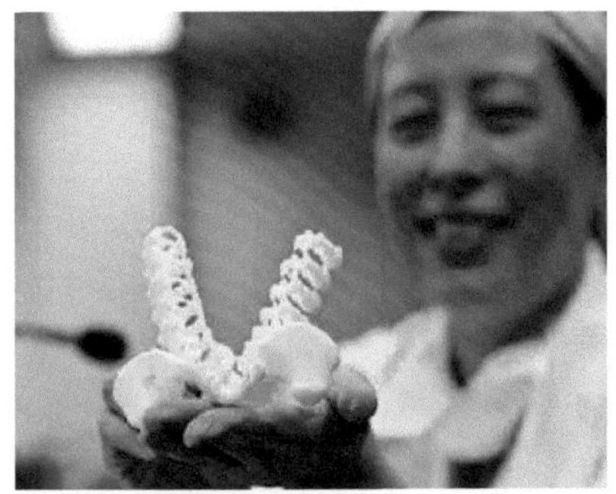

图7-21　3D打印的个体化适型骶骨假体

7.4　颌面与颅骨修复

人体的下颌骨不仅形状的个体差异大，而且骨骼外形对人体面部形状及其工作性能的影响也很明显。传统的通用型金属植入体不仅无法为患者提供具有定制化外形的骨替代物，而且由于不具有生物活性，植入体无法与邻接的人骨自然弥合和生长。纯粹的生物活性材料由于强度较低，在用于大块骨移植中容易发生早期的人工骨骨折。

3D打印技术在辅助颌面修复手术中有两方面的应用：一是为规划修复手术方案提供实体模型，二是直接打印成型具有生物相容性的植入假体。

1. **手术规划模型**

因肿瘤切除、外伤、炎性反应以及发育性因素等所致的颅颌面骨缺损与畸形，均不可避免地会导致颜面畸形与功能障碍，需通过各种修复手段恢复其连续性、外形与功能。由于颅颌面骨骼的形状不规则、毗邻解剖关系复杂和功能上的特殊性，通过X片、CT等平面影像学检查来确定复杂性颅颌骨病变性质及范围存在相当大的局限性，这给术前手术方案的制定带来极大的困难，特别是对于需要骨修复重建的病例，无论是采用自体骨移植、生物材料植入及金属支架成型等方法，对于如何恢复满意的颅颌面骨三维解剖结构以及重建良好的咬合关系仍然存在着相当大的困难。3D打印技术具有快速、准确以及擅长制造复杂实体的特点，它与计算机CT图像处理技术相结合形成包括设计、制造、检测的闭环反馈系统，近年来被运用于颅颌面骨畸形与缺损的修复领域，尤其在修复假体的形状匹配中具有独特的优势。

基于CT技术和3D打印技术的人体颌面部缺损修复手术，是3D打印技术在医学领域里比较有价值的临床应用。对患者头部进行螺旋CT扫描，得到最小间距的二维CT数据。通过设定骨骼的灰度阈值，提取CT图像中的骨骼轮廓，得到患者病变区域的头颅模型，如图7-22所示。图像中左侧因肿瘤病变进行了切除。

手术的目的就是通过切取病人体内的腿骨修复左侧下颌的缺损。在数据处理时还进行了右侧下颌骨的提取并镜像，用于制作模型以辅助手术。

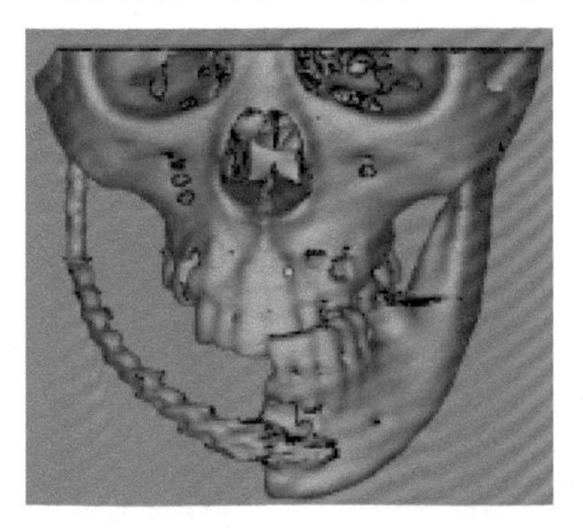

图7-22　患者病变区域的头颅骨模型

将上述处理完毕的数据文件按要求的格式输入3D打印系统中进行加工制作。图7-23为具有缺损的患者头颅骨SLA模型、患者小腿腓骨SLA模型及患者左侧完好的下颌骨模型的镜像颌骨SLA模型。

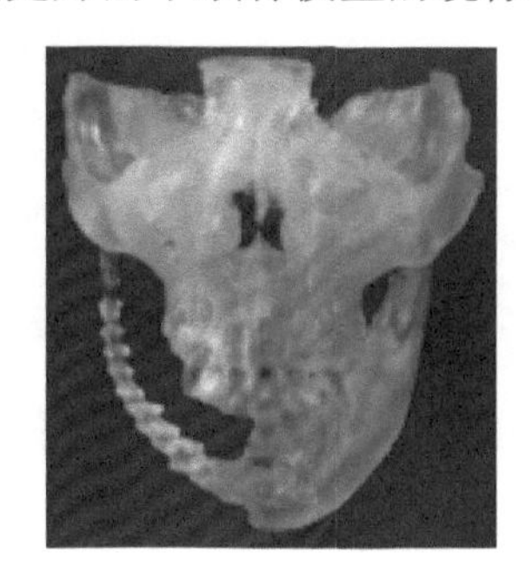

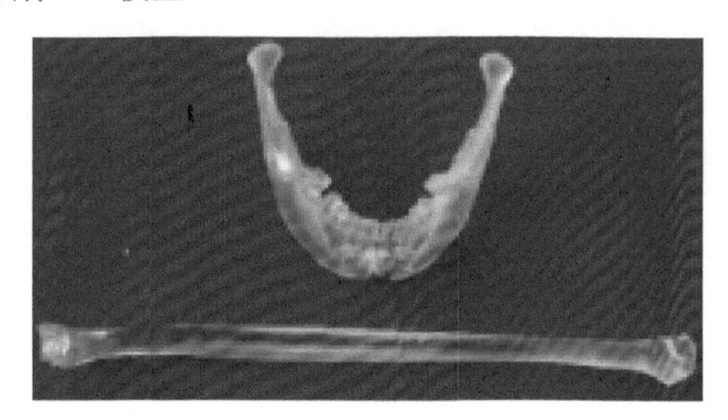

图7-23　颌面缺损的局部颅骨、下颌骨及小腿腓骨SLA模型

手术方案是以对应缺损部位的正常部位的镜像体为参考模型，对从腿部切下的小腿骨进行分割拼凑到缺损部位，然后用金属植入体进行相应的固定和定位。具体步骤如下：

1）将颌面部缺损的局部头盖骨原型和对应缺损部位的正常部位的镜像体拼合到一起，如图7-24a所示，观察结合部位上下牙齿咬合的程度，如果咬合程度好，就可以定型作为手术规划和演练的目标实体。

2）将成型钛板支架固定在吻合好的下颌模型上，定型后采用螺钉固定，如图7-24b所示。

3）将小腿腓骨SLA模型进行切割拼凑处理，使切割骨的形状与钛板形状吻合，测量每一段小腿腓骨模型的长度并标记对应于整体腓骨的位置，作为手术过程的依据，如图7-24c所示。

4）按照上述手术规划和方案，实施下颌骨修复手术，如图7-24d所示。

由于术前可以借助SLA原型进行手术规划和方案制定与手术演练，因此会显著节省手术时间，确保修复质量。

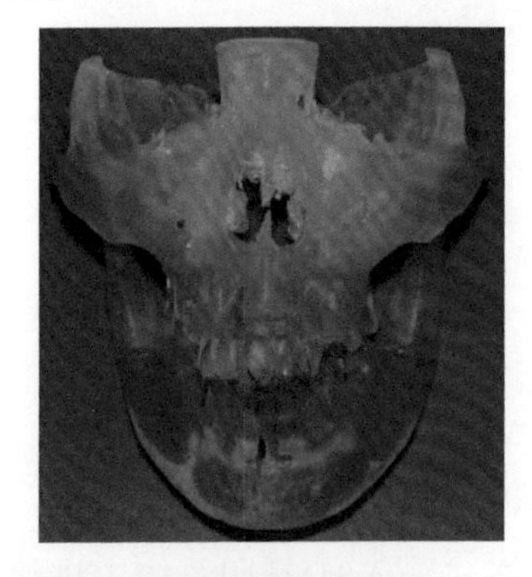

a）拼合

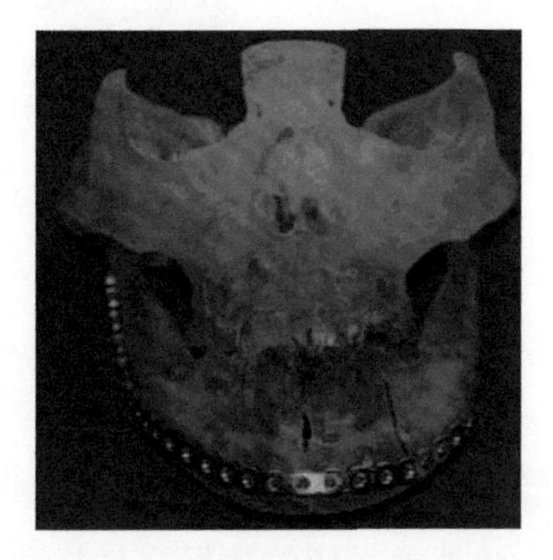

b）固定

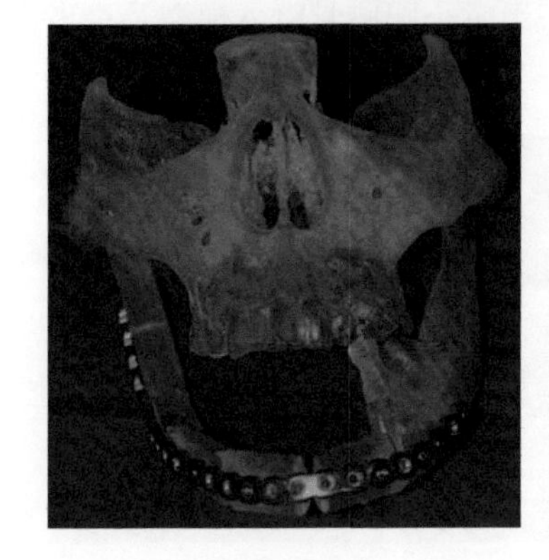

c）切割拼凑处理

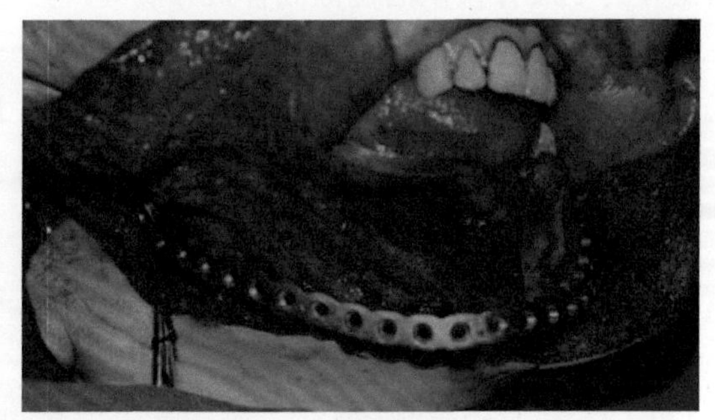

d）实施下颌骨修复手术

图7-24　借助3D打印技术辅助颌骨修复手术

2. 下颌骨植入体直接制造

荷兰医生给一名83岁老妪安装了一块用3D打印技术打印出来的金属下颌骨。这名老妪患有慢性骨关节感染。医生认为她年纪太大，不适合接受下颌骨重建手术。金属下颌骨的3D打印技术由比利时的LayerWise公司连同哈瑟尔特大学的科学家共同研制而成。这块下颌骨并非一个简单的金属零件。它包括多个人工关节，上面还有让肌肉附着的空腔以及引导神经和血管生长的凹槽。为了避免排斥反应的发生，科研人员在制作完成的下颌骨上涂上了生物陶瓷涂层。LayerWise公司收到下颌骨3D设计后，采用SLM工艺，由激光烧结钛合金粉末制作出与设计一致的一块完整的“下颌骨”，它里边的每层都熔合了钛粉层，不含任何胶合物和粘结剂液体，如图7-25所示。采用3D打印技术制出的人工下颚质量约为107g，仅比活体下颚重30g，因而十分方便患者使用与操作。手术后数小时内，患者就可以正常讲话和咀嚼食物了。该手术是世界上首次将病人的下颌骨全部由人造颧骨替换的手术。最为特别的是，这个3D下颌骨不仅可以替换病坏的下颌骨，还有很多其他的功能，包括在面部形成美丽的酒窝，提高口腔周围的肌肉强健度，引导下颌骨神经等。专家在下颌骨植入手术前还做了精心的准备，以备在后期可直接插入牙环，并能顺利搭建“添加生产”类型结构物。

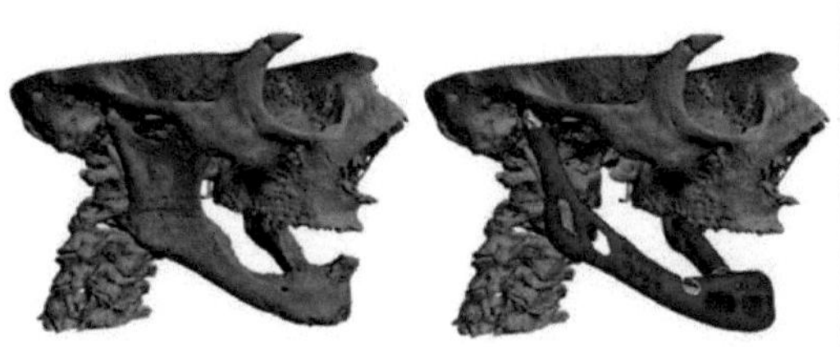
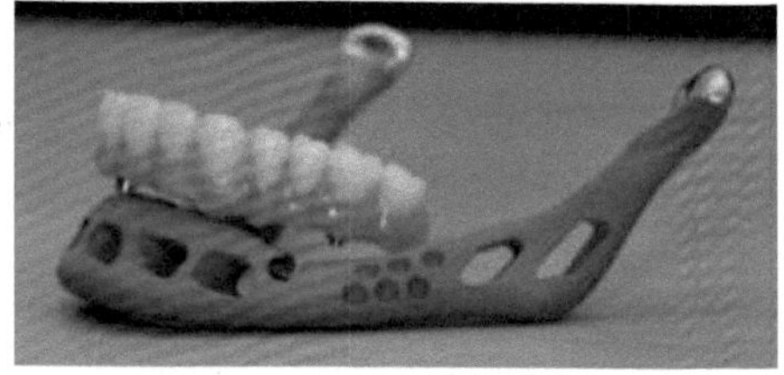

图7-25 钛粉制作的下颌骨

3. *颅骨修复*

因各种原因所致的颅骨缺损在临床工作中十分常见，对患者身心危害极大，发病率高，而且有逐年增多的趋势。颅颌面骨骼解剖结构复杂，曲面变化大，修复要求较高，巨大、复杂部位的颅骨缺损的修复一直是颅颌面外科具有挑战性的课题之一。常规的颅骨修复手术是医生根据病人颅骨缺损部位的大小和形状手工修剪钛网，以符合病人缺损部位的需求。这只是在一定程度上恢复了颅腔的完整性，操作复杂，术中塑形时间长，修复效果取决于医生的经验和技术水平，存在较大的不确定性，外形效果难尽人意。

随着医学图像处理技术和3D打印技术的发展，基于两者结合的颅骨缺损修复技术得到广大医疗工作者的关注。该方法的基本思想是根据患者颅骨缺损的状况，模拟颅骨的自然形态，运用医学图像处理技术和逆向工程方法，重建出缺损颅骨的三维模型，通过3D打印技术获得个性化的颅骨缺损修复假体。这项技术实现了修复假体与缺损部位的精确结合，能够达到较好的治疗效果，并且结合生物活性人工骨材料的应用，为复制出与患者颅骨缺损部位几何形态高度吻合、具有良好骨融合性的颅骨定制体提供了强有力的技术保障；另外，上述手段制作的颅骨定制体也便于医生的临床操作。3D打印技术的应用不仅可有效缩短临床手术时间，而且可明显提高临床治疗效果和修复美学效果。

选取带缺损清晰可见的CT薄层扫描数据，将其输入医学图像处理系统，由DCM格式文件转换得到bmp格式文件，获取颅骨缺损病人的数据。经过处理后获取颅骨缺损部位的轮廓图像，将处理后所得颅骨缺损部位图像导入专用处理软件中，进行阈值选取、区域增长、三维重建，得到颅骨缺损修复体的三维模型，如图7-26所示。重建后的颅骨缺损修复假体可以任意旋转及编辑。

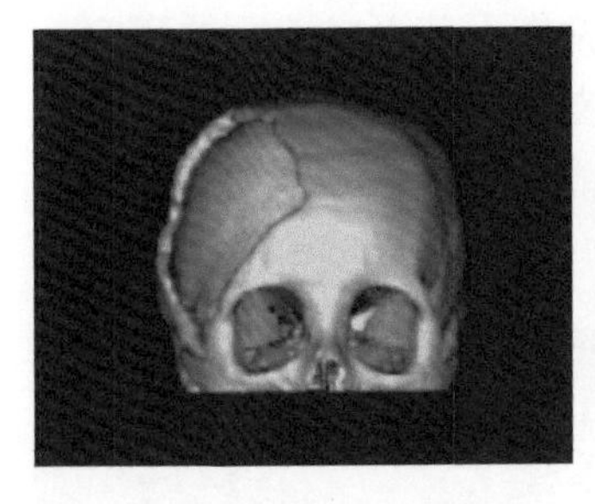

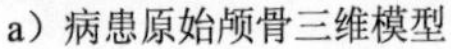

a）病患原始颅骨三维模型

b）颅骨缺损修复体三维模型

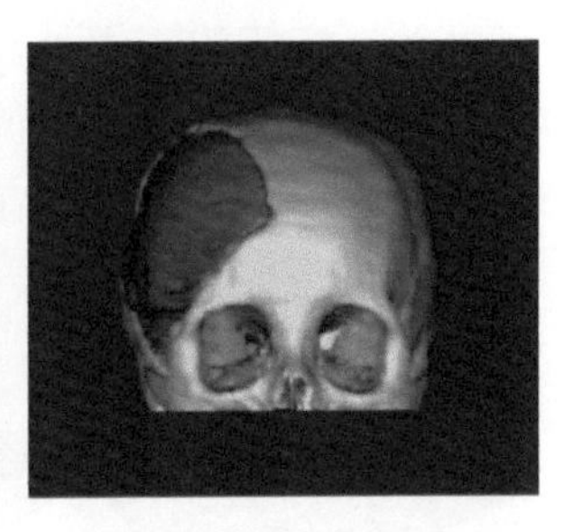

c）修复后颅骨三维模型

图7-26　颅骨缺损修复体的三维模型

经光固化成型机Eden 250打印完成树脂模型。从图7-27b中可见，个体化颅骨缺损修复假体与带缺损头颅（图7-27a）适配完好。

引入脑组织信息建模并使用3D打印技术预制的颅骨修复体与缺损的颅骨较好地粘结在一起，并具有较好的美容效果。基于三维重建技术和3D打印技术的数字化颅骨缺损修复方法，以其个性化修复、精确度高、治疗效果好等优点得到广大医疗工作者的认可。

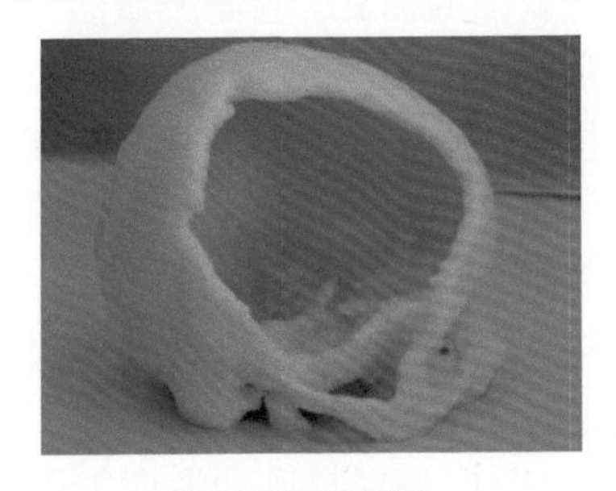

a）带缺损头颅模型

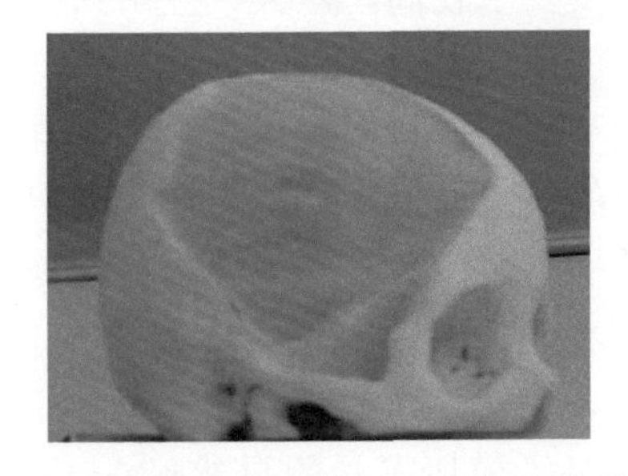

b）个体化颅骨缺损修复假体与带缺损头颅适配结果

图7-27　颅骨缺损及3D打印修复体的修复结果

7.5　辅助治疗

1. **口腔种植**

随着口腔种植技术逐渐被广大患者接受和认可，种植技术已经成为常规的牙列缺失的治疗手段。牙种植的成功要求术前准确评估颌骨的质量及其与重要解剖结构的关系，做出正确的诊疗设计，而把术前设计准确地转移到种植手术中才是成功的关键。种植模板是实现转移的媒介和信息载体。传统的手术模板无法明确颌骨的三维结构，难以获得理想的植入设计。

基于CT数据的CAD/CAM导板目前已经发展成熟并广泛应用于临床。通过对患者的CT信息进行三维重建，从而有效评价骨量和重要组织（神经）的位置，虚拟放置种植体到最理想的位置，实现种植体位置的计算机模拟植入，继而获取种植体的位置及角度等信息，采用CAD手段设计并将其转移到植入导板的导向孔道中，实现种植体植入导板的计算机辅助设计。3D打印技术为上述CAD导板的精确制作提供了一种便捷而有效的途径。下面为借助3D打印技术辅助种植体植入导板制作的实验与应用实例。

（1）试验标本选取　选取干燥的下颌骨模型作为实验对象，干燥下颌骨标本5个，种植体14颗（OSSTEM公司，直径4.5mm、长度13mm），如图7-28所示。

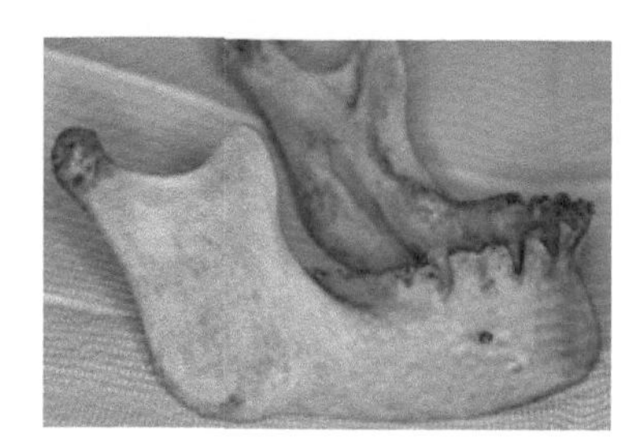

a）干燥下颌骨

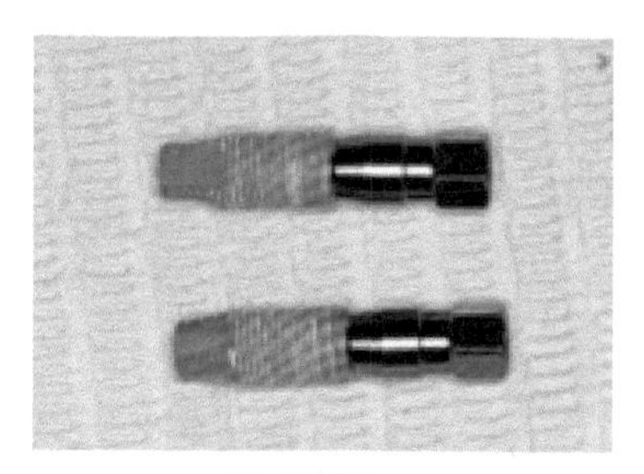

b）种植体

图7-28　试验标本

（2）放射导板制作及CT数据获取　对下颌骨标本取模，制作石膏模型，修整后利用热压膜技术对石膏模型压膜，制作压膜导板，修整后在压膜导板的颊舌侧钻孔放置放射标记物，完成放射导板的制作。放射导板戴入颌骨后拍摄CT，同时放射导板单独CT扫描，获取下颌骨和放射导板的CT数据。如图7-29所示，图中箭头指示的为放射标记点。

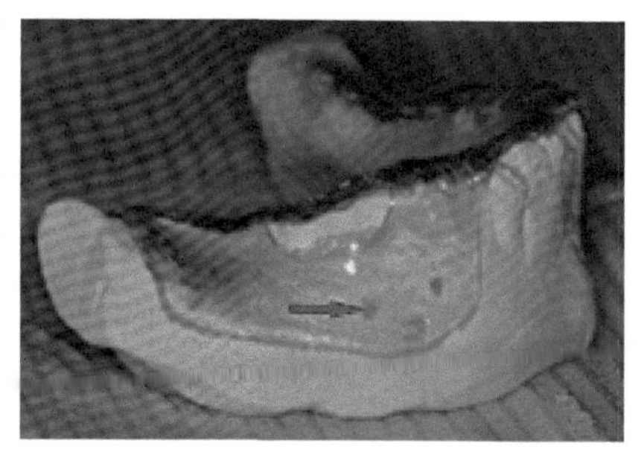

图7-29　下颌骨石膏模型及利用热压膜技术制作的放射导板

（3）种植体导板设计　将CT数据导入专用软件中，分别重建下颌骨和放射导板三维数模（图7-30a），利用放射标记点进行配准实现导板与颌骨模型的匹配（图7-30b），图中箭头所指即为放射标记点。采用与实际微螺钉直径相同的圆柱体作为虚拟螺钉，虚拟放置种植体在合适位置（图7-30c），设计植入孔道结构，并确定植入深度，完成种植体导板设计（图7-30d）。

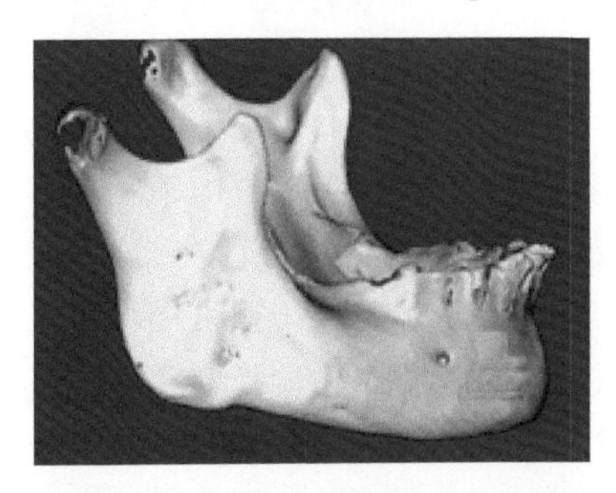

a）重建的下颌骨模型

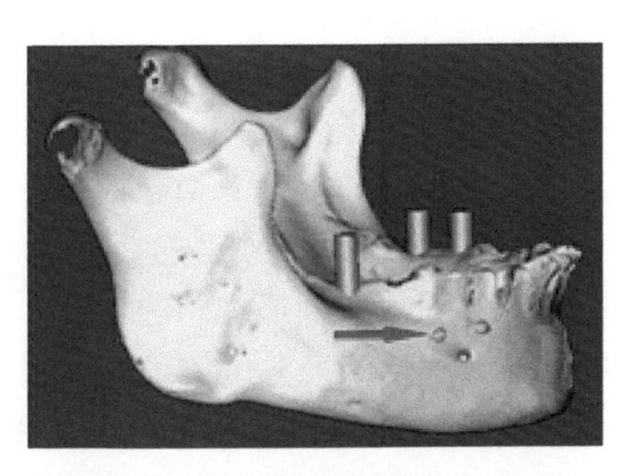

b）虚拟放置种植体

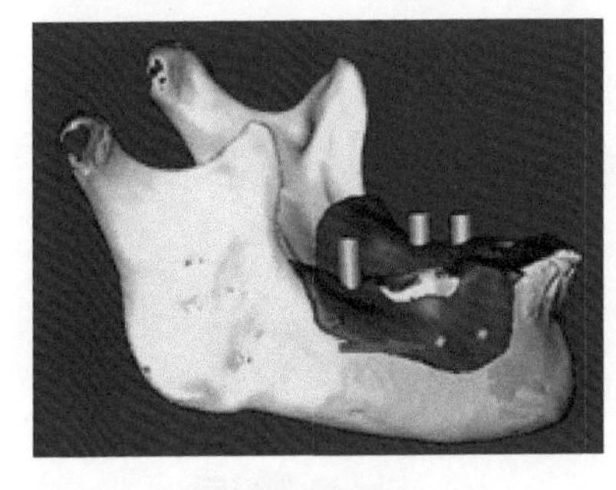

c）配准放射导板

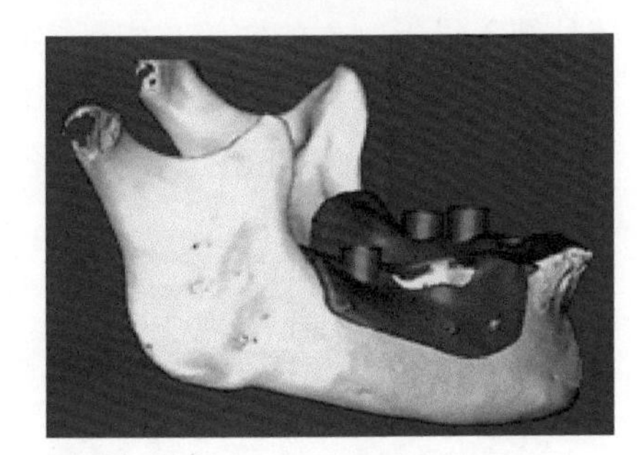

d）植入导板设计

图7-30　种植体导板设计

（4）3D打印植入导板，植入种植体　将设计的植入导板数据提供给3D 打印系统，进行导板成型制作（图7-31a）。为保证每个植入钻的植入方向，在导向孔道内还需设计、制作并安装导向管（图7-31a）。导板在实验模型上经过试戴后，检查其稳定性并利用微螺钉将导板固定在颌骨标本上，按顺序依次更换导向管、导向钻，在颌骨模型上植入种植体（图7-31b）。

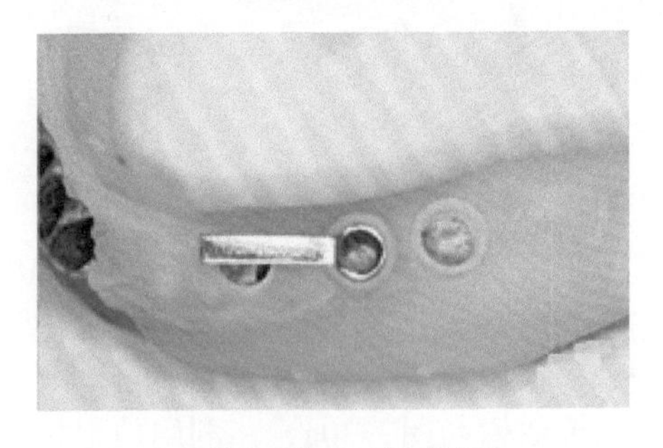

a）导板SLA模型及导向管安装

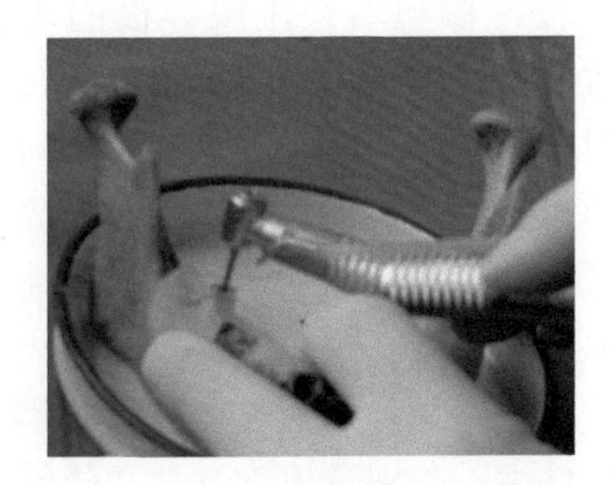

b）植入种植体

图7-31　植入种植体

实际临床应用时可以按照上述给出的试验研究步骤和方法来进行口腔种植体植入导板的设计与制作。图7-32为面向临床应用而设计并制作的口腔种植体植入导板及其应用。

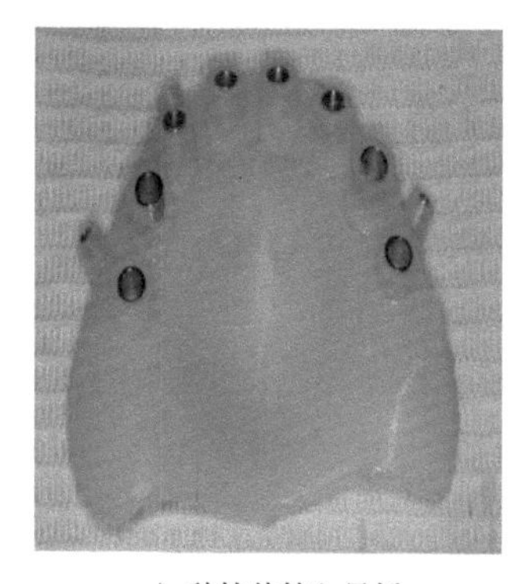

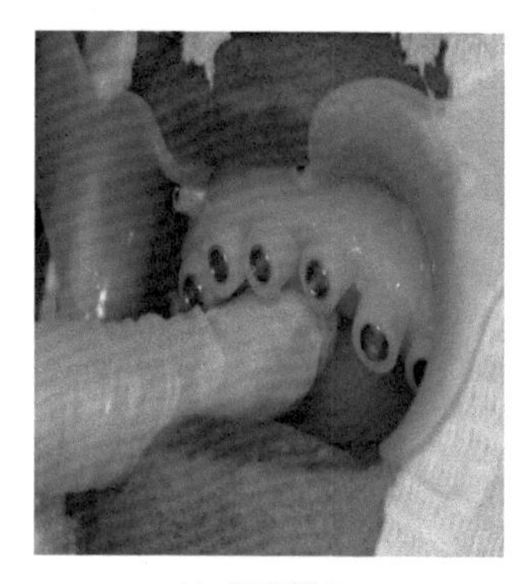

a）种植体植入导板　　b）临床植入

图7-32　借助3D打印技术制作的种植体植入导板及其应用

目前国内口腔界已经把3D打印技术应用于补种牙等口腔修复，打印出义齿基托，重建树脂颌骨以及牙齿。3D打印的应用是目前口腔界种植牙发展的趋势。传统制作方法以硅酸盐和藻酸盐作为印模材料，对牙医的技术和修复材料的技术要求都很高。首先从患者口中制作并取出印模，然后用石膏灌模制成模型，再把石膏模型送往假牙加工厂。由于工厂需要进行批量生产，一般需要等一周时间才能取牙。传统种牙技术是一种复杂的手术，需要无菌环境的手术室，更需要牙医掌握精密的技术，否则一旦人造牙冠与合金牙根之间留下缝隙，细菌就会轻易进入人体。如果假牙与左右牙齿结合得不紧密，患者也会不舒适。而利用3D打印技术制作的假牙有牙根，是一个无缝的整体，无须以骨材料填补骨与植入体之间的空隙，在普通牙科诊室就能完成植入，普通牙医经过简单培训就能掌握这项技术。目前研究进行到了临床前的动物实验阶段。研究人员已经给3只比格犬换上了利用3D 打印技术制作的假牙，3只狗都适应良好，没出现不良反应。图7-33为利用3D打印技术制作的假牙。

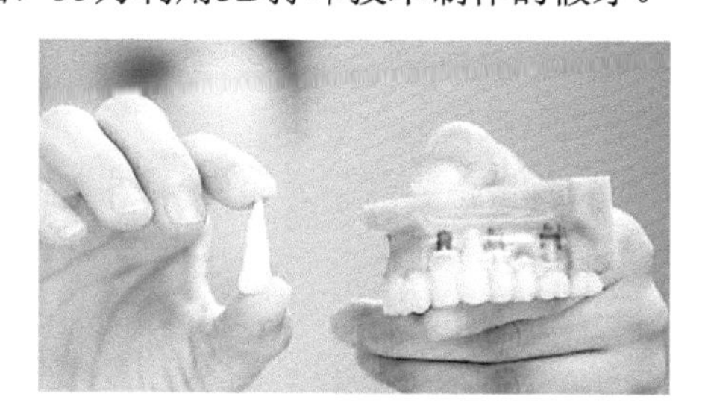

图7-33　利用3D打印技术制作的假牙

2. **体外医疗器械**

利用3D打印技术制作医疗设备、器械，可以为患者提供更方便、更易得的替代品，同时为医生提供更轻松的操作过程。两岁的Emma Lavelle患有先天性多发性关节挛缩症（AMC），这种病阻碍了她的肌肉和关节生长并使肌肉和关节变得僵硬。一直以来Emma的运动能力严重被限制，她已经历了多次手术和矫正治疗。在治疗AMC方法中，最具前景的一项治疗方法是WREX装置。该装置主体是一铸件，搭配弹性绷带和义肢关节，可帮助AMC患者抬举四肢。但是Emma太小，无法使用常规尺寸的WREX装置。于是，两位来自美国特拉华州的研究人员专门为Emma制作了小尺寸的WREX装置，如图7-34所示。这两位研究人员先是将现有的WREX工程设计图按比例缩小到Emma适合的尺寸，由于目前的生产工具无法制造如此小的零部件，他们使用3D打印机直接“打印”出小尺寸的WREX装置。增材成型没有采用金属，而是采用ABS塑料制成了新的零部件，临床应用证明，这些材质非常坚固，足可以支撑起Emma的手臂进行日常使用。

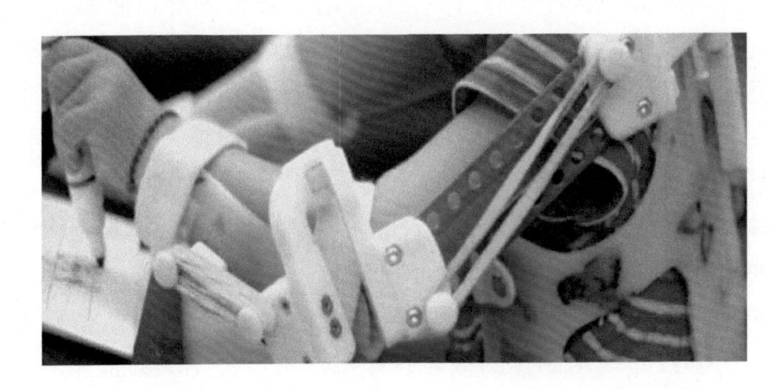

图7-34　利用3D打印技术制作出的小尺寸WREX装置

3. 外骨骼支架

骨折之后病人需要打石膏固定受伤肢体，石膏非常重且不能拆卸，在炎热的夏天患者非常痛苦。新西兰惠灵顿大学的一名设计研究生Jake Evill利用3D打印技术设计并制造了一款轻量级的外骨骼支架。Evill利用X光加上3D打印技术，设计并制造了一个配合骨科病人愈合的外骨支架。图7-35为外骨骼支架的设计与制作过程。在X光定位创伤位置之后，3D扫描设备扫描伤者的创伤肢体（比如说手臂），然后根据采集到的数据绘制手臂轮廓的3D模型，模型经过镂空处理后传给3D打印机进行打印。这样得到的外骨支架具有超轻、透气、可回收等特点，同时还可以戴着洗澡。由于支架是根据伤者个性定制的，所以戴上后跟身体非常贴合。镂空的设计增加了皮肤跟外界的接触，使人的动作不会那么笨拙。

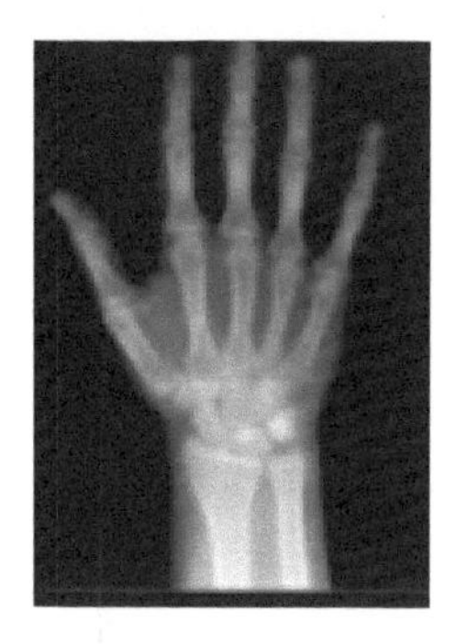

a）X光定位创伤位置

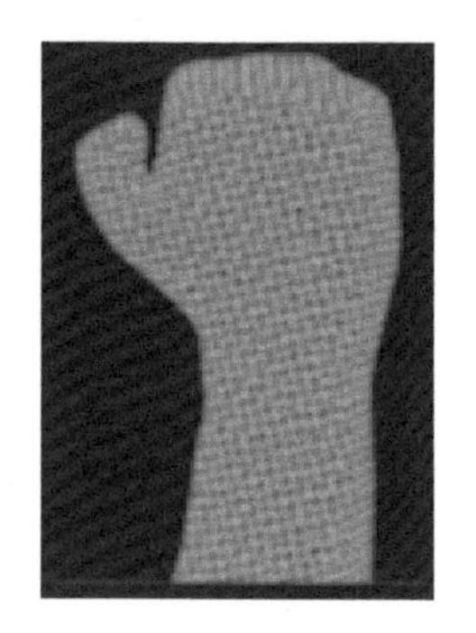

b）扫描获得三维模型

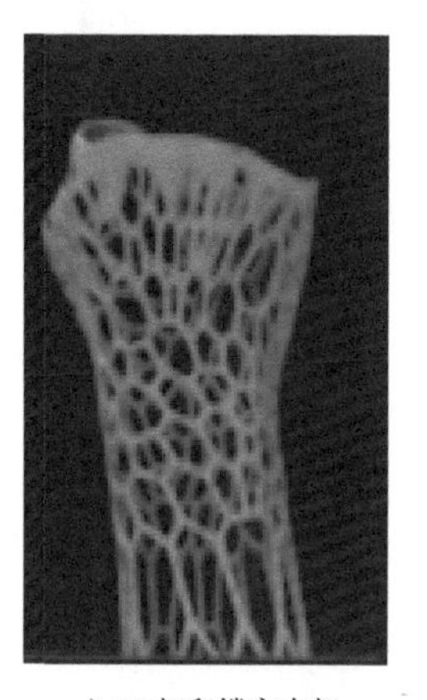

c）3D打印镂空支架

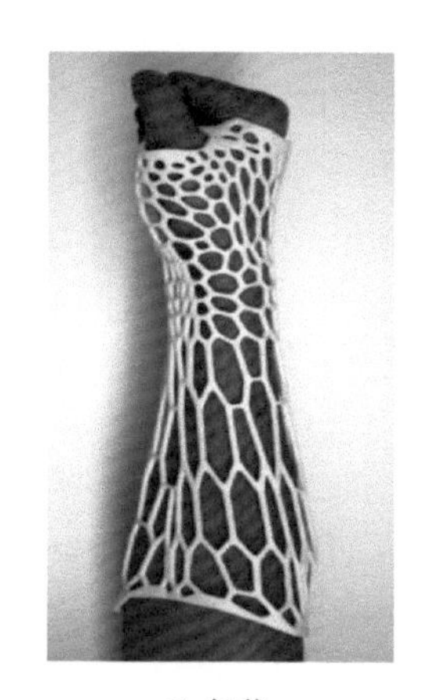

d）佩戴

图7-35　制作轻量级外骨骼支架的过程

4. 隐形牙齿矫正器

1999年推出的Invisalign隐形牙齿矫正器开始采用3D打印技术制作替代传统金属牙套。矫正器的形状采用增量式方法逐步矫正牙齿直到恢复正常，克服了金属牙套不舒适或不美观的问题。过去，制造这种高品质的个人牙齿矫正器非常昂贵。3D打印技术在隐形畸齿矫正学的应用，给原本保守的市场注入了竞争。整个治疗过程几乎完全隐形，在工作和生活中，即使与人近距离交谈也不会被发现。无须传统意义上的托槽、钢丝等矫正装置，矫正过程不再痛苦，不易发生口腔溃疡，并且可自行摘戴，不影响社交、进食、运动及每日正常的刷牙和使用牙线。由于其特殊的制作方法，可在治疗开始前通过计算机模拟出三维立体矫正过程及结果，对治疗更加放心。同时，没有了粘结托槽、调整弓丝的烦琐工作，临床操作大大简化，整个矫治过程省力又省时，复诊频率较传统矫正低，平均每6～8周复诊一次。

图7-36为采用3D打印技术制作的牙齿矫正器。

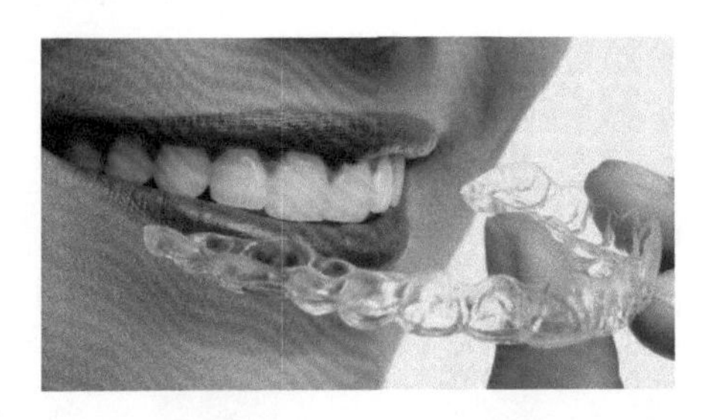

图7-36　利用3D打印技术制作的牙齿矫正器

5. **助听器**

传统助听器的生产工序大约由9个步骤组成，包括制作模具、转变为耳朵印模和修整最终定型的外壳等。助听器制造商聘请技工并建立手工作坊来执行这些工序，需要一周多的时间。3D打印技术把工序缩短到了3个步骤，即扫描、制模和打印。在新的数字化工序中，听力矫治专家用3D扫描仪扫描耳朵，以便用3D打印方法造出耳朵印模。扫描过程利用数字照相机采集了大约10万到15万个参照点，然后发送给技术人员或模型师，他们把模板和几何形状应用到耳朵印模上。在这个步骤中，技术人员会试验多种组合和几何模型，以便定做出适合特定客户群的助听器。然后用树脂打印出助听器外壳，再装配上必要的通气孔和电子器件。一旦技术人员完成了建模，3D打印机就能迅速制造出助听器外壳。例如，Envision Tec公司使用3D打印机可以在60～90min打印出65个助听器外壳或47个助听器模型。如此快速打印有助于制造商实现规模化和按需生产。另外，数字文件有助于模型师校准和重新利用耳朵印模来纠正错误。换句话说，3D打印机使小型制品的快速原型制造和批量生产成为可能。

据报道，大约有1000多万个3D打印的助听器正在全球范围内流通。面向助听器行业的主要3D打印机制造商Envision Tec公司的营销助理珍娜·富兰克林（Jenna Franklin）声称，世界上的大部分助听器都是利用3D 打印技术制作出来的。发生这种转变的一大原因在于，3D打印技术把一个依靠手工的劳动密集型行业变成了一个自动化的行业。图7-37为采用3D打印技术打印的助听器。

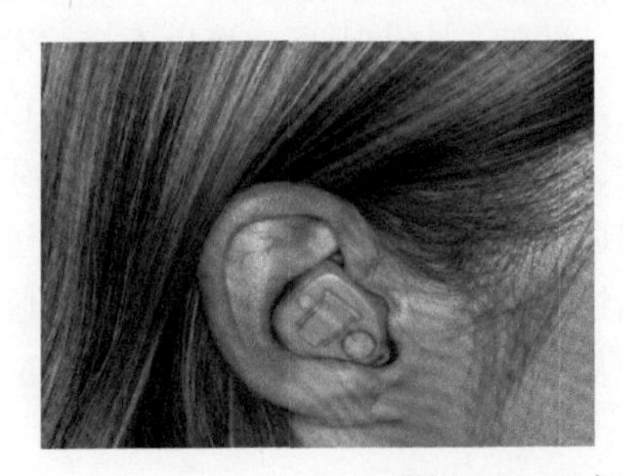

图7-37　3D打印制作的助听器

7.6　生物3D打印

7.6.1　生物3D打印原理及流程

生物3D打印的原理类似于喷墨式3D打印成型的建造方式，所不同的是其喷射的材料不是喷墨打印机的墨水，而是具有活性的生物体结构和功能的基本单位—— 细胞。生物3D打印与普通的3D打印的不同之处在于，它不是利用一层层的塑料，而是利用一层层的生物构造块来制造真正的活体组织。

生物3D打印一般需要2个打印头，一个放置人体细胞，被称为“生物墨”；另一个可打印“生物纸”。所谓生物纸其实主要成分是水的凝胶，可用作细胞生长的支架。生物3D打印使用来自患者自己身体的细胞，所以不会产生排异反应。

生物3D打印核心技术是细胞装配技术，即细胞3D打印技术，它是在组织器官三维模型指导下，由3D打印机接收控制指令，定位装配活细胞、材料单元，制造组织或器官前体的新技术。根据其技术路线不同，可将其分为两类：细胞直接装配和细胞间接装配。两条技术路线的主要区别在于，前者通过机械制造手段直接操作细胞，而后者通过所制造的支架的材料和结构影响细胞长入，间接控制细胞的装配。细胞生物3D打印原理如图7-38所示。

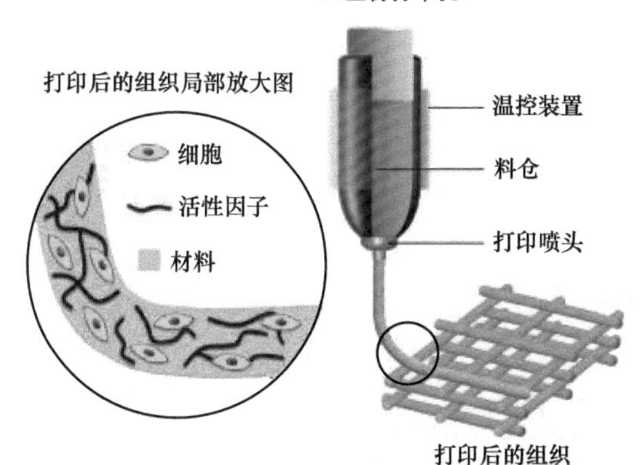

图7-38　细胞生物3D打印原理

图7-39为这种生物3D打印机打印软组织的流程示意图。图7-40为采用生物3D打印机进行器官打印的线路图。

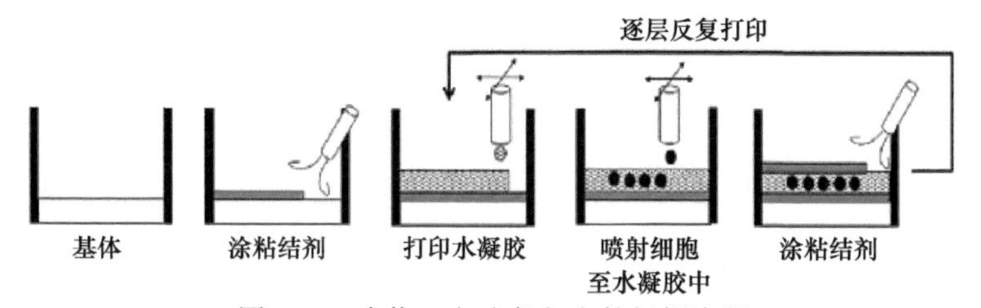

图7-39　生物3D打印机打印软组织流程

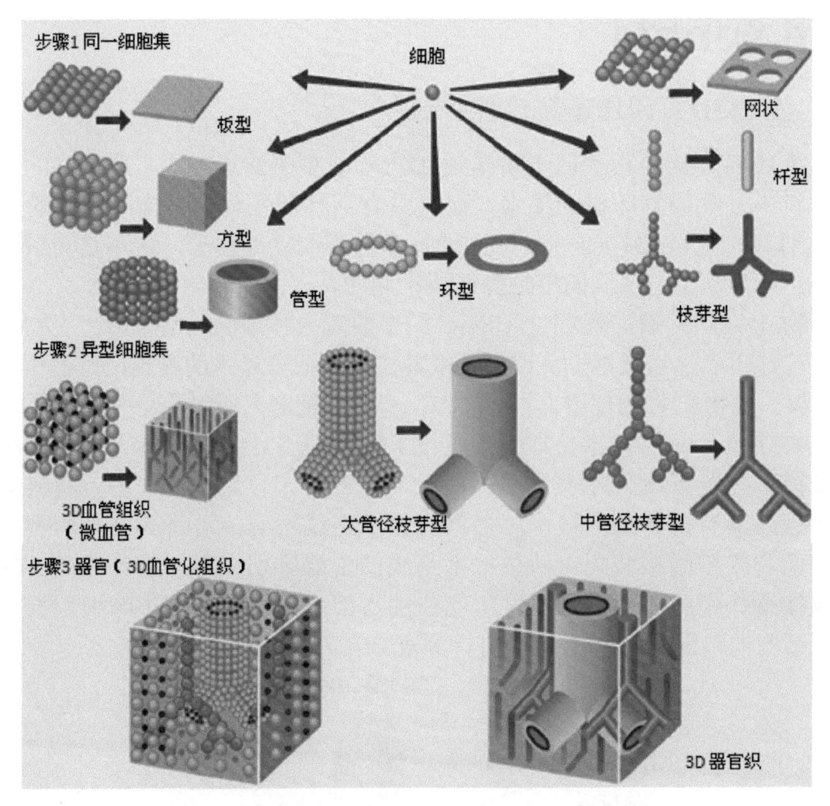

图7-40 采用生物3D打印机进行器官打印的线路图

7.6.2 生物3D打印机

图7-41为一台生物3D打印机。该生物3D打印机安装了4个配药微阀和可精确控制的3轴运动机器人装置。配药微阀采用气动控制，安装在水平运动的机器人控制平台上。该平台可控制细胞与水凝胶等打印材料喷送的位置和时间。基体被另外一个控制单元控制垂直方向的位置。培养基中的细胞悬浮液和液态形式的水凝胶被放置在一次性的注射筒内，可被连续送进气压控制的喷送器中。该生物3D打印机还配备了采集微滴尺寸的摄像系统及控制配送器温度的热电装置。

美国维克森林大学再生医学研究所的研究人员近期宣布，已开发出一种生物3D打印机，打印出的人体器官具备获取氧气和营养的“通道”。

该研究所负责人安东尼·阿塔拉（Anthony Atala）表示：“这一打印机可以制造出稳定、符合人体尺寸的任何形状的组织。在未来发展中，这一技术将可以打印活体组织和器官结构，用于器官移植手术。”阿塔拉及其同事的这一成果已发表在《自然生物技术》期刊上。这一生物3D打印机名为“一体式组织—器官打印系统”（ITOP）。

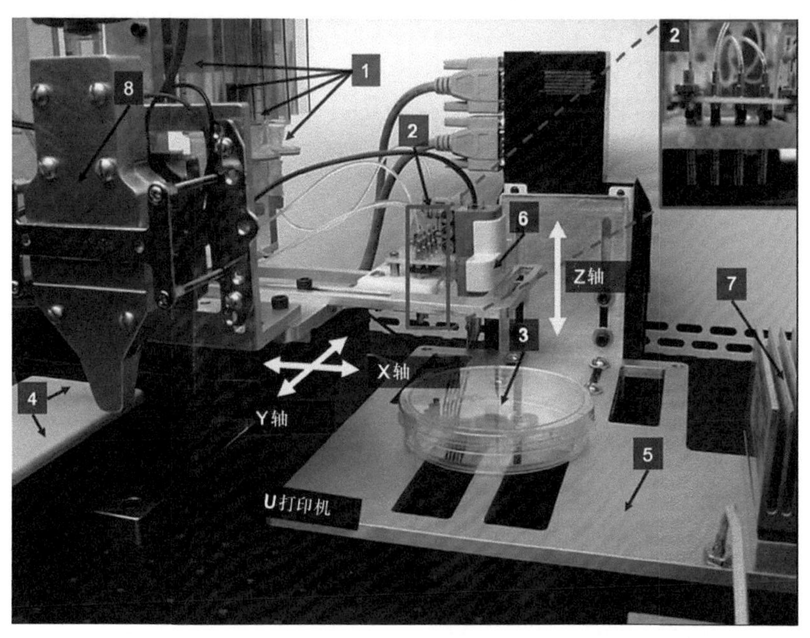

图7-41　生物3D打印机

1—装载细胞悬浮液和水凝胶的注射筒　2—4通道药剂配送器　3—基体　4—水平运动平台　5—垂直运动平台　6—测距仪　7—温控装置　8—4通道配送器温控装置

生物3D打印需要用到来自捐赠者的细胞。这些细胞需要在实验室中培养，并置于水基凝胶中。随后，这些凝胶将被注入可生物降解的聚合物结构，使细胞处于适当位置。阿塔拉和其他研究者此前曾发明过多种方式打印人造皮肤和人造膀胱。然而，这样的人造器官存在局限：由于缺少血管，这些器官的厚度均不能超过200μm（大约等于头发丝的宽度）。

阿塔拉的ITOP能在计算机控制下使用多种不同类型的凝胶去打印，这类似于喷墨打印机的喷墨。在这一过程中，ITOP可以在打印出的组织内部构造微型通道。在器官的初步成长中，这些微型通道可以提供血管的功能，使营养物质和氧分子抵达器官内部的细胞。

在被植入生物体之后，通过“血管形成”过程，血管将取代微型通道。在最新实验中，研究人员制造了多种人体结构，包括人耳、肌肉纤维，以及颚骨碎片。

其中，3D打印人耳已被移植至小鼠身体。在两个月时间里，人造器官内的血管和软骨组织逐渐成形。人造肌肉纤维同样在小鼠体内进行了实验。在移植的两周后，实验表明，这些肌肉有着足够的强度，以支撑血管和神经的形成。而当颚骨被植入小鼠体内后，研究人员发现，血管在5个月后形成。

维克森林大学的这一生物3D打印技术尚未被用于人体。不过阿塔拉及其同事认为，这一技术也适合人体。这种技术的一大优势在于，打印的器官可以定制，从而完全符合器官接受者的需求。

图7-42为美国维克森林大学开发的生物3D打印机。

图7-42　维克森林大学开发的生物3D打印机

韩国知名3D打印机生产商Rokit获得了该国政府300万美元的补助，以进军生物3D打印领域。Rokit发布了一款可用于组织工程和生物医学研究的3D打印机3Dison Invivo，如图7-43所示。

图7-43　生物3D打印机3Dison Invivo

实际上，Invivo就是该公司3Dison系列多材料3D打印机中新增加的一款机型。这是一款具有很高通用性的生物3D打印机，既配置了一个挤出机又配置了一个液体注射器；可以打印很多种材料，包括PLGA、PCL、PLLA、胶原蛋白、海藻酸钠、丝素蛋白等；还改进了市场上现有生物3D打印机的很多缺点。

杭州电子科技大学研发出了国内首台生物3D打印机Regenovo（图7-44），并成功打印出了人体器官。这台生物3D打印机并不大，长、宽、高分别是64cm、50cm、70cm，是直接通过活细胞、水凝胶打印，堆叠出生物器官。目前可以打印耳朵、肝脏，以及人皮面具，打印时间为几个小时不等。

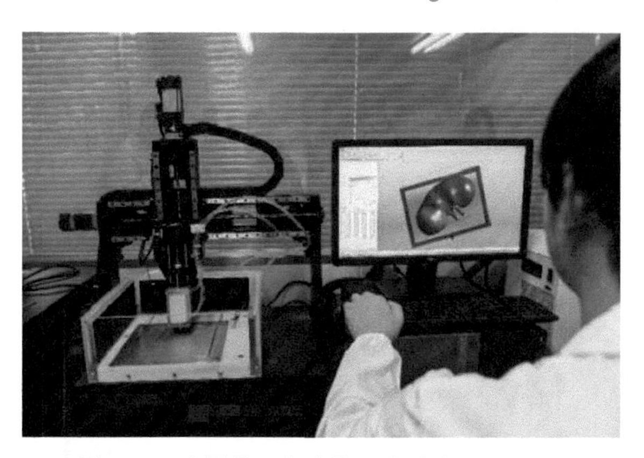

图7-44　中国第一台生物3D打印机Regenovo

打印是在无菌环境下进行的，且温度需要严格控制。该项目负责人徐铭恩教授对新华网称，他们的细胞坏死率十分低，大约90%的细胞存活了下来，并且保存了4个月之久，这延长了器官的后续使用时间。

7.6.3　生物3D打印应用

1. 3D打印皮肤

由于当前医疗技术的限制，许多烧伤受害者经过治疗后无法得到像正常人一样的皮肤。在大多数情况下，人体可以自行愈合得非常好，但是当皮肤受到像烧伤或皮肤疾病之类的极端损伤后，通常无法很好恢复。因此，改善人体皮肤再生能力成为当前的迫切需求。四名来自荷兰莱顿大学的学生最近提出了一个引人注目的概念：SkinPrint（皮肤打印）。皮肤打印是利用3D打印技术，通过一个可以生产人体皮肤的生物3D打印机来解决这个问题。SkinPrint通过先进技术利用生物3D打印机诱导多功能干细胞（iPS）再生，例如头发或皮肤细胞的干细胞，只需要获取一小块健康人体皮肤就可以做到。然后将这些细胞作为生物3D打印机的墨水来开发干细胞，最终利用生物3D打印机制作出皮肤。由于诱导再生的多功能干细胞来自患者自身，可有效避免免疫性反应。图7-45为利用3D打印技术打印皮肤的过程示意图，图7-46为打印出的人体皮肤。

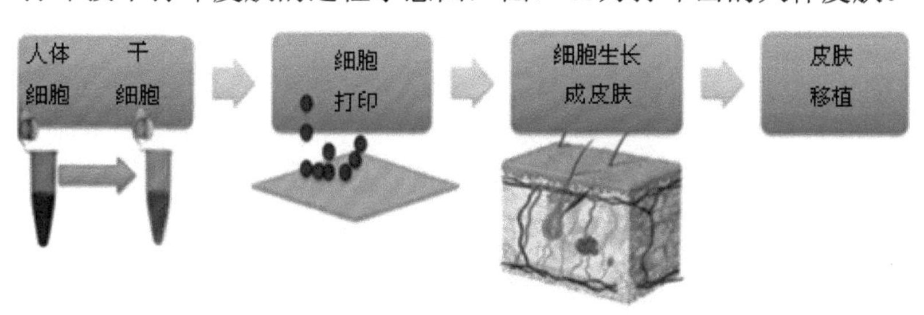

图7-45　皮肤打印过程示意图

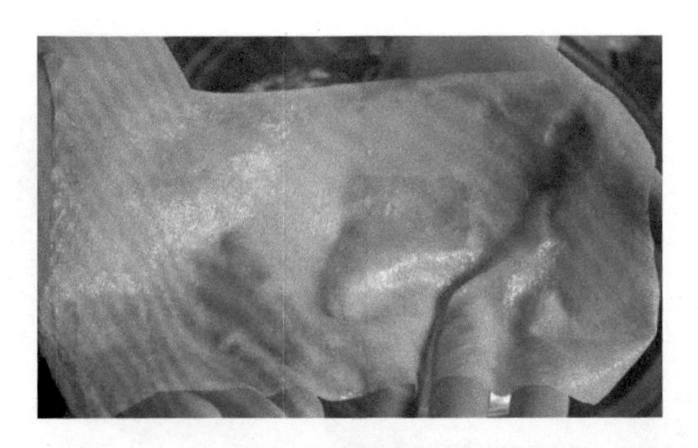

图7-46 利用3D打印技术打印出的人体皮肤

美国维克森林大学军事研究中心的科学家开发了一种新的皮肤修复方法，利用3D打印技术直接将皮肤细胞打印在烧伤创面上。这种方法远远优于传统的皮肤移植技术。因为传统皮肤移植技术需要患者正常的皮肤，而有些情况下，皮肤移植是痛苦的，并且对于全身烧伤的患者这种方法也不适用。对烧伤患者来说，不再需要进行皮肤移植而可以采用细胞打印技术直接修复烧伤。图7-47为采用该工艺技术对人体皮肤的烧伤进行修复治疗的示意图。

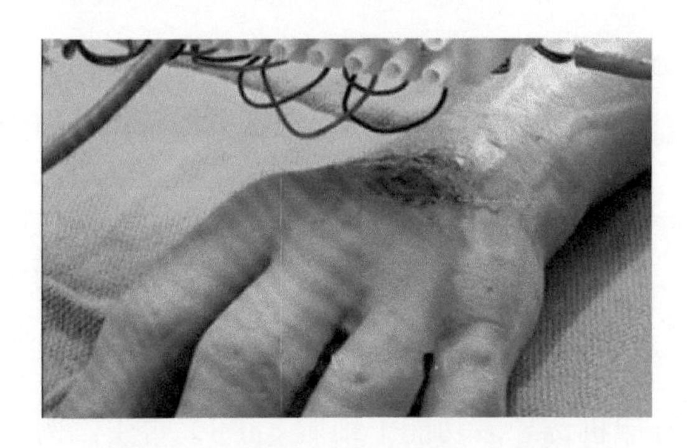

图7-47 皮肤细胞3D喷涂修复示意图

该生物3D打印机内置的激光器首先会对伤口的尺寸和形状进行测量，然后精确地将特定皮肤细胞应用在需要的部位。研究人员将来自皮肤的细胞进行溶解，然后将细胞分离成角质细胞、纤维细胞等各种类型，由此制成了皮肤细胞喷雾剂。纯化细胞在营养液中进行培养增殖后被放入无菌暗室，然后采用3D打印技术先喷一层纤维细胞，再喷一层角质细胞。由此，喷涂细胞就在伤口上形成了一层保护屏障。目前只在小鼠身上进行了试验，初步结果显示伤口可迅速、安全地得以愈合，与未经处理的伤口相比，愈合速度要快上3周。维克森林大学再生医学教授乔治·克里斯特表示，他们下一步准备在拥有和人类相似皮肤的猪身上进行试验，最终将向美国食品和药物管理局申请开展人体试验。他们计划制造出一台能在战场和灾区使用的便携式皮肤修复打印机。

儿童通常是深度烧伤的受害者，皮肤细胞喷雾剂是烧伤治疗技术的突破，使用生物3D打印机，喷涂的细胞中因含有尚未成熟的干细胞，皮肤细胞就会与周围的皮肤融为一体，如果烧伤能够在2～3周内治愈，就能够避免烧伤留下的伤疤，这样被烧伤的孩子就不会随着年龄的增长而背负伤疤所带来的心理负担，也不用在长大后接受植皮或其他外科手术。研究人员还表示，该方法对于治疗常见的糖尿病足部溃疡也将是适用的。

2. 3D打印血管

德国弗劳恩霍夫研究所的一个研究小组，使用基于SLA的3D打印工艺和一种多光子聚合技术，成功地打印出人造血管。早在20世纪50年代，人造血管就已经被“织造”出来，并在临床上广泛用于大动脉血管的替换，但在直径6mm以下的静脉血管研究上，一直没有取得突破性进展。主要原因是：人造毛细血管不仅需要足够细小，而且还要有能和真实血管相媲美的弹性和生物相容性。德国最大的应用科学研究机构弗劳恩霍夫应用研究促进协会（Fraunhofer-Gesellschaft）的BioRap计划，使用3D打印技术“打印”具备生物相容性的毛细血管。图7-48为研究人员正用细胞介质冲洗人造血管。

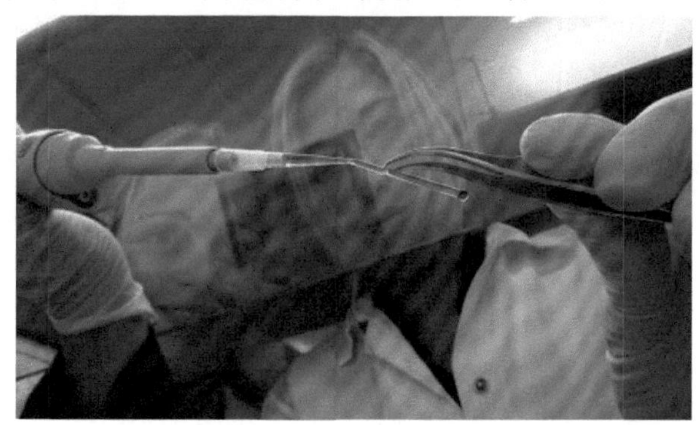

图7-48　研究人员正用细胞介质冲洗人造血管

3D打印技术制造出的毛细血管，不但可以应用在更换坏死的血管上，还可以与人造器官技术结合，有力推动大型人体器官制造技术的发展。因此，即使在短期内还不能成功地根据需求制造出各种人造器官，但是由3D打印血管衍生出的3D人造组织也将会挽救千万患者的生命。

通常的组织再造是基于外源性生物相容性的支架的使用而进行的。然而支架材料的选择、免疫性、降解速率等，会影响组织的长期性能并直接干涉其主要的生物功能。因此，借助3D打印技术的3DPG方法，出现了无支架组织的再造技术，并在皮肤、骨骼等方面取得了进展，成功再造了外径为0.9～2.5mm的血管组织。

在无支架血管组织再造之前，需经过前期的细胞培养、柱状多细胞体和琼脂糖棒的准备。图7-49a为血管再造模板，按照图7-49b中的顺序进行琼脂糖棒的逐层堆积。图7-49c为再造血管组织的生物3D打印机，堆积出图7-49d所示的含有琼脂糖棒的血管组织。去除琼脂糖棒后，得到图7-49e所示的外径分别为2.5mm和1.5mm的血管组织。生物3D打印机配备两个打印头，一个用来挤出琼脂糖棒，另一个用来进行多细胞体的沉积。

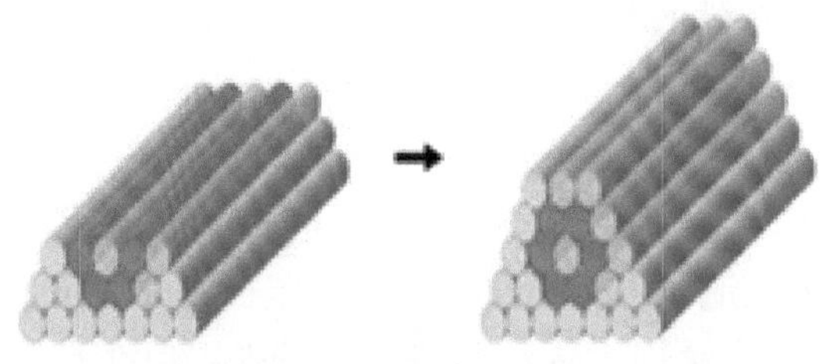

a）血管再造模板

b）按顺序进行琼脂糖棒的逐层堆积

c）再造血管组织的生物3D打印机

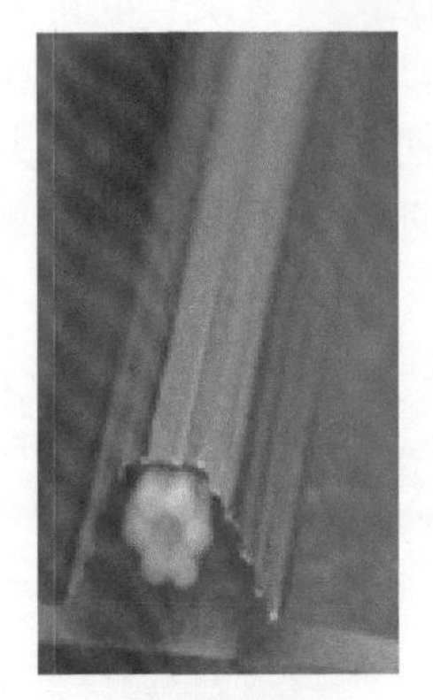

d）含有琼脂糖棒的血管组织

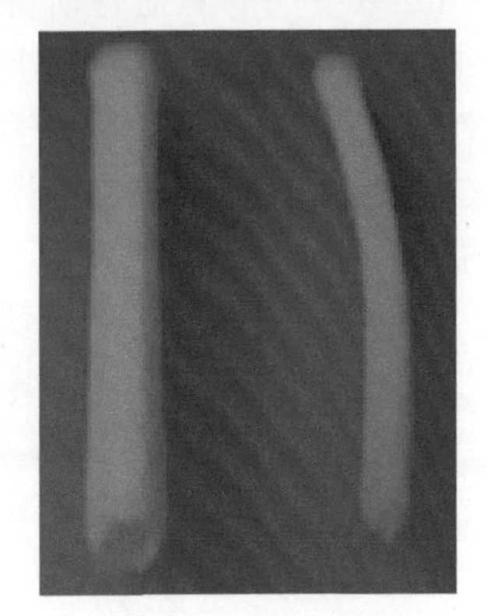

e）外径分别为2.5mm和1.5mm的血管组织

图7-49　无支架血管组织再造过程

图7-50为使用实体血管组织球微粒材料，采用生物3D打印技术制作肾脏内部枝芽状血管的过程。

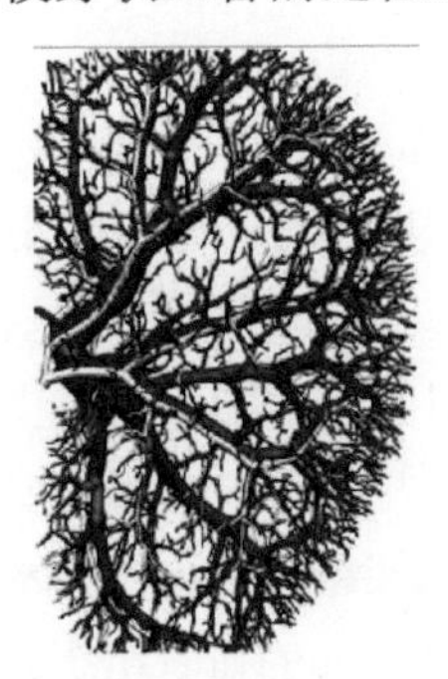

a）肾脏血管

b）生物打印的血管树

c）管状血管组织的生物细胞集物理模型

图7-50　生物3D打印枝芽血管过程

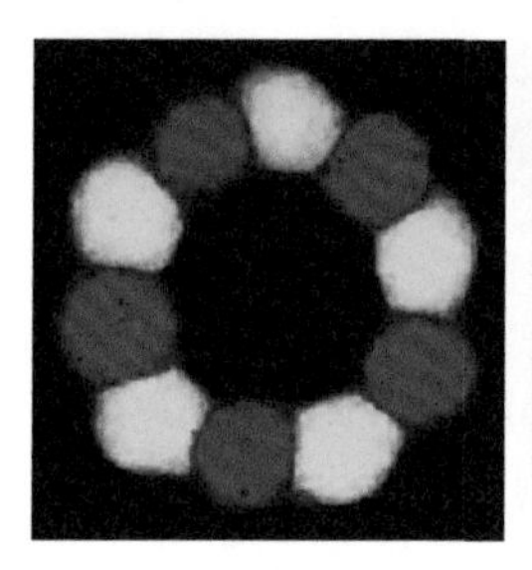
d）环状血管组织的细胞集

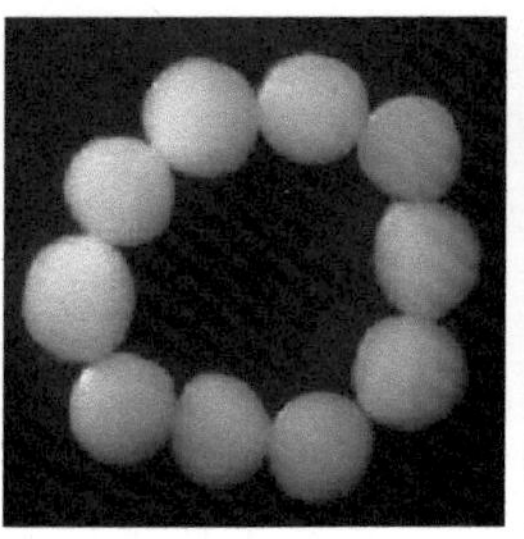
e）环状血管组织形态在打印过程中的演化1

f）环状血管组织形态在打印过程中的演化2

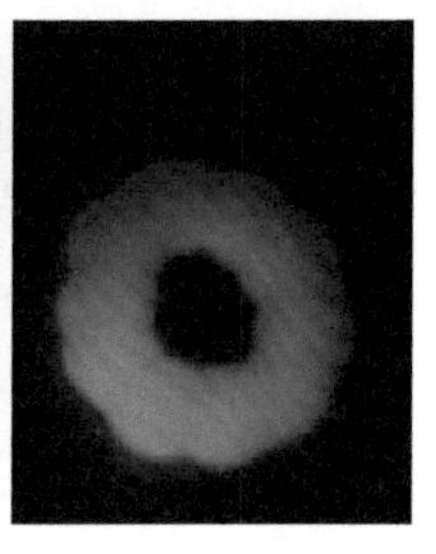
g）环状血管组织形态在打印过程中的演化3

图7-50　生物3D打印枝芽血管过程（续）

3. 3D打印微型肝脏

美国加州Organovo公司使用3D打印机逐层打印了大约20层肝实质细胞和肝星状细胞两种主要的肝细胞，制作了微型肝脏器官。利用3D打印技术制作出的微型肝脏器官，虽然只有深0.5mm、宽4mm，但它却具有真实肝脏器官的多项主要功能，包括产生运输激素的蛋白质及将盐和药物送递至全身等功能。伴随着细胞从血管抵达微型肝脏器官，实现了为肝脏器官运送营养物质和氧气的功能，而且至关重要的是增加了血液细胞，这种微型肝脏器官的3D蜂窝状组织能够幸存5天以上。2D培养的细胞与此3D蜂窝组织差别很大，前者基于单层或者双层细胞构建，仅能幸存2天，且不具备后者的独特功能。

微型肝脏器官的真实结构和功能结合肝细胞层和肝星状细胞层，对于感染疾病的研究产生积极影响。它可以进行血液过滤、新陈代谢和输送药物，并生成白蛋白，以及胆固醇和细胞色素P450s（能在肝脏器官中新陈代谢药物，是一种具有解毒作用的酶）。这种微型肝脏的逼真结构和机能使之能准确预报药品等物质的毒性。突破性的新药从开发到面市需要10～15年以及超过10亿美元的投资，都需要进行对肝脏的毒性测试。3D打印人体器官能把这一时间缩短到10年以下，而成本仅仅是原来的一半。图7-51为Organovo公司采用3D打印技术制造的人工肝脏细胞。

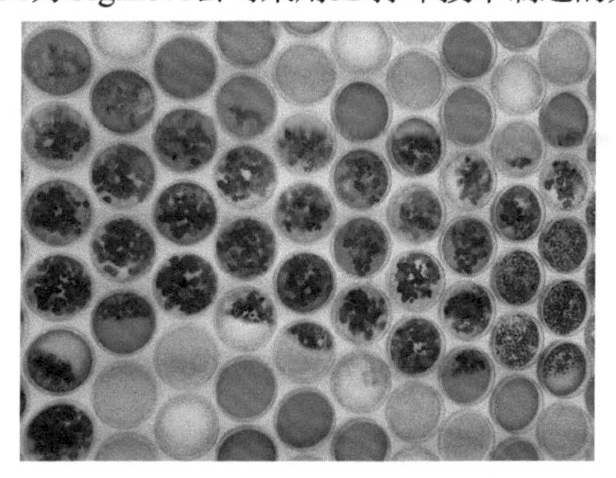
图7-51　Organovo公司采用3D打印技术制作的人工肝脏细胞

肝脏包含了多种不同的细胞种类和复杂的血管结构，因此人造肝脏的制造相当困难。目前正在计划利用3D打印技术制造出构造相对简单的1mm迷你肝脏和各种干细胞，人造肝脏器官的诞生还需要一段时间。

4. 3D打印肾脏

美国维克森林再生医疗研究所（Wake Forest Institute of Regenerative Medicine）的科学家正在研究各种项目，包括耳朵、肌肉打印，并长期致力于肾脏打印研究。打印“肾脏”时，研究人员首先从成年病人的骨髓和脂肪中提取出干细胞，通过采用不同的成长因子，这些细胞能够被分化成不同类型的其他细胞；然后将这些细胞转化成液滴，制成“生物墨水”；接着用注射器一层一层地将“生物墨水”喷涂到凝胶支架上，直到器官的三维结构完成，使用3D打印技术制作出概念肾模型。将此用细胞和生物材料制造的“微型”肾脏移植入小公牛体内，可以产生尿液样物质。图7-52为利用3D打印技术制作的人造肾脏。

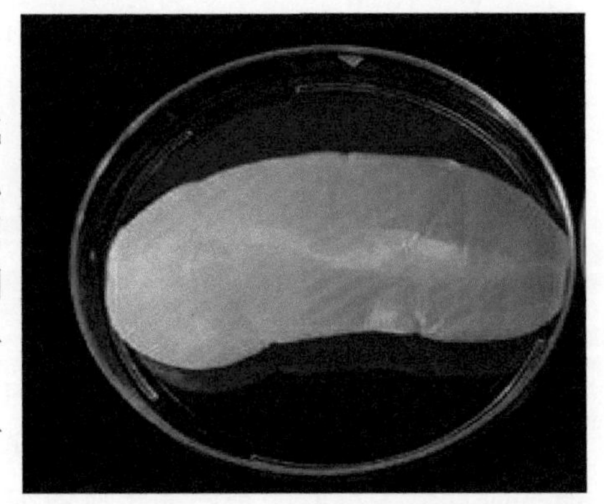

图7-52 3D打印的肾脏

5. 3D打印耳朵

美国康奈尔大学研究团队采用3D打印机和活体细胞喷射成型方法成功制造了人体再生耳朵。其制造过程为：生物工程师对患者耳朵的3D扫描数据进行处理，在CAD系统上完成耳朵各部分结构造型及其型腔模具的设计，并采用3D打印机打印出耳朵型腔模具。随后，科学家们将一种高密度的凝胶灌入该模具型腔内，这些凝胶由2.5亿个牛的软骨细胞和从鼠尾提取的胶原蛋白（作为支架使用）制成。15min后，研究人员将得到的耳朵移出并在细胞培养皿中培育。3个月的时间内，软骨就可以取代胶原蛋白。与合成植入义耳不同的是，由人体细胞培育而成的耳朵能更好地同人体相结合。图7-53为美国康奈尔大学采用3D打印技术制作的耳朵。

图7-53 3D打印的人体再生耳朵

据报道，研究人员在新一期英国《自然·生物技术》杂志上说，他们利用新开发的生物3D打印系统打印出的人造耳朵、骨头和肌肉组织，移植到动物身上后都能保持活性。这项技术未来发展成熟后，可能解决人造器官移植难题。图7-54为采用生物3D打印机打印出的另一耳朵实例。

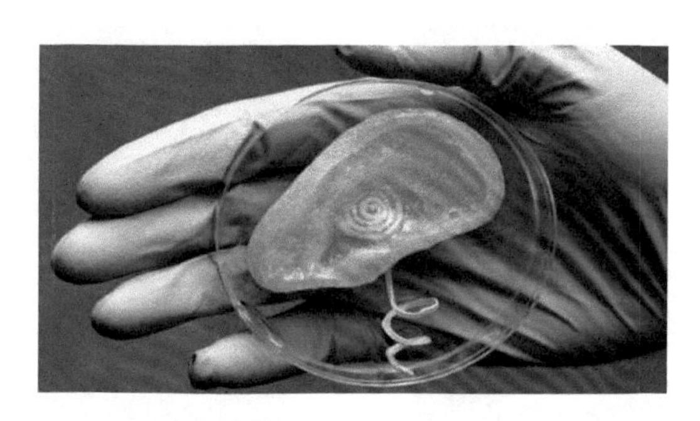

图7-54　生物3D打印机打印出的另一耳朵

6. 3D打印生物支架

生物支架是细胞黏附的基本框架，是细胞增殖分化的基本场所，是构建仿生组织和器官的基本支架。生物支架必须具备以下条件：

（1）良好的生物相容性　无毒，利于细胞黏附增殖，不会引起机体免疫排斥，安全用于人体。

（2）良好的生物降解性　支架的降解速率与细胞的增殖速率保持一致，降解物对人体无害。

（3）具有三维多孔结构　合适的孔径，高孔隙率，具有较大比表面积，利于营养物质与废物运输，以及利于细胞的黏附增殖和细胞外基质的沉淀。

（4）适当的机械强度　为细胞的生长提供支撑。

（5）易于杀菌消毒和储存　组织材料具有一定的稳定性。

常用的生物支架材料分为非生物降解型和生物降解型。

非生物降解型材料包括：高聚物（碳素纤维、涤纶、特氟隆），金属材料（不锈钢、钴基合金、钛合金），生物惰性陶瓷（氧化铝、氧化锌、碳化硅）等。这些材料的特点是强度高（耐磨、耐疲劳、不变形等），生物惰性（耐酸碱、耐老化、不降解），但存在二次手术问题。

生物降解型材料包括：生物活性陶瓷（生物玻璃、羟基磷灰石、磷酸钙），纤维蛋白凝胶、胶原凝胶、聚乳酸、聚醇酸及其共聚体、聚羟基酸类、琼脂糖、壳聚糖和透明质酸等多糖类。

PCL是一种生物可消融聚合物，在骨与软骨修复方面具有潜在的应用价值。PCL支架可由多种3D打印技术制得，包括熔融沉积技术、光固化成型技术、精密挤压沉积、三维打印等，而采用SLS技术制作能够容易实现具有多种内部结构与孔隙率的PCL支架。

图7-55a为在UG三维造型软件上设计的圆柱形多孔支架（直径12.7mm、高度25.4mm），图7-55b为Sinterstation 2000设备上使用PCL粉末制作的SLS支架模型。图7-56为猪颚关节的三维构形及多孔支架设计与SLS模型。

a）孔径1.75mm的多孔支架的STL模型

b）采用SLS工艺制作的PCL支架

图7-55 PCL多孔支架的设计与制造

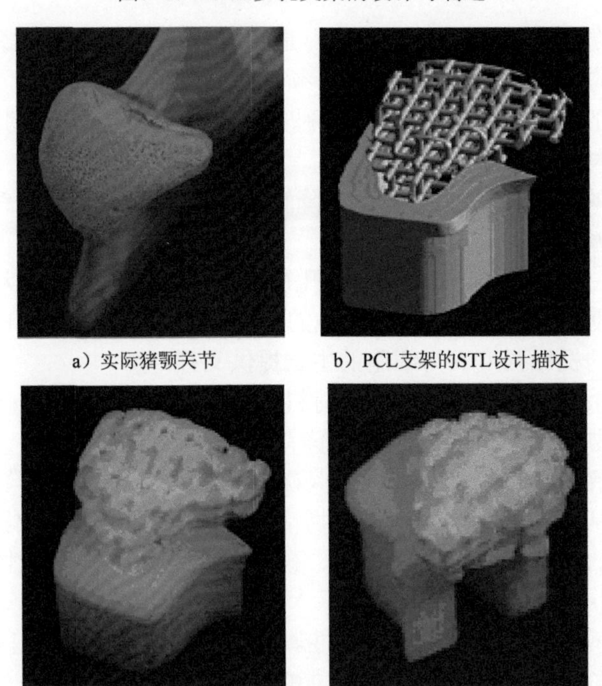

a）实际猪颚关节　　b）PCL支架的STL设计描述

c）SLS模型

图7-56 PCL多孔支架在猪颚关节制造中的应用

对于微小区域的骨缺损，其修复植入体可采用骨细胞利用上述类似的生物3D打印机直接打印成型。图7-57为该方法进行骨组织制作的流程示意图，该方法的成功应用如图7-58所示。

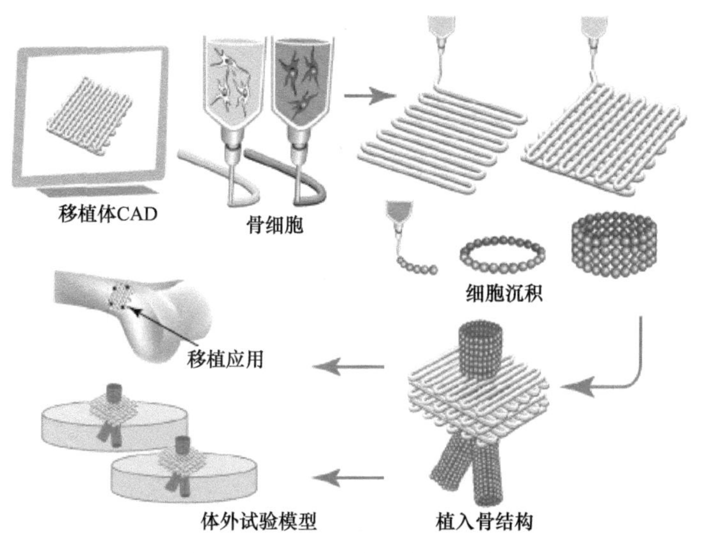

图7-57 移植骨组织生物打印过程

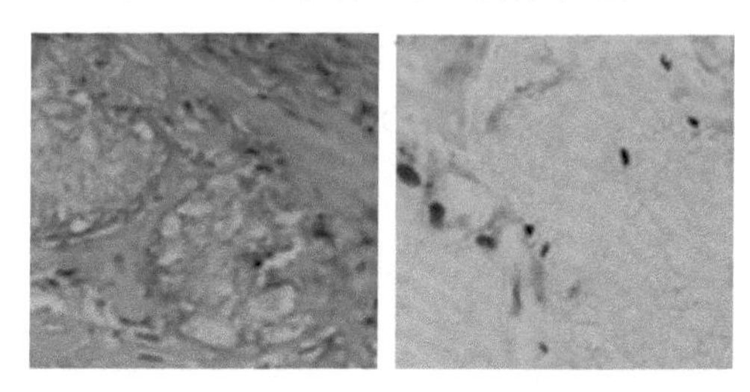

a）植入后6周的肉眼观察

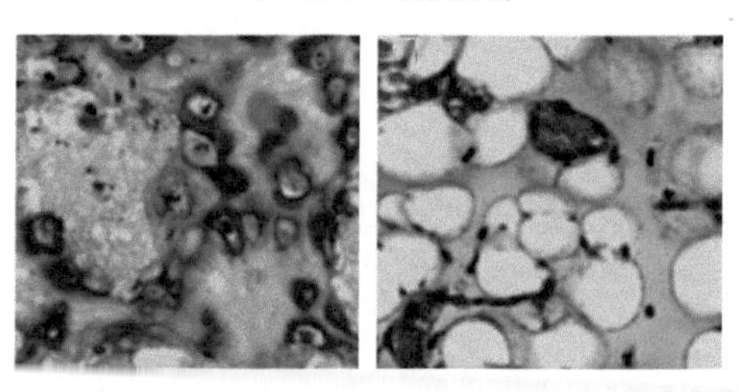

b）6周时的Goldner三色图：蓝色斑点为细胞，暗绿为胶原蛋白，灰色为磷酸钙（BCP）

图7-58 细胞打印移植骨在活体内的组织变化

7. 3D打印用于医学实验

由于能够为医疗健康领域带来极大的好处，目前生物3D打印正在以极快的速度发展着，其实际应用也在不断增加。近日，全球知名的健康医疗公司罗氏（Roche）就与生物3D打印的领先企业Organovo联手，使用Organovo的3D打印活性人类肝脏组织（图7-59）对药物性肝损伤进行了建模，然后借此鉴定出了曲伐沙星的毒性。方法是通过将其与另一种结构相似的无毒的药物——左氧氟沙星进行对比。

这对于罗氏这样的制药公司来说十分有意义，因为有了这种在各种属性上都已经十分接近天然组织的3D打印组织，他们就能在无须人类志愿者提供天然组织样本的情况下确定某些化学物质的毒性，从而避免药物对人体可能造成的伤害。

曲伐沙星是一种第三代抗感染药物，虽然具有较强的抗菌作用，但对肝脏的毒性较强，所以已经逐渐退出市场了。它的毒性使用常规化学方法很难鉴定，此次却由罗氏与Organovo使用3D打印的肝脏组织轻松确定，可见这种人工组织的性质的确已经与天然组织十分接近了。

Organovo的3D打印肝组织是由真正的肝细胞与非实质性（内皮细胞和肝星状细胞）细胞群组成的，具有真正的三维结构，所以也就具有如同天然肝组织一样的性质，这正是研究者们可以利用它鉴定出曲伐沙星毒性的重要原因。

Organovo表示，希望这个成功的案例能为这种3D打印肝组织的实际应用铺平道路，与其他方法（如动物测试和2D细胞建模）一起成为未来药物测试的常规手段。

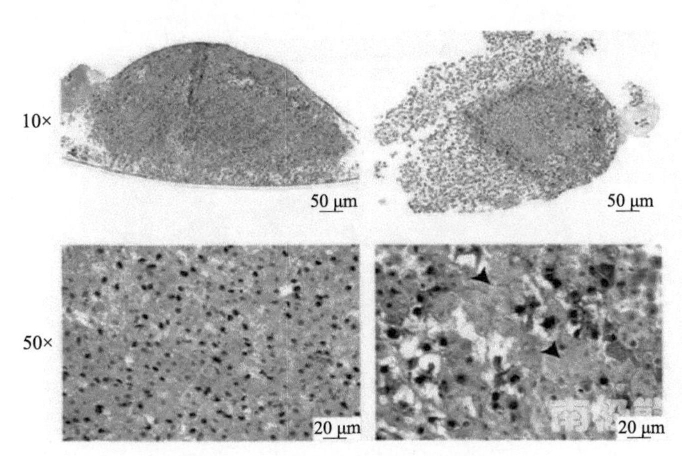

图7-59　生物3D打印的肝脏组织

参考文献

[1] 陈贤杰．先进制造技术论文集[C]．北京：机械工业出版社，1996．

[2] 李涤尘，田小永，王永信，等．增材制造技术的发展[J]．电加工与模具，2012（增刊）：20–22．

[3] Wohlers T T.Wohlers Report 2011–Additive Manufacturing and 3D Printing State of the Industry[M]. Fort Collins: Wohlers Associates, Inc., 2011.

[4] 智宝．打印业“新宠”3D打印热点大集合[EB/OL]．[2016–3–31]．http://www.bianbao.net/newsDetail33155.html.

[5] 王广春，赵国群．快速成型与快速模具制造技术及其应用[M]．3版．北京：机械工业出版社，2013．

[6] 天工社．照片展示3D打印革命[EB/OL]．[2016–3–31]．http://mp.weixin.qq.com/s?__biz=MzA3OTE3MzYwNg=&mid=200134627&idx=5&sn=c4493e3f1023aa521f83156b03953192.

[7] 李怀学，巩水利，孙帆，等．金属零件激光增材制造技术的发展及应用[J]．航空制造技术，2012（10）：26–31．

[8] 增材制造技术：中国航空技术自主创新的加速器[EB/OL]．[2013–2–9]．http://news.ifeng.com/mil/air/mhzj/detail_2013_02/09/22089980_0.shtml.

[9] 国家自然科学基金委员会．国家自然科学学科发展战略调研报告—机械制造科学（热加工）[M]．北京：科学出版社，1995．

[10] 朱森第．先进制造技术论文集[C]．北京：机械工业出版社，1996．

[11] 青岛亿辰电子科技有限公司．3D打印机的工作原理[EB/OL]. [2016–4–9]. http://www.yichen3d.com/html/zixunzhongxin/pinpaiyiwen/531.html.

[12] 孙大涌．先进制造技术[M]．北京：机械工业出版社，2000．

[13] Shelton R D.JTEC/WTEC Panel Report on Rapid Prototyping in Europe and Japan[J].SME, 1997:21–30.

[14] Kimble L L. The Selective Laser Sintering Process: Applications of the New Manufacturing Technology[J]. PEM Intell. Des. Manug. Prot., 1992, 50: 356–363.

[15] Xue Y, Gu P. A Review of Rapid Prototyping Technology and Systems[J]. Int. J. of Computer–Aided Design, 1996, 28(4): 307–318.

[16] 中关村在线．叠加的魅力3D打印之熔融沉积成型技术[EB/OL]．[2016–4–10]．http://digi.163.com/16/0408/05/BK3VS8NN001665EV.html.

[17] Ashley S. Rapid Prototyping is Coming of Age[J]. Mechanical Engineering, 1995, 117(7): 62–68.

[18] Bohn J H.The Rapid Prototyping Resource Center[EB/OL]. [2007–10–10]. http//cadserv.cadlab.vt.edu/bohn/ RP.html, 1997.

[19] 前沿科技．3D打印定制康复矫正器帮助半瘫患者抓取物品[EB/OL]．[2016-3-7]．http://tj.jjj.qq.com/a/20160307/035404.htm.

[20] Pham D T, Gault R S. A Comparison of Rapid Prototyping Technologies[J]. International Journal of Machine Tools & Manufacture, 1998, 38: 1257-1287.

[21] 李彦生，李涤尘，卢秉恒．光固化快速成型技术及其应用[J]．应用光学，1999，20（3）：34-36.

[22] 科学技术．3D打印未来[EB/OL]．[2013-4-9]．http://www.360doc.com/content/13/0409/08/1630322_277064718.shtml.

[23] Bertsch A, Bernhard P, Vogt C, et al. Rapid Prototyping of Small Size Objects[J]. Rapid Prototyping Journal, 2000, 6(4): 259-266.

[24] Sun C, Fang N, Wu M, et al. Projection Micro-stereolithography Using Digital Micro-mirror Dynamic Mask[J]. Sensor and Actuator A, 2005, 121: 113-120.

[25] 卢清萍．快速原型制造技术[M]．北京：高等教育出版社，2001.

[26] 3D打印资讯．迪士尼新型3D打印工具定制化时代正式来临[EB/OL]．[2015-4-9]．http://zhan.renren.com/tag?value=3d打印.

[27] 洪国栋，张伟，吴良伟，等．熔融材料堆积成型技术及其应用[J]．机械工业自动化，1997（4）：52-54.

[28] 王运赣，林国才，陈国清，等．Zippy系列快速成形系统[J]．中国机械工程，1996（7）：58-60.

[29] Inhaeng Cho, Kunwoo Lee, Woncheol Choi, et al. Development of a New Sheet Deposition Type Rapid Prototyping System[J]. International Journal of Machine Tools & Manufacture, 2000(40): 1813-1829.

[30] 数码家园．3D打印正在实现从工业应用到个人化的革命性转变[EB/OL]．[2012-12-14]．http://henan.sina.com.cn/shuma/jiaodiantu/2012-12-14/268-25821.html.

[31] 薛春芳，田欣利，董世运，等．激光直接烧结成形金属零件的试验研究[J]．应用激光，2003（23）：130-134.

[32] Hull C. Stereolithography: Plastic Prototype From CAD Without Tooling[J]. Modern Casting, 1988, 78(8): 38-46.

[33] Kruth J. Material Increase Manufacturing by Rapid Prototyping Technologies[J]. Ann. CIRP, 1991, 42(2): 603-614.

[34] Wohlers T. Make Fiction Fact Fast[J]. Manufacturing Engineering, 1991, 106(3): 44-49.

[35] Fast Precise S S. Safe Prototyping with FDM[J]. FEM-Intell. Des. Manufg. Proto., 1992, 50: 121-129.

[36] 成都高域办公设备系统有限公司．STRATASYS首发树脂全彩3D打印机[EB/OL]．[2014-2-20]．http://www.oa999999.com/zh-CN/displaynews.html?newsID=100190692.

[37] Hilton P. Making the Leap to Rapid Tool Making[J]. Mechanical Engineering, 1995, 117(7): 75-76.

[38] Suwat J, et al. Virtual Processing-Application of Rapid Prototyping for Visualization of Metal Forming Processes[J]. Journal of Materials Processing Technology, 2000, 98: 116-124.

[39] 王广春，赵国群．快速成型与快速模具制造技术及其应用[M]．北京：机械工业出版社，2004.

[40] 环球网．曾经走进科幻电影的八大科技3D打印榜上有名[EB/OL]．[2013-12-24]．http://gongkong.ofweek.com/2013-12/ART-310002-8500-28760467_3.html.

[41] 王运赣．快速成形技术[M]．武汉：华中理工大学出版社，1999.

[42] 王隆太，陆宗仪．当前快速成型技术研究和应用的热点问题[J]．机械设计与制造工程，1995，28（3）：5-6.

[43] 王秀峰，罗宏杰．快速原型制造技术[M]．北京：中国轻工业出版社，2001.

[44] 姬晓芳．3D打印精彩炫不停[EB/OL]．[2015-3-30]．http://www.yingmoo.com/news_48451.html.

[45] 李亚江，李嘉宁．激光焊接/切割/熔覆技术[M]．北京：化学工业出版社，2012.

[46] 张迪，单际国，任家烈．高能束熔覆技术的研究现状及发展趋势[J]．激光技术，2001，25（1）：39-42.

[47] 余伟，王西昌，巩水利，等．快速扫描电子束加工技术及其在航空制造领域的潜在应用[J]．航空制造技术，2010（16）：44-47.

[48] Voxeljet 3D Printers: Fast, Precise and Economical[EB/OL]. [2013-7-31]. http://www.voxeljet.de/en/systems/.

[49] VX-Testmould [EB/OL]. [2013-9-1]. http://www.voxeljet.de/en/case-studies/case-studies/vx-testmould/.

[50] Clutch housing[EB/OL]. [2013-9-4]. http://www.voxeljet.de/en/case-studies/case-studies/clutch-housing/.

[51] Voxeljet Builds Aston Martin Models for Skyfall[EB/OL]. [2013-9-4]. http://www.voxeljet.de/en/case-studies/case-studies/aston-martin/.

[52] EBM® Electron Beam Melting in the Forefront of Additive Manufacturing[EB/OL]. [2013-8-9]. http://www.arcam.com/technology/electron-beam-melting/.

[53] Rosochowski A, Matuszak A. Rapid Tooling: the State of the Art[J]. Journal of Materials Processing Technology, 2000, 106: 191-198.

[54] 陈大牌．3D打印赛车[EB/OL]. [2014-1-26]. http://tu.vx.com/1401/17171.html#ad-image-0.

[55] Chua1 C K, Hong K. H., Ho S L. Rapid Tooling Technology, Part 1, A Comparative Study[J]. Int J Adv Manuf Technol, 1999, 15: 604-608.

[56] Chua1 C K, Hong K H, Ho S L. Rapid Tooling Technology, Part 2, A Case Study Using Arc Spray Metal Tooling[J]. Int J Adv Manuf Technol, 1999, 15: 609-614.

[57] 电气自动化技术网．3D打印：由模具制造转向工业化[EB/OL]．[2013-5-21]．http://www.dqjsw.com.cn/xinwen/shichangdongtai/122111.html.

[58] Kruth J P. Material Incress Manufacturing by Rapid Prototyping Techniques[J]. CIRP Annals,

1991, 40: 603–614.

[59] Kruth J P, Van der Schueren B, Bonse J E, et al. Basic Powder Metallurgical Aspects in Selective Metal Powder Sintering[J]. Annals of the CIRP, 1996, 45: 183–186.

[60] Zhou J, He Z. A New Rapid Tooling Technique and Its Special Binder Study[J]. Journal of Rapid Prototyping, 1999, 5(2): 82–88.

[61] 环球塑化网．国家耗材质检中心：向公众演示3D打印机[EB/OL]．[2014-9-6]．http://www.pvc123.com/news/2014-09/308171.html.

[62] Kamesh T, Gegres F. Efficient Slicing for Layered Manufacturing[J]. Rapid Prototyping Journal, 1998, 4(4): 151–167.

[63] EOSINT M 280 Leading-edge Laser Sintering System for the Additive Manufacturing of Metal Products Directly from CAD Data[EB/OL]. [2013-9-9]. http://www.eos.info/systems_solutions/metal/systems_equipment/eosint_m_280.

[64] Industries & Markets[EB/OL]. [2013-9-9]. http://www.eos.info/industries_markets.

[65] 科学文化传播．感受3D打印技术的神奇魅力[EB/OL]．[2015-3-23]．http://whcb.las.ac.cn/ccsystem/informationOperation.shtml?method=findById&informationId=64&menuSort=A03.

[66] 杨小玲，周天瑞．三维打印快速成形技术及其应用[J]．浙江科技学院学报，2009，21（3）：186-189.

[67] 极光尔沃．3D打印技术快速成型的魅力[EB/OL]．[2016-3-2]．http://www.jgew3d.com/industry/305.html.

[68] 王广春，赵国群，杨艳．快速成型与快速模具制造技术[J]．新技术新工艺，2000（9）：30-32.

[69] 王树杰．快速原型技术及其在铸造中的应用[J]．铸造，1998（4）：23-25.

[70] 中关村在线．德国人借3D打印技术重现二战经典战机[EB/OL]．[2016-3-2]．http://j.news.163.com/docs/19/2016033105/BJFDKH9V001665EV.html.

[71] 黄天佑，闻星火．快速成型技术及其在铸造中的应用[J]．铸造，1995（2）：38-41.

[72] 陈晓姝．基于快速原型制造的精密熔模铸造技术研究与应用[J]．金属加工，2010（19）：61-63.

[73] Wang G C, Li H P, Guan Y J, et al. A Rapid Design and Manufacturing System for Product Development Applications[J]. Rapid Prototyping Journal, 2004, 10(3): 200–206.

[74] 网易科技．我国首台空间3D打印机研制成功[EB/OL]．[2016-4-20]．http://news.163.com/16/0420/05/BL2RAEJL00014SEH.html.

[75] 赵国群，王广春，贾玉玺．快速成形与制造技术的发展与应用[J]．山东工业大学学报，1999，29（6）：536-542.

[76] 王广春，王晓艳，赵国群．快速原型的叠层实体制造技术[J]．山东工业大学学报，2001，31（1）：59-63.

[77] 卢秉恒，等．激光快速原型制造技术的发展与应用[J]．航空制造工程，1997（7）：15-19.

[78] 文博智能科技有限公司．用LED和3D打印为您的耳机增加炫酷灯效[EB/OL]．[2016-4-

19]. http://www.sg560.com/news/getNewStyle0/winbo_10664700.html.
[79] 刘宪军，徐滨士，马世宁，等．应用电弧喷涂技术制造塑料模具[J]．模具技术，1996（6）：21-24.
[80] 宋宝通，于林奇，卫淑玲．电弧喷涂制模技术的研究及应用[J]．电加工与模具，2000（1）：39-41.
[81] 中国3D打印网．颠覆：光固化3D打印高精度成品赏析[EB/OL]．[2014-8-1]．http://www.zg3ddyw.com/yy/wjcp/633.html.
[82] 张志鸣．ASS电弧喷涂快速制模技术[J]．模具制造，2002（1）：13-16.
[83] 王伊卿，赵文轸，唐一平，等．电弧喷涂模具材料性能研究[J]．中国机械工程，2000，11（10）：1112—1115.
[84] 中国专业打印机网．奇思妙想之3D打印梦工厂[EB/OL]．[2014-10-10]．http://www.dayin.com.cn/articles/other/delivery/4405.aspx.
[85] 谷诤巍，袁达，张人佶，等．基于RP原型的电弧喷涂快速模具制造技术研究[J]．电加工与模具，2003（1）：50-53.
[86] 谢晓龙．电弧喷涂快速注塑模具制造技术研究[D]．济南：山东大学，2000.
[87] 中国机器人网．盘点全球3D打印杰作[EB/OL]．[2014-5-13]．http://www.robot-china.com/news/201405/13/10172.html.
[88] 刘宪军，徐滨士，马世宁，等．ϕ2mm丝材电弧喷涂系统的工艺参数和涂层性能研究[J]．表面工程，1997（2）：28-34.
[89] 陈益龙．低熔点金属喷涂制造模具的方法[J]．模具工业，1997（7）：36-39.
[90] 中关村在线．苹果研发彩色3D打印机独特之处何在[EB/OL]．[2015-12-12]．http://digi.163.com/15/1212/06/BAK644BR001665EV_all.html.
[91] 杨占尧，寇世瑶，王学让，等．快速成型和电弧喷涂相结合的快速制模技术研究[J]．塑性工学报，2002，9（3）：18-22.
[92] 王广春，赵国群，贾玉玺．基于RP＆M的快速模具制造技术[J]．山东工业大学学报，2000，30（2）：87-91.
[93] 3D技术升级中国制造[EB/OL]．[2015-9-7]．http://www.yzmx3d.com.cn/news/3dzx/2015/0907/112.html.
[94] 刘洪．基于CT数据微螺钉、种植体CAD/CAM导板制作与精度评价[D]．济南：山东大学，2010.
[95] 刘月辉，史春涛，郝志勇．快速成型技术在汽车上的应用[J]．材料工艺设备，2001（6）：25-28.
[96] 如此炫酷3D打印机还原《我的世界》建筑模型[EB/OL]．[2014-4-18]．http://games.sina.com.cn/g/n/2014-04-18/1517778423.shtml.
[97] 马劲松．浅谈快速成型技术在航空航天业的应用与发展[J]．航空制造技术，2010（8）：51-54.
[98] 滕勇，王臻，李涤尘．快速成型技术在医学中的应用[J]．国外医学生物医学工程分册，

2001，24（6）：257-261.
[99] 3D打印会“引爆”新工业革命吗[EB/OL]. [2015-3-19]. http://m.sohu.com/n/369425540/?v=3.
[100] 王广春. 快速成型与快速模具制造技术研究[D]. 济南：山东大学，2001.
[101] Nee A Y C, Fuh J Y H, Miyazawa T. On the Improvement of the Stereolithography(SL) Process[J]. Journal of Materials Processing Technology, 2001, 113: 262-268.
[102] 3D打印网. 3D打印激发个性化创新社会分工将彻底改变[EB/OL]. [2014-3-3]. http://3dprint.ofweek.com/2014-03/ART-132101-8420-28782648_5.html.
[103] Onuh S O, Hon K K B. Optimising Build Parameters for Improved Surface Finish in Stereolithography[J]. International Journal of Machine Tools and Manufacture, 1998, 38(4): 329-342.
[104] 3D Printers[EB/OL]. [2013-9-4]. http://www.3dsystems.com/3d-printers.
[105] Professional Printer Materials[EB/OL]. [2013-8-24]. http://www.3dsystems.com/materials/professional.
[106] 3D打印机适用于所有形状和大小的专业系统[EB/OL]. [2013-8-24]. http://www.3dsystems.com/3d-printers.
[107] 刘伟军，等. 快速成型技术及应用[M]. 北京：机械工业出版社，2005.
[108] 米兰设计周上扎哈等建筑大师的跨界设计：3D打印鞋[EB/OL]. [2015-4-14]. http://www.cbda.cn/html/jd/20150414/56009.html.
[109] 王秀峰. 快速原型技术[M]. 北京：中国轻工业出版社，2001.
[110] 3D打印发展历程[EB/OL]. [2015-4-14]. http://www.tangxiamodel.com/content/32957.html.
[111] 罗新华，等. 基于激光快速成型技术的金属粉末烧结工艺[J]. 南通工学院学报，2004，3：29-32.
[112] 陈中中，李涤尘，卢秉恒. 气压式熔融沉积快速成型系统. 电加工及模具，2002（2）：9-12.
[113] 太平洋电脑网. 快速成长之后 2015年3D打印技术走势分析[EB/OL]. [2015-1-7]. http://g.pconline.com.cn/x/597/5972544_1.html.
[114] Stewart U T D, Dalgarno K W, Childs T H C. Strength of the DTM RapidSteelTM 1.0 Material[J]. Materials and Design, 1999(20): 133-138.
[115] 王运赣. 快速模具制造及其应用[M]. 武汉：华中科技大学出版社，2003.
[116] 另类的3D打印机有哪些[EB/OL]. [2016-3-22]. http://www.leiphone.com/news/201603/A3KjaQ2fuuDQNeqq.html.
[117] Jacobs P F. Stereolithography and Other RP&M Technologies: From Rapid Prototyping to Rapid Tooling[M]. New York: ASME, 1995.
[118] 荣烈润. 制造技术新的突破—快速成型技术[J]. 机电一体化，2004（3）：6-10.
[119] 中关村在线.宾利欲借3D打印技术取悦更年轻客户群[EB/OL]. [2016-2-29]. http://oa.zol.com.cn/570/5706890.html.
[120] Chua C K, Leong K F, Lim C S. Rapid Prototyping: Principles and Applications[M]. Singapore: World Scientific Publishing Co. Pte. Ltd., 2010.
[121] Hilton P D, Jacobs P F. Rapid Tooling: Technologies and Industrial Applications[M]. Florida:

CRC Press, 2000.

[122] 3D技术为世界“打印”一个绿色的梦[EB/OL]．[2016-4-1]．http://www.ccpa.com.cn/ccpa/content/1096-8402442450981.html.

[123] Yeong W Y, Chua C K, Leong K F. Rapid Prototyping in Tissue Engineering: Challenges and Potential[J]. Trends in Biotechnology, 2004, 22(12): 643-652.

[124] 首架3D打印无人机服役制造材料为塑料[EB/OL]．[2016-4-19]．http://info.plas.hc360.com/2016/04/190909559239.shtml.

[125] Cyrille N, Francois S M, Laura E N, et al. Scaffold-free Vascular Tissue Engineering Using Bioprinting[J]. Biomaterials, 2009, 30: 5910-5917.

[126] Mohammadi S, Wictorin L, Ericsonetal L E. Cast Titanium as Implant Material [J]. Journal of Materials Science: Materials of Medicine, 1995(6): 435-444.

[127] 中国智能制造网．3D打印高度发展 2016年市场规模可达100亿元[EB/OL]．[2016-4-20]．http://www.gkzhan.com/news/detail/86396.html.

[128] 中国智能制造网[EB/OL]．[2016-4-19]．http://www.gkzhan.com/news/detail/86396.html.

[129] Kathy Wang. The Use of Titanium for Medical Applications in the USA[J]. Materials Science and Engineering, 1996, 213: 134-137.

[130] 陈中中，旱热木，李涤尘，等．利用快速成型技术制造人工生物活性骨[J]．西安交通大学学报，2003，37（3）：273-276.

[131] 3D打印受追捧“魔幻现实主义”势不可挡[EB/OL]. [2012-11-23]. http://digi.tech.qq.com/a/20121123/000974.htm.

[132] Wu W G, Zheng Q X. Application Dvelopment of Rapid Prototyping Technology in Orthopedics[J]. Int J Biomed Eng, 2009, 32(6): 375-378.

[133] 李旭升，胡蕴玉，范宏斌，等．组织工程骨软骨复合物的构建与形态学观察[J]．中华实验外科杂志，2005，22（3）：284-286.

[134] 新华网．3D打印技术创造出的15种东西[EB/OL]. [2013-7-12]. http://www.mirautomation.com/pages/2013-07/n48609.shtml.

[135] 颜永年，崔福斋，张人佶，等．人工骨的快速成形制造[J]．材料导报，2000，14（2）：11-15.

[136] 江静，祁文军，阿地力•莫明．快速成型技术在医学上的应用[J]．机械设计与制造，2011（5）：254-256.

[137] 龚振宇，李国华，刘彦普，等．反求与快速成型技术在复杂颌面骨性病变修复中的应用[J]．疑难病杂志，2011（10）：767-770.

[138] 国内首台微型金属3D打印机亮相青岛[EB/OL]．[2016-3-5]．http://sd.people.com.cn/n2/2016/0305/c364532-27872142.html.

[139] 章然，张子群，宋志坚．基于水平集的快速成型技术在颅骨缺损修复中的应用[J]．中国生物医学工程学报，2013（6）：373-377.

[140] 岳秀艳，史廷春，邱建辉．器官移植的新来源：器官打印[J]．中国煤炭工业医学杂志，

2008（3）：408-410.

[141] Wu Y H, Li D C, Lu B H, et al. The Research on ECM Fabrication of Tissue Engineering Based on RP[J]. Foreign Medical Sciences Biomedical Engineering Fascicle, 2001, 24(3): 102-105.

[142] 洛克希德·马丁公司使用金属3D打印技术制造卫星[EB/OL]．[2016-3-15]．http://cache.baiducontent.com/c?m=9f65cb4a8c8507ed4fece763123120fd3c4796103a84a5ceffa34723d0923a3dda5c91d9fb4c57479&user=baidu.

[143] Wonhye Lee, Jason Cushing Debasitis, Vivian Kim Lee, et al. Multi-layered Culture of Human Skin Fibroblasts and Keratinocytes Through Three-dimensional Freeform Fabrication[J]. Biomaterials, 2009, 30: 1587–1595.

[144] Natalja E Fedorovich, Jacqueline Alblas, Wim E Hennink, et al. Organ Printing: the Future of Bone Regeneration[J]. Trends in Biotechnology, 2011, 29(12): 601-606.

[145] 基于3D 打印技术的模具制造[EB/OL]．[2015-3-4]．http://www.ecnc.org.cn/technology/nc/2015/2015211596.html.

[146] Vladimir Mironov, Richard P Visconti, Vladimir Kasyanov, et al. Organ Printing: Tissue Spheroids as Building Blocks[J]. Biomaterials, 2009, 30: 2164-2174.

[147] 定制3D打印面罩面具[EB/OL]．[2014-6-30]．http://blog.sina.com.cn/s/blog_af36554f0102uw92.html.

[148] 管吉，杨树欣，管叶，等．3D打印技术在医疗领域的研究进展[J]．中国医疗设备，2014（4）：71-72.

[149] 贺新彬．浅谈先进的制造技术-3D打印技术[J]．中文信息，2014（1）：265.

[150] 3D打印心脏模型可使医生手术前研究患者心脏[EB/OL]．[2013-5-23]．http://www.dedecms.com/news/inland/2013/0523/28817.html.

[151] 王忠宏，李扬帆，张曼茵．中国3D打印产业的现状及发展思路[J]．经济纵横，2012（4）：90-93.